INORGANIC CHEMISTRY

基礎講義 無機化学

小澤文幸 著

JN211977

東京化学同人

表紙デザイン：河原﨑英男

ま　え　が　き

　化学は，物質の構造や性質を原子・分子レベルで探究し，化学反応を用いて有用物質を創製する学問である．物質の成り立ちを主題とする化学は，有機化学と無機化学に大別される．前者が炭素中心の化学であるのに対して，後者はすべての元素の単体と化合物を対象とし，あらゆる種類の化学構造と化学結合を含んでいる．そのため無機化学は，物質について学習するのに適した科目である．また，無機化学には量子化学や化学熱力学の観点が少なからず含まれているので，大学化学の入門科目としても好適である．

　本書は，元素と原子（1章），元素の性質（2章），元素と化合物（3章），分子の構造と結合（4章，5章），固体の構造と結合（6章），酸と塩基（7章），酸化と還元（8章）の各章から構成されている．これらは“シュライバー・アトキンス 無機化学”（東京化学同人）の第Ⅰ部・基礎を参考とし，これに独自の観点を加えて構成したもので，無機化学を基礎とする“大学化学の入門書”とよべる内容になったものと考えている．本文の執筆においては要点を絞った簡潔な記述に努め，囲み記事（コラム）を用いて内容を補足する形式とした．また，高校の履修範囲であっても重要なものは，大学向けに内容を修正して収録した．

　1章では，原子構造と原子軌道を知り，各元素の原子価軌道と価電子数について学習する．2章では，元素特性の定量的指標となる原子パラメーター（イオン化エネルギーや電気陰性度など）について学ぶ．3章では，水素と水素化物，sブロック元素（1族と2族）とpブロック元素（13族〜18族）の単体および化合物を題材として，元素特性が物質の構造・結合・性質に反映される様子を概観する．4章と5章では，共有結合性の単体と化合物である分子について学習する．具体的には，構成原子の種類と数をもとに分子を描き，2種類の量子化学的方法（原子価結合法と分子軌道法）を用いて構造と結合を理解する．また，複数の原子軌道（1章）から混成軌道（4章）や分子軌道（5章）を構成する方法について学習する．6章では，原子・イオン・分子などの粒子が規則正しく配列した結晶質固体の構造を知り，金属と半導体の電気伝導の仕組みについて学習する．7章では，プロトンの授受を伴うブレンステッド・ローリーの酸塩基と，電子対の授受を伴うルイスの酸塩基について学習する．前者では酸塩基反応の定量的な取扱い方法について，後者ではルイス酸とルイス塩基の間に働く静電相互作用と軌道相互作用について学ぶ．さらに8章では，水溶液中の酸化還元反応を題材として，電気化学的なデータをもとに反応を定量的に評価する方法について学習する．

　これらのなかで，2章と6章，7章の前半（§7・1）はおおむね高校化学の範囲内にある．一方，1章，4章，5章は量子化学に基づく内容で，高校では登場しない新しい概念を学ぶ．原子中の電子の存在状態は本来，波動関数を用いて数学的に表現されるものであるが，無機化学ではこれを原子核のまわりに電子が高い確率で見つかる領域を囲って原子軌道として図示する工夫がなされている（1章）．これにより原子軌道から混成軌道（4章）や分子軌道（5

章）が構成される様子が可視化され，理解がはるかに容易になる．学問を修得するときは，多少厳密性を犠牲にしてもまず全体像をつかみ，続いて個別の問題を掘り下げていくのがよい．ここに大学化学を無機化学から開始する理由がある．

　最後に，巽 和行博士（名古屋大学名誉教授）には原稿を査読していただき，記述内容について専門家の立場から的確なアドバイスをいただいた．本書の刊行は，東京化学同人編集部の橋本純子さんと篠田 薫さんが提案されたものである．同編集部の杉本夏穂子さんには初学者の立場に寄り添った改善点を数多く指摘していただき，編集の実務を担当していただいた．お世話になった皆さんの支援と尽力に深謝いたします．

　　2024 年 8 月

小 澤 文 幸

目　　　次

1章　元 素 と 原 子 ── 原子の成り立ちを知る ········· 1

1・1　原子構造 ··········· 1
1・2　原子軌道 ··········· 3
1・3　多電子原子 ··········· 8
　1・3・1　有効核電荷 ··········· 8
　1・3・2　電子配置 ··········· 11

1・4　周期表の構成 ··········· 14
　1・4・1　族と周期 ··········· 14
　1・4・2　原子価軌道と価電子 ··········· 14
章末問題 ··········· 15

2章　元 素 の 性 質 ── 原子パラメーターにみる元素の特性 ········· 17

2・1　イオン化エネルギーと電子親和力 ··········· 17
　2・1・1　イオン化エネルギー ··········· 17
　2・1・2　電子親和力 ··········· 20
　2・1・3　化学結合との関係 ··········· 20
2・2　原子半径 ··········· 22
　2・2・1　金属結合半径と共有結合半径 ········· 22
　2・2・2　ファンデルワールス半径 ········· 24

　2・2・3　イオン半径 ··········· 24
2・3　電気陰性度 ··········· 25
2・4　酸化数 ··········· 29
2・5　結合解離エンタルピーと
　　　結合エネルギー ··········· 30
章末問題 ··········· 32

3章　元 素 と 化 合 物 ── 単体と化合物にみる元素の特性 ········· 33

3・1　分子の極性と分子間力 ··········· 33
3・2　水素と水素化物 ··········· 35
3・3　sブロック元素の単体 ··········· 39

3・4　pブロック元素の単体と化合物 ········· 40
章末問題 ··········· 46

4章　分子の構造と結合 I ── ルイス構造からはじめよう ········· 47

4・1　ルイス構造 ··········· 47
　4・1・1　ルイス構造の書き方 ··········· 48
　4・1・2　共　鳴 ··········· 49
　4・1・3　電子不足化合物 ··········· 50
　4・1・4　超原子価化合物 ··········· 51
　4・1・5　VSEPR モデル ··········· 51
4・2　原子価結合法 ··········· 53

　4・2・1　水素分子の結合 ··········· 53
　4・2・2　水素化物の結合：第2周期元素 ······ 54
　4・2・3　水素化物の結合：高周期元素 ······ 58
　4・2・4　多重結合 ··········· 59
　4・2・5　ルイス構造式で記述できない
　　　　　単体と化合物 ··········· 61
章末問題 ··········· 61

5章　分子の構造と結合 II —— 分子軌道を組立てる ·········· 63

5・1　分子軌道法の考え方 ·········· 63
5・2　二原子分子の分子軌道 ·········· 66
　5・2・1　等核二原子分子の分子軌道 ·········· 67
　5・2・2　異核二原子分子の分子軌道 ·········· 70
5・3　分子の対称性 ·········· 72
　5・3・1　対称操作と対称要素 ·········· 73
　5・3・2　点群と指標表 ·········· 75

5・4　多原子分子の分子軌道 ·········· 78
　5・4・1　対称適合軌道 ·········· 78
　5・4・2　多原子分子のπ軌道 ·········· 82
　5・4・3　三中心二電子結合と
　　　　　三中心四電子結合 ·········· 84
章末問題 ·········· 85

6章　固体の構造と結合 —— 結晶の成り立ちを知る ·········· 93

6・1　固体の種類 ·········· 93
6・2　金属結晶の構造 ·········· 95
　6・2・1　最密充塡構造 ·········· 95
　6・2・2　最密充塡構造の間隙と充塡率 ·········· 97
　6・2・3　合金と金属間化合物 ·········· 99
6・3　金属の電気伝導と半導体 ·········· 100
　6・3・1　金属の電気伝導 ·········· 100

　6・3・2　半導体 ·········· 101
6・4　イオン結晶の構造 ·········· 102
　6・4・1　代表的な構造：二元系 ·········· 102
　6・4・2　代表的な構造：三元系 ·········· 104
　6・4・3　格子エンタルピー ·········· 105
章末問題 ·········· 107

7章　酸 と 塩 基 —— 酸と塩基の基礎を学ぶ ·········· 109

7・1　ブレンステッド・ローリーの酸塩基 ····· 109
　7・1・1　水溶液中での酸解離平衡 ·········· 109
　7・1・2　強酸と弱酸 ·········· 112
　7・1・3　強塩基と弱塩基 ·········· 116
　7・1・4　pH ·········· 116
　7・1・5　酸化物の性質 ·········· 118

7・2　ルイスの酸塩基 ·········· 119
　7・2・1　HSAB 則 ·········· 120
　7・2・2　水和金属イオンの酸性度 ·········· 121
　7・2・3　p ブロック元素のルイス酸 ·········· 123
　7・2・4　d ブロック元素の錯体 ·········· 124
章末問題 ·········· 130

8章　酸化と還元 —— 酸化還元反応の基礎を学ぶ ·········· 133

8・1　酸化還元反応 ·········· 133
8・2　標準還元電位 ·········· 135
　8・2・1　標準還元電位の定義 ·········· 135
　8・2・2　標準還元電位と平衡定数 ·········· 137

8・3　ネルンスト式 ·········· 139
8・4　電位図 ·········· 141
章末問題 ·········· 143

指 標 表 ·········· 90

章末問題の解答 ·········· 144

索　　引 ·········· 147

コ ラ ム

基礎 1・1　原子番号と質量数 ································ 2

基礎 1・2　原子量 ·················· 3

基礎 2・1　アニオンとカチオン ····················· 19

基礎 3・1　水素化物の名称 ···························· 38

基礎 6・1　金属の配位数と原子半径 ··············· 98

基礎 7・1　オキソ酸の名称 ·························· 115

解説 1・1　$2p_x$ と $2p_y$ の成り立ち ·············· 7

解説 4・1　規格化と直交性 ··················· 53

解説 4・2　混成軌道の形 ······················· 56

解説 5・1　対称操作の掛け算 ··················· 86

解説 5・2　点群の探し方 ······················· 86

解説 5・3　対称操作の類 ······················· 87

解説 5・4　対称操作と表現行列 ···················· 88

解説 5・5　対称適合線形結合の求め方 ············ 90

解説 7・1　化学平衡とエネルギー ················· 110

解説 7・2　酸度関数 ···················· 117

解説 7・3　配位数 ························· 125

解説 8・1　標準還元電位の算出方法 ·············· 139

元 素 と 原 子

1

原子の成り立ちを知る

物質は**元素**と総称される基本的な成分からできている．現在，表紙裏（見返し）の**元素周期表**（以下，周期表とよぶ）に書かれた約 120 種類の元素が知られ，水素，炭素，窒素，酸素などの約 90 種類が天然に存在している．物質には純物質と混合物とがあり，純物質はさらに**単体**と**化合物**とに分類される．単体は 1 種類の元素からなる物質で，水素分子 (H_2)，窒素分子 (N_2)，酸素分子 (O_2)，ヘリウム (He)，グラファイト (C)，金属ナトリウム (Na) は単体である．一方，2 種類以上の元素から構成された純物質は化合物とよばれ，水 (H_2O)，アンモニア (NH_3)，二酸化炭素 (CO_2)，塩化ナトリウム (NaCl) は化合物である．

物質を拡大していくと，やがて**原子**がみえてくる．原子は元素が存在する最小の単位で，物質を構成する基本的な粒子である．窒素分子は 2 個の窒素原子から，二酸化炭素は 1 個の炭素原子と 2 個の酸素原子からなり，それぞれ常温常圧で安定な気体として存在する．水は 1 個の酸素原子と 2 個の水素原子からなり，常温常圧で液体として存在する．一方，金属ナトリウムは金属結晶とよばれる固体として存在し，水と激しく反応して水酸化ナトリウムと水素分子を生じる．

このように，物質の性質は，元素の種類と組合わせによって大きく変化する．一方，きわめて多彩にみえるこれらの元素も，周期表では性質の類似性をもとに縦の 18 のグループ（族）に分類されている．これは，原子番号の増加に伴って，似通った電子配置をもつ元素が周期的にあらわれるためである．本章では原子の構造と電子配置について説明し，周期表の構成を明らかにする．

1・1 原子構造
1・2 原子軌道
1・3 多電子原子
1・4 周期表の構成

元素：element

元素周期表：periodic table of elements

単体：simple substance

化合物：compound

原子：atom

1・1 原 子 構 造

原子の中心に**原子核**があり，そのまわりを**電子**が運動している．原子核は正電荷を，電子は負電荷をもち，両者は静電気力（クーロン力）で引き合っている．原子核には，正電荷をもつ**陽子**と，電荷をもたない**中性子**とがある（表 1・1）．原子に含まれる陽子と電子の数は等しく，また両者の電荷量は絶対値が等しく符号が逆なので，原子は全体として電気的に中性となる（基礎 1・1，1・2 参照）．

原子核：atomic nucleus

電子：electron

陽子：proton

中性子：neutron

表 1・1 原子を構成する基本粒子

原子の構成			電 荷	相対質量
原 子	原子核	陽 子	+1	1837
		中性子	0	1839
	電 子		−1	1

波動と粒子の二重性：wave - particle duality

量子力学：quantum mechanics

波動関数：wave function

シュレディンガー方程式：Schrödinger equation

量子化：quantization

1) 物理現象に何らかの制約を課すことにより、エネルギーなどの物理量が不連続な特定の値しかとり得なくなることを量子化という。電子のエネルギーが量子化されていることは 20 世紀のはじめには知られており、ボーアの原子模型の実験的根拠となっていた。しかし、電子を粒子として扱う古典力学では、この現象を説明できなかった。シュレディンガーは、電子の波動性（波としての性質）を利用してこの難問を解決し、量子力学の確立に大きく貢献した。

陽子と中性子はほぼ同じ質量をもつ。これに対して電子の質量はきわめて小さく、陽子や中性子の約 1/1840 である。したがって、原子の質量の大部分は原子核に集中している。一方、原子核の大きさは原子全体の $1/10^5$ 程度しかなく、原子がもつ容積の大部分を電子が占めている。そのため、原子と原子が結合するなどの化学事象において、電子が主要な役割を担う。

電子のような質量のきわめて小さな粒子は、干渉や回折などの波動としての性質をあわせもつ。これを**波動と粒子の二重性**という。このような粒子の挙動は古典力学では説明できず、**量子力学**を用いて記述する必要がある。シュレディンガー（Erwin Schrödinger）は、原子中の電子の存在状態を記述するための**波動関数** ψ と、その解を求めるための**シュレディンガー方程式**を提出した。(1・1)式はその近似形（時間に依存しないシュレディンガー方程式）である。この方程式の重要な性質の一つは、特定のエネルギー E に対してのみ物理的に意味のある解を与えることである。そのため、原子中の電子のエネルギーは**量子化**され、離散的でとびとびの値をとる[1]。

$$\frac{\partial^2 \psi}{\partial x^2} + \frac{\partial^2 \psi}{\partial y^2} + \frac{\partial^2 \psi}{\partial z^2} + \frac{8\pi^2 m}{h^2}(E - V)\psi = 0 \qquad (1 \cdot 1)$$

E = 電子の全エネルギー　　　V = 電子のポテンシャルエネルギー
m = 電子の質量　　　　　　　h = プランク定数

ここで注意すべきは、古典的なボーアの原子模型とは異なり、電子は原子核を中心とする一定の軌道を運動しているわけではないということである。波動性をもつ電子の運動量と位置を、同時かつ正確に決定することはできない。これを**不確定性原理**という。ある運動量をもつ電子の位置を特定できないということは、電子が運動する軌道も特定できないということになる。

不確定性原理：uncertainty principle

確率密度：probability density

電子密度：electron density

2) この描写を**電子雲**（electron cloud）とよぶ。

代わって、波動関数の二乗（$|\psi|^2$）で与えられる**確率密度**を用いて電子の存在状態が示される。図1・1(a)に例示するように、原子核のまわりの微小空間（$d\tau = dxdydz$）に電子が見つかる確率（$|\psi|^2 d\tau$）を点の濃淡として三次元空間にプロットすると、電子の存在状態（**電子密度**）を示す雲のような描写が得られる[2]。英語では、これを orbital［オービタル：orbit（軌道）のようなもの］とよぶ。

📖 基礎 1・1　原子番号と質量数　📖

原子核に含まれる陽子の数は元素ごとに異なり、その数を**原子番号**（atomic number）という。原子番号は元素に固有の数字（背番号のようなもの）である。原子に含まれる電子と陽子の数は等しく、原子は電気的に中性である。一方、同じ元素でも中性子の数が異なり、質量数の異なる原子が存在する。それらを**同位体**（isotope）とよぶ。同位体は、陽子と中性子の数の和である**質量数**（mass number）を用いて区別する。具体的には、**元素記号** E（atomic symbol）に、質量数 A と原子番号 Z を上付きと下付きの添え字としてつけて区別する。

たとえば、塩素には 18 個と 20 個の中性子をもつ質

$$\underset{\text{原子番号}\atop(\text{陽子数})}{\overset{\text{質量数}\atop(\text{陽子数 + 中性子数})}{}} {}^{A}_{Z}\text{E} \leftarrow \text{元素記号}$$

量数 35 と 37 の同位体が存在し、それらは ${}^{35}_{17}\text{Cl}$ および ${}^{37}_{17}\text{Cl}$ とそれぞれ表記される。元素に固有の数字である原子番号は元素記号からわかるので、これを省略して ${}^{35}\text{Cl}$ および ${}^{37}\text{Cl}$ と書くこともできる。元素の化学的性質は、陽子と電子の数によって決まり、中性子の数には依存しないので、同位体は互いによく似た性質を示す。

一方，日本語では orbital に orbit と同じ"軌道"の訳語をあて，原子中の電子の orbital を**原子軌道**，分子中の電子の orbital を**分子軌道**とよんでいる．

原子軌道：atomic orbital

分子軌道：molecular orbital

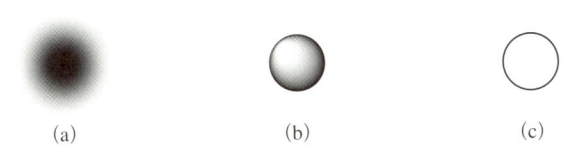

図 1・1　1s 軌道．(a) 電子雲の様子，(b) 境界面を用いた表現，(c) 境界線を用いた表現．

図 1・1(a) からわかるように，電子は原子核の近傍に高い確率で存在するが，原子核から遠ざかっても確率が 0 にはならない．化学では，この境界のない軌道を視覚的に捉えやすくするため，(b) のように，電子が高い確率で見つかる領域を境界面で囲って軌道を表す．さらに (c) のように，境界線を使って二次元的に原子軌道を表すこともある．

1・2　原 子 軌 道

シュレディンガー方程式は，電子を一つだけもつ ^{1}H や ^{4}He$^+$ などの水素型原子やイオンに対して厳密に解くことができる．その解法は物理化学の教科書にゆずり，ここでは無機化学で重要となる原子軌道の種類と形について説明する．

(1・1)式の解である波動関数 ψ（直交座標系）を三次元の極座標系（図 1・2）に変換すると，動径部分 $R_{n,l}(r)$ と角度部分 $Y_{l,m_l}(\theta, \phi)$ の積に変わり，関数の解析が容易になる［(1・2)式］．動径部分は原子核からの距離 r（動径）の関数で，軌道の広がりを表す．角度部分は天頂角 θ と方位角 ϕ の関数で，軌道の形と向きを表す．

$$\psi = R_{n,l}(r) \cdot Y_{l,m_l}(\theta, \phi) \qquad (1\cdot2)$$

波動関数　動径部分　角度部分

軌道の広がりを表す　　軌道の形と向きを表す

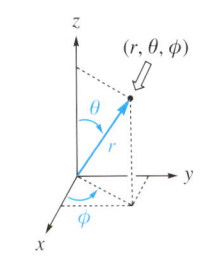

図 1・2　極座標と直交座標の関係：r（動径），θ（天頂角），ϕ（方位角）．

📖　基礎 1・2　原 子 量　📖

　ある元素を構成する同位体の質量に天然存在比を掛けて足し合わせた値，すなわち同位体質量の加重平均を，その元素の**原子量**（atomic weight）あるいは**相対原子質量**（relative atomic mass）という．周期表の元素記号の下に書かれた数値が原子量である．たとえば塩素の二つの同位体の質量と天然存在比はそれぞれ ^{35}Cl (34.969, 75.76%) と ^{37}Cl (36.966, 24.24%) なので，原子量 = 34.969 × 0.7576 + 36.966 × 0.2424 = 35.45 となる．

　原子量は，**統一原子質量単位** u (unified atomic mass unit) に対する比として表すので単位をもたない．統一原子質量単位は，^{12}C 原子（1 個）の質量の 1/12 と定

1	8	17	← 原子番号 (Z)
H	O	Cl	← 元素記号
水素	酸素	塩素	← 元素名
1.008	16.00	35.45	← 原子量 (A_r)

義され，u = 1.6605402(10)×10^{-24} g である．したがって，u の 12 倍に**アボガドロ定数** N_A = 6.02214076×10^{23} mol^{-1} を掛けると，^{12}C 原子のモル質量（1 モルあたりの質量 = 12.00 g mol^{-1}）となる．また，各元素の原子量に g mol^{-1} の単位をつけると，その元素のモル質量となる．

量子数：quantum number

主量子数：principal quantum number

方位量子数：azimuthal quantum number

軌道角運動量量子数：orbital angular momentum quantum number

磁気量子数：magnetic quantum number

電子殻：electron shell

3) 水素型原子の電子殻は，主量子数の順に，K殻 ($n=1$)，L殻 ($n=2$)，M殻 ($n=3$)，N殻 ($n=4$)，O殻 ($n=5$)，P殻 ($n=6$)，Q殻 ($n=7$) とよばれる．

副殻：subshell

4) 正しくは $3d_{2z^2-x^2-y^2}$ であるが，通例 $3d_{z^2}$ と略記される．

R と Y につけられた n, l, m_l の添字は量子数とよばれる整数で，波動関数の量子化に伴う係数である．n は主量子数とよばれ，原子軌道のエネルギーと広がりを指定する．$n=1, 2, 3, \cdots$ の値をとり，n が大きいほどエネルギーが高く，軌道の広がりが大きくなる．l は方位量子数あるいは軌道角運動量量子数とよばれ，原子軌道の形を指定する．主量子数 n に対して $l=0, 1, 2, \cdots, n-1$ の，計 n 通りの値をとる．m_l は磁気量子数とよばれ，原子軌道の向きを指定する．方位量子数 l に対して $m_l=0, \pm1, \cdots, \pm l$ の，計 $2l+1$ 通りの値をとる．

表1・2に，量子数 n, l, m_l と原子軌道との関係を示す．水素型原子では，主量子数 n が同じ原子軌道は同じエネルギーをもち，一つの電子殻を形成する[3]．各電子殻はさらに方位量子数 l の異なる n 個の副殻を形成する．それらは l の値により s ($l=0$)，p ($l=1$)，d ($l=2$)，f ($l=3$) の記号で表される．各副殻を構成する原子軌道は s 軌道，p 軌道，d 軌道，f 軌道とよばれ，磁気量子数 m_l に応じて向きの異なる $2l+1$ 個の軌道にさらに分類される．

$n=1$ では $l=0$ ($m_l=0$) だけが許される．この状態の軌道は，主量子数の 1 に副殻の記号 s をつけて 1s 軌道とよばれる．

$n=2$ では $l=0, 1$ が許される．$l=0$ では $m_l=0$ であり，この状態の軌道は 2s 軌道とよばれる．一方，$l=1$ では $m_l=-1, 0, +1$ の三つの状態が可能である．$m_l=0$ の軌道は z 軸に沿って配向し，$2p_z$ 軌道とよばれる．また，$2p_{+1}$ ($m_l=+1$) と $2p_{-1}$ ($m_l=-1$) との一次の線形結合（足し算と引き算）により，$2p_x$ 軌道と $2p_y$ 軌道が合成される（7ページ解説1・1参照）．

$n=3$ では $l=0, 1, 2$ が可能である．$l=0$ ($m_l=0$) は 3s 軌道に，$l=1$ ($m_l=-1, 0, +1$) は三つの 3p 軌道 ($3p_x$, $3p_y$, $3p_z$) に対応する．$l=2$ には $m_l=-2, -1, 0, +1, +2$ の五つの状態がある．$m_l=0$ は $3d_{z^2}$ 軌道に対応する[4]．また，$3d_{+1}$ ($m_l=+1$) と $3d_{-1}$ ($m_l=-1$) との一次の線形結合により $3d_{xz}$ 軌道と $3d_{yz}$ 軌道が，$3d_{+2}$ ($m_l=+2$) と $3d_{-2}$ ($m_l=-2$) との一次の線形結合により $3d_{x^2-y^2}$ 軌道と $3d_{xy}$ 軌道がそれぞれ合成される．

$n=4$ では $l=0, 1, 2, 3$ が許される．$l=0$ ($m_l=0$) は 4s 軌道に，$l=1$ ($m_l=-1$,

表1・2　量子数と原子軌道との関係

主量子数 n	方位量子数 l	磁気量子数 m_l	原子軌道	主量子数 n	方位量子数 l	磁気量子数 m_l	原子軌道
1	0	0	1s	4	0	0	4s
2	0	0	2s		1	0	$4p_z$
	1	0	$2p_z$			+1, −1	$4p_x$, $4p_y$
		+1, −1	$2p_x$, $2p_y$		2	0	$4d_{z^2}$
3	0	0	3s			+1, −1	$4d_{xz}$, $4d_{yz}$
	1	0	$3p_z$			+2, −2	$4d_{x^2-y^2}$, $4d_{xy}$
		+1, −1	$3p_x$, $3p_y$		3	0	$4f_{z^3}$
	2	0	$3d_{z^2}$			+1, −1	$4f_{xz^2}$, $4f_{yz^2}$
		+1, −1	$3d_{xz}$, $3d_{yz}$			+2, −2	$4f_{z(x^2-y^2)}$, $4f_{xyz}$
		+2, −2	$3d_{x^2-y^2}$, $3d_{xy}$			+3, −3	$4f_{x(x^2-3y^2)}$, $4f_{y(3x^2-y^2)}$

0, +1) は三つの4p軌道 (4p$_x$, 4p$_y$, 4p$_z$) に対応する．さらに，$l = 2$ ($m_l = -2, -1,$ 0, +1, +2) は五つの4d軌道に，$l = 3$ ($m_l = -3, -2, -1, 0, +1, +2, +3$) は七つの4f軌道にそれぞれ対応する．

　表1・3に1s, 2s, 3s軌道と，三つの2p軌道の波動関数を示す．また図1・3に，s軌道，p軌道，d軌道の外観を示す[5]．本節の冒頭で述べたように，波動関数の動径部分 $R(r)$ は軌道の広がりを，角度部分 $Y(\theta, \phi)$ は軌道の形と向きを表す．表1・3からわかるように，実際の関数はかなり複雑な数式であるが，それらの意味するところは各軌道の外観に表れている．s軌道の波動関数 ($l = 0$, $m_l = 0$) は角度部分が定数なので，軌道は動径部分にのみ依存して等方的に広がり，原子核を中心とする球形になる．一方，p軌道の波動関数 ($l = 1$, $m_l = -1, 0,$

5) 原子軌道は通常，下のような，より簡易的な図で描かれている．これらは軌道の向きを強調したもので，たとえば化学結合の成り立ちを記述するのに都合がよい．本書でも2章からこの簡易的な軌道図を使用する．

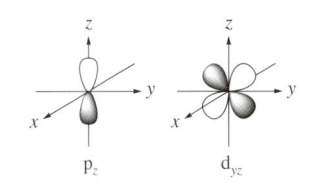

表 1・3　水素型原子の波動関数

(a) 動径部分				(b) 角度部分	

$$R_{n,l}(r) = f(r)\left(\frac{Z}{a_0}\right)^{3/2} e^{-\rho/2} \quad (\rho = 2Zr/na_0) \qquad Y_{l,m_l}(\theta, \phi) = \left(\frac{1}{4\pi}\right)^{1/2} y(\theta, \phi)$$

a_0 はボーア半径 (52.9 pm)，Z は核電荷 (水素型原子では原子番号に等しい)．

原子軌道	n	l	m_l	$f(r)$	$y(\theta, \phi)$
1s	1	0	0	2	1
2s	2	0	0	$(1/2\sqrt{2})(2-\rho)$	1
3s	3	0	0	$(1/9\sqrt{3})(6-6\rho+\rho^2)$	1
2p$_z$	2	1	0	$(1/2\sqrt{6})\rho$	$\sqrt{3}\cos\theta$
2p$_{+1}$, 2p$_{-1}$[†]	2	1	±1	$(1/2\sqrt{6})\rho$	$\mp\sqrt{3/2}\sin\theta\, e^{\pm i\phi}$

† 複号同順．

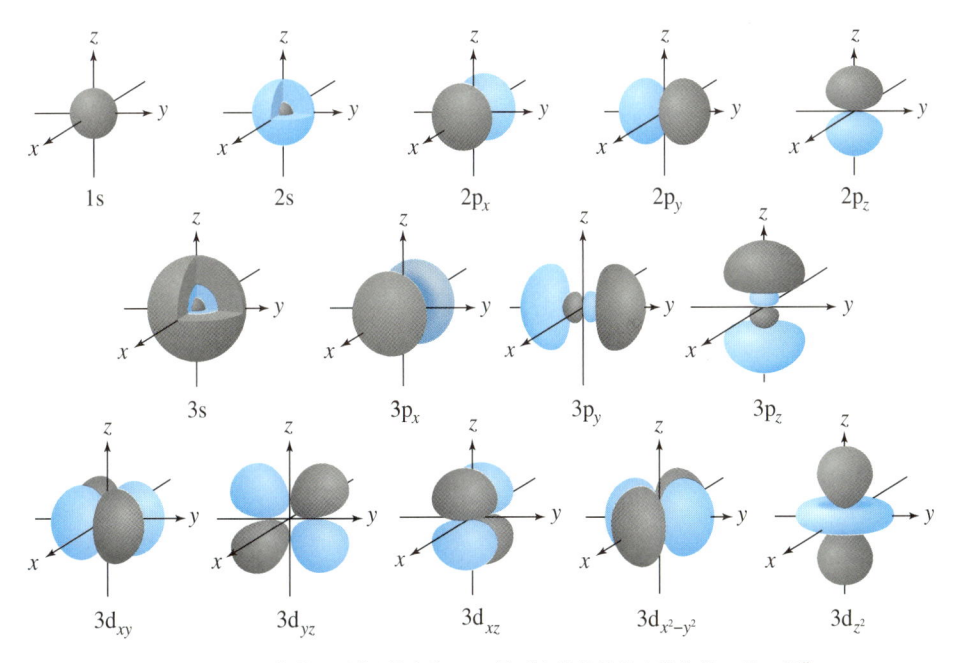

図 1・3　原子軌道の形 [野依良治ほか 編，“大学院講義有機化学 I 第2版”，東京化学同人 (2019) から許可を得て転載]．

+1) は角度部分が変化するため，軌道は座標軸に沿って配向した亜鈴形になる．
さらに d 軌道は，四葉形 (d_{xy}, d_{yz}, d_{xz}, $d_{x^2-y^2}$) あるいは中央に輪をもつ亜鈴形 (d_{z^2})
になる．

図 1・4 に 1s, 2s, 3s 軌道の断面図を比較する．軌道の広がりは 1s < 2s < 3s の
順，すなわち主量子数 n が増加する順に大きくなっている．ここで電子雲の色
の違いは原子軌道の**位相**の違い，すなわち波動関数の符号の違いを表している．

位相：phase

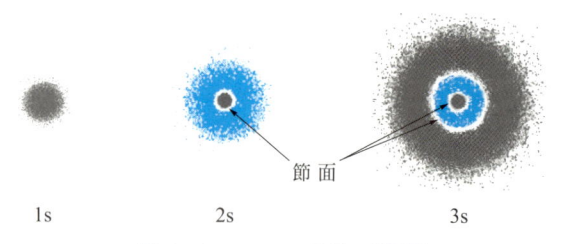

1s   2s   3s

節面

図 1・4　1s, 2s, 3s 軌道の断面図.

波動関数の符号が変化することは，図 1・5 に示す波動関数（動径部分）$R(r)$
の変位の様子をみるとわかる．この図は水素原子の 1s, 2s, 3s 軌道の $R(r)$ を，原
子核からの距離 r（動径）を変数としてプロットしたものである．(a) < (b) < (c)
の順，すなわち 1s < 2s < 3s の順で，動径方向への波動関数の広がりが大きく
なっている．この傾向は，図 1・4 にみられる原子軌道の広がりの様子と一致し
ている．

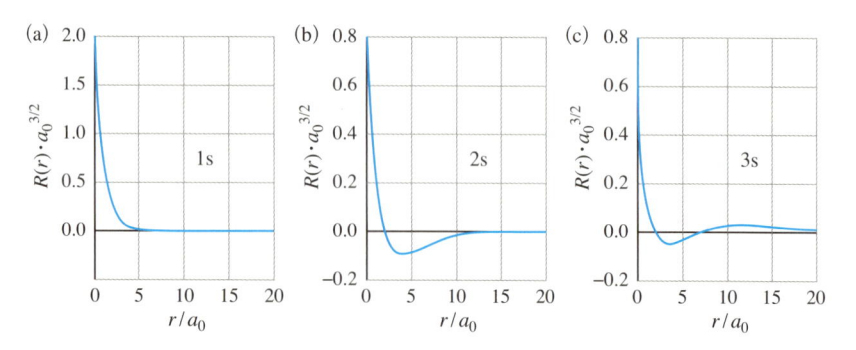

図 1・5　水素原子の 1s, 2s, 3s 軌道の波動関数（動径部分）$R(r)$ の
動径 r による変位. a_0：ボーア半径 (52.9 pm).

図 1・5(a) に示す 1s 軌道の波動関数は，原子核からの距離の増加とともに指
数関数的に低下し，$R(r) = 0$ を漸近線として収束している．この過程で $R(r)$ の
符号は変わらない．一方，(b) に示す 2s 軌道の波動関数は，$R(r) = 0$ の横線を通
過して符号が正から負に変わり，その後 0 に収束している．さらに，(c) に示す
3s 軌道の波動関数では，正から負に符号が変化し，続いて負から正に符号が変
化している．すなわち $R(r) = 0$ の横線を 2 回通過してから波動関数が減衰し，0
に収束している．以上の波動関数の符号の変化は，図 1・4 でみられた原子軌道
の位相の変化と一致している．すなわち，1s 軌道に位相の変化はない．これに
対して 2s 軌道では 1 回，3s 軌道では 2 回の位相の反転が起こっている．位相と
位相の境界が白くみえるのは，この領域の電子密度が 0 となるためである．

　このように，1s 以外の軌道には波動関数が 0 を通過し，位相が反転する場所がある．この場所を**節**または**節面**という．主量子数 n の原子軌道には，動径部分に $n-l-1$ 個の動径節と，角度部分に l 個の角度節の，合計 $n-1$ 個の節面がある．図 1・6 に $2p_z$, $3p_z$, $3d_{xz}$ 軌道の断面図を示す．$2p_z$ 軌道（$n=2$, $l=1$）は 1 個の角度節（xy 平面）をもつ．$3p_z$ 軌道（$n=3$, $l=1$）は 1 個の動径節（球面）と 1 個の角度節（xy 平面）をもつ．$3d_{xz}$ 軌道（$n=3$, $l=2$）は 2 個の角度節（xy 平面と yz 平面）をもつ．

節：node

節面：nodal plane

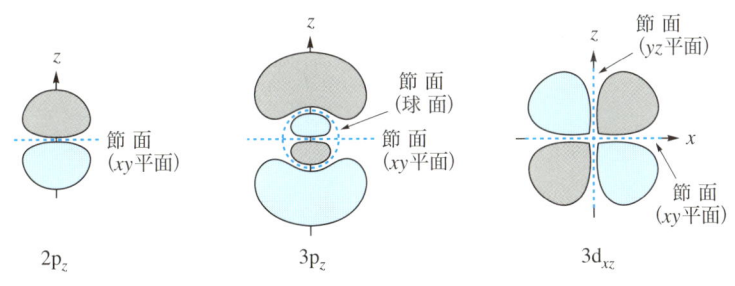

$2p_z$　　　　$3p_z$　　　　$3d_{xz}$

図 1・6　$2p_z$, $3p_z$, $3d_{xz}$ 軌道の断面図．

　水素型原子の波動関数のエネルギー E は（1・3）式により与えられる．Z は原子核がもつ正電荷の数（これを**核電荷**という），n は主量子数である．k は定数で，水素原子のイオン化エネルギー（§2・1・1 参照）に等しい．E は，波動関数によって状態が規定された電子のエネルギーを表し，**軌道エネルギー**とよばれる．定義により，原子核から十分に遠く，静止した状態にある電子のエネルギーを 0 とし，負に値をとる．すなわち，E が負に大きいほど軌道は安定となる．

核電荷：nuclear charge

軌道エネルギー：orbital energy

$$E = -\frac{kZ^2}{n^2} \quad [k = 13.6\ \text{eV}\ (1\ \text{eV} = 96.485\ \text{kJ mol}^{-1})] \qquad (1\cdot3)$$

　E は核電荷 Z の二乗に比例し，主量子数 n の二乗に反比例する．すなわち，Z が増えると，正電荷をもつ原子核と，負電荷をもつ電子との静電引力が強くなり，軌道エネルギーは顕著に低下する．実際，水素型原子である He^+ イオン

📖 解説 1・1　$2p_x$ と $2p_y$ の成り立ち　📖

　表 1・3 の下段にある $2p_z$ の波動関数は実関数のみで構成されているので，そのまま実空間にプロットして形を描くことができる．これに対して，$2p_{+1}$（$m_l = +1$）と $2p_{-1}$（$m_l = -1$）は角度部分（$Y_{1,+1}$ と $Y_{1,-1}$）に複素関数を含み，そのままプロットして形を描くことができない．

　一方，両者の線形結合によって合成される $2p_x$ と $2p_y$ の角度部分（Y_{p_x} と Y_{p_y}）は実関数となり，Y_{p_z} を含めて下のように表される．ここで $1/\sqrt{2}$ と $i/\sqrt{2}$ は規格化定数，

複素指数関数から三角関数への変換にはオイラーの公式を用いる（$e^{\pm i\phi} = \cos\phi \pm i\sin\phi$, $e^{-i\phi} + e^{+i\phi} = 2\cos\phi$, $e^{-i\phi} - e^{+i\phi} = -2i\sin\phi$）．

　さらに，極座標と直交座標との関係は $x = r\sin\theta\cos\phi$, $y = r\sin\theta\sin\phi$, $z = r\cos\theta$ なので，Y_{p_x}, Y_{p_y}, Y_{p_z} を x, y, z の関数としてそれぞれ表すことができる．これにより，実関数で表された各軌道を $2p_x$, $2p_y$, $2p_z$ とよぶ理由が理解される．

$$Y_{p_x} = (1/\sqrt{2})(Y_{1,-1} - Y_{1,+1}) = (\sqrt{3}/\sqrt{4\pi})\sin\theta\cos\phi = (\sqrt{3}/\sqrt{4\pi})(x/r)$$

$$Y_{p_y} = (i/\sqrt{2})(Y_{1,-1} + Y_{1,+1}) = (\sqrt{3}/\sqrt{4\pi})\sin\theta\sin\phi = (\sqrt{3}/\sqrt{4\pi})(y/r)$$

$$Y_{p_z} = Y_{1,0} = (\sqrt{3}/\sqrt{4\pi})\cos\theta = (\sqrt{3}/\sqrt{4\pi})(z/r)$$

$(Z=2)$ の 1s 軌道 $(E=-54.4\ \mathrm{eV})$ は，H 原子の 1s 軌道 $(E=-13.6\ \mathrm{eV})$ に比べてはるかにエネルギーが低い．一方，図 1・4 にみられるように，n が増えると軌道の広がりが大きくなり，原子核と電子との静電引力が弱まるので，軌道エネルギーは上昇する．

1・3 多電子原子

1・3・1 有効核電荷

以上のように，電子が 1 個だけの水素型原子の場合，Z が同じであれば原子軌道のエネルギー E は主量子数 n だけで決まり，他の量子数には依存しない．すなわち E は $1\mathrm{s} < 2\mathrm{s} = 2\mathrm{p} < 3\mathrm{s} = 3\mathrm{p} = 3\mathrm{d} < 4\mathrm{s} = 4\mathrm{p} = 4\mathrm{d} = 4\mathrm{f}$ の順に高くなる［図 1・7(a)］．これに対して，電子を 2 個以上もつ多電子原子では，方位量子数 l の異なる軌道のエネルギーに差が生じ，主量子数 n が同じであっても E は $n\mathrm{s} < n\mathrm{p} < n\mathrm{d} < n\mathrm{f}$ の順に高くなる［図 1・7(b)］．さらに He^+ イオンの 1s 軌道 $(E=-54.4\ \mathrm{eV})$ と He 原子の 1s 軌道 $(E=-24.6\ \mathrm{eV})$ にみられるように，原子核が同じでも，電子が 1 個と複数個とでは軌道エネルギーが異なってくる[6]．

これらの理由を知るために，まず He 原子と He^+ イオンについて考えてみる．He 原子には 1s 軌道に 2 個の電子がある．それらはともに原子核から静電引力を受けるが，同時に負電荷をもつ電子どうしで静電反発を起こす．そのため各電子

6) 原子や分子がとりうる量子化されたエネルギー状態あるいはそのエネルギー値を**エネルギー準位** (energy level) という．原子軌道のエネルギー準位を図に表すときは，図 1・7 のように，横の線分を用いて各軌道の準位を示す方法がとられる．このような図を**エネルギー準位図** (energy level diagram) という．

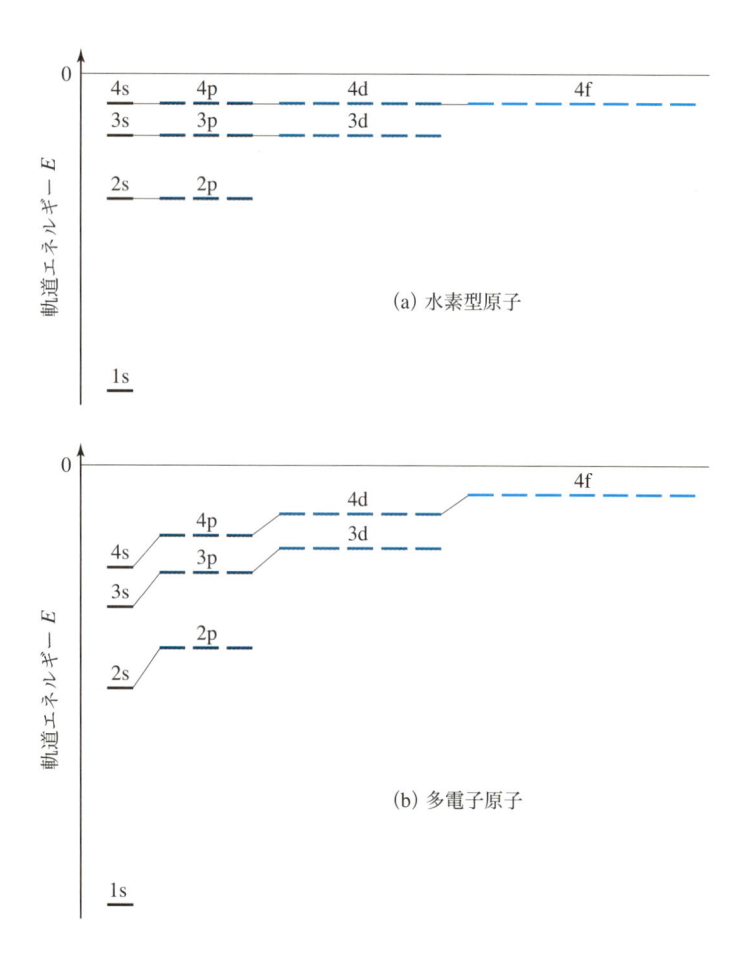

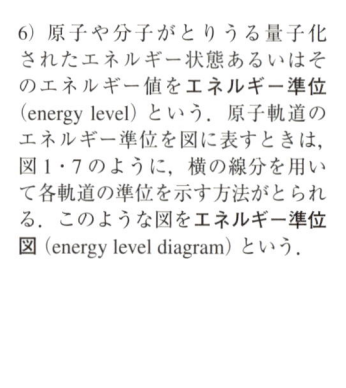

図 1・7 (a) 水素型原子と (b) 多電子原子の軌道エネルギー準位（模式図）．簡略化のため主量子数 $n \geq 5$ の原子軌道は割愛した．

が感じる正味の核電荷は，電子が1個だけの状態（He⁺）に比べて弱くなる．この現象を**遮蔽**とよぶ．また遮蔽に伴う実効的な核電荷を**有効核電荷**（Z_{eff}）とよぶ．He原子の1s電子に対する有効核電荷は1.69であり，原子核がもつ真の核電荷（$Z=2$）に比べて15%ほど減少している．一方，遮蔽を伴わないHe⁺では，$Z=2$の核電荷の影響がそのまま電子に及ぶ．遮蔽によって有効核電荷が減少すると，原子核と電子との間の静電引力が低下して軌道エネルギーが上昇する．そのため，He原子の1s軌道（$E=-24.6$ eV）は，He⁺イオンの1s軌道（$E=-54.4$ eV）に比べて，軌道エネルギーが高くなる．

　電子を3個以上もつ第2周期以降の元素では，有効核電荷にさらに大きな変化が起こる．表1・4に，第3周期までの元素について，各軌道の電子が感じる有効核電荷の値をまとめた[7]．主量子数nの増加に伴って有効核電荷が著しく減少している．第2周期元素では，1s電子に対する減少率が10%以下であるのに対して，2s電子と2p電子の減少率は57〜42%に達している．さらに第3周期元素の3s電子と3p電子の減少率は77〜57%にまで達している．以下に述べるように，主量子数nの増加に伴う有効核電荷の大幅な減少は，内殻電子がもつ強い遮蔽効果に起因している．

　原子の一番外側の電子殻（最外殻）にある電子を**最外殻電子**，その内側の電子殻（内殻）にある電子を**内殻電子**という．第2周期元素では1s電子が内殻電子，2s電子と2p電子が最外殻電子である．第3周期元素では1s, 2s, 2pが内殻電子，3s電子と3p電子が最外殻電子である．内殻電子は最外殻電子に対して原子核を覆うように存在するので，同じ軌道の電子に比べてはるかに強い遮蔽効果を示す．

　表1・4から，最外殻電子が感じる有効核電荷の大きさが方位量子数lに応じて少し異なり，第2周期元素では2s > 2p，第3周期元素では3s > 3pの順に小さくなっていることがわかる．これはs軌道の電子とp軌道の電子に対する内殻電

遮蔽：shielding

有効核電荷：effective nuclear charge

7) 有効核電荷を見積もる定性的な方法としてスレーター則が知られているが，本書では，量子力学計算によって見積もられた，より精度の高い値を用いる．

最外殻電子：outermost electron

内殻電子：core electron

表 1・4　各軌道の電子に及ぼす有効核電荷 Z_{eff}（第3周期まで）[†]

第1周期	**H**							**He**
Z	1							2
1s	1.00							1.69
第2周期	**Li**	**Be**	**B**	**C**	**N**	**O**	**F**	**Ne**
Z	3	4	5	6	7	8	9	10
1s	2.69	3.68	4.68	5.67	6.66	7.66	8.65	9.64
2s	1.28	1.91	2.58	3.22	3.85	4.49	5.13	5.76
2p			2.42	3.14	3.83	4.45	5.10	5.76
第3周期	**Na**	**Mg**	**Al**	**Si**	**P**	**S**	**Cl**	**Ar**
Z	11	12	13	14	15	16	17	18
1s	10.63	11.61	12.59	13.57	14.56	15.54	16.52	17.51
2s	6.57	7.39	8.21	9.02	9.82	10.63	11.43	12.23
2p	6.80	7.83	8.96	9.94	10.96	11.98	12.99	14.01
3s	2.51	3.31	4.12	4.90	5.64	6.37	7.07	7.76
3p			4.07	4.29	4.89	5.48	6.12	6.76

† 量子力学に基づく計算値：E. Clementi, D. L. Raimondi, *J. Chem. Phys.*, **38**, 2686 (1963).

動径分布関数：radial distribution function

8) 球対称をもつ s 軌道については，$P(r) = 4\pi r^2 |\psi|^2$ と書くこともできる.

子の遮蔽効果が異なるためであり，図 1・8 に示す各軌道の**動径分布関数** $P(r)$ をみるとその理由がわかる．動径分布関数は，原子核から r の距離にある厚さ dr の薄皮のような空間に電子が見つかる確率密度を表し，$P(r) = r^2 R(r)^2$ で与えられる[8]．図 1・8 は，シュレディンガー方程式の厳密解が得られる水素原子に対するプロットであるが，他の原子についても同様の傾向を示すと考えて差し支えない．

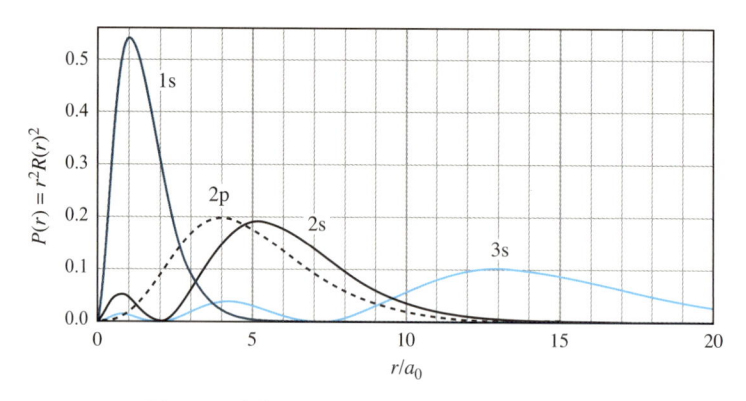

図 1・8 水素原子の 1s, 2s, 2p 軌道の動径分布関数.

ボーア半径：Bohr radius

　水素原子の 1s 軌道は，原子核の近くに高い確率で分布し，**ボーア半径** ($r/a_0 = 1$, $a_0 = 52.9$ pm) の位置に極大値をもっている．2s 軌道と 2p 軌道の分布は比較的近いが，2s 軌道は 1s 軌道よりも内側の，原子核の近くにも電子密度のピークをもっている [図 1・4 の 2s 軌道中央の灰色の電子雲に対応]．このように，原子軌道がそれよりも主量子数の小さな電子殻の内部に電子密度のピークをもつことを**貫入**という．一方，原子核上に節面をもつ 2p 軌道は貫入を起こさない．貫入によって 2s 電子は 2p 電子よりも原子核に強く引きつけられるので，有効核電荷が増加する．有効核電荷の増加は軌道エネルギーの低下を引き起こし，2s 軌道は 2p 軌道よりも安定となる．第 3 周期元素においても同様の変化が起こり，3s 軌道は 3p 軌道よりも安定となる．

貫入：penetration

　表 1・4 をさらに詳しくみると，同一周期を左から右に進むにつれて，真の核電荷 Z に対する有効核電荷 Z_{eff} の減少率が小さくなっている．たとえば，Li の 2s 軌道の減少率は 57 %，Ne の 2s 軌道の減少率は 42 % である．また Na の 3s 軌道の減少率は 77 %，Ar の 3s 軌道の減少率は 57 % である．同一周期の元素では，核電荷が増えても最外殻電子が増えるだけで内殻電子の数は変わらない．また，最外殻電子による遮蔽効果は，内殻電子による遮蔽効果よりもかなり小さい．そのため，核電荷の増加分を最外殻電子の増加分で打ち消すことができず，有効核電荷の減少率はしだいに小さくなる．これに伴って最外殻にある軌道は安定化し，サイズ（電子雲の広がり）が小さくなる．

　遮蔽と貫入により多電子原子の軌道エネルギーは ns $<$ np $<$ nd $<$ nf の順となる [図 1・7(b)]．これは ns 軌道の貫入が最も顕著で，nf 軌道の貫入が最も小さいためである．中性の原子について，主量子数 n を含めた軌道エネルギーの序列はおおむね (1・4) 式のようになる．その際，主量子数 n の増加とともに軌道間のエネルギー差は小さくなる．特に，$(n-1)$d 軌道と ns 軌道（すなわち 3d と 4s,

4d と 5s，5d と 6s）のエネルギー準位は微妙な関係にあり，原子では $ns<$ $(n-1)\mathrm{d}$ であるが，イオンに変わると $(n-1)\mathrm{d}<ns$ となって序列が逆転する．また，化合物中でも $(n-1)\mathrm{d}<ns$ の順となる．

$$1\mathrm{s}<2\mathrm{s}<2\mathrm{p}<3\mathrm{s}<3\mathrm{p}<4\mathrm{s}<3\mathrm{d}<4\mathrm{p}<5\mathrm{s}$$
$$<4\mathrm{d}<5\mathrm{p}<6\mathrm{s}<5\mathrm{d}\approx4\mathrm{f}<6\mathrm{p}<7\mathrm{s}<6\mathrm{d}\approx5\mathrm{f} \tag{1・4}$$

1・3・2　電子配置

　原子や分子などがエネルギー的に最も安定な電子状態にあるとき，その化学種は**基底状態**にあるという．本項では基底状態にある多電子原子の**電子配置**，すなわち原子中の各軌道に，電子がどのように収容されていくかについて説明する．周期表では，基底状態の電子配置をもとに，元素が縦の 18 のグループ（族）に分類されている．同族の元素は最外殻に等価な電子配置をもち，これが元素の性質に周期性があらわれる要因となる．

　表 1・5 に，分光学的データから求められた水素（H）からラドン（Rn）までの原子の電子配置を示す．電子配置は，軌道名に収容電子数を右肩につけて表す．たとえば，水素は 1s 軌道に 1 個の電子をもつので $1\mathrm{s}^1$，ヘリウム（He）は 2 個の電子をもつので $1\mathrm{s}^2$ となる[9]．第 2 周期のリチウム（Li）は 1s 軌道に 2 個，2s 軌道に 1 個の電子をもつので電子配置を $1\mathrm{s}^2 2\mathrm{s}^1$ と書くこともできるが，$1\mathrm{s}^2$ が貴ガス元素である He の電子配置と同じであることを利用して $[\mathrm{He}]2\mathrm{s}^1$ と簡略化して書くのが一般的である．同様にベリリウム（Be）の電子配置は $[\mathrm{He}]2\mathrm{s}^2$ と書く．

　表 1・5 中の電子配置は，以下の三つの原理と規則に従っている．

　構成原理　　電子はエネルギーの低い軌道から順に収容されていく．基底状態については，右の図 1・9 のように，主量子数 n ごとに軌道を横並びに書き，斜め矢印の順に電子が収容されていくと覚えるとよい．ただし，4s と 3d，5s と 4d，6s と 4f および 5d の軌道エネルギーは互いに接近し，電子の収容順が不規則に変化するので注意が必要である．

　パウリの排他原理　　一つの軌道に収容できる電子は最大 2 個までで，2 個の電子は互いに逆向きのスピンをもつ．電子はスピン角運動量をもち，角運動量の向きは**スピン磁気量子数**（$m_s=+1/2,\ -1/2$）により二つに制限される．すなわち，同一軌道に収容される 2 個の電子は，一方のスピンが↑であれば，他方のスピンは↓となり，両者は**電子対**↑↓をなす．

　フントの規則　　同じエネルギー準位に複数の軌道があるとき，電子はできるだけスピンが平行（同じ向き）となるよう，各軌道に分散して収容される．電子のスピンが平行になると，スピン相関とよばれる量子力学的効果によって安定化する．また空間領域の異なる軌道を電子が占めることにより，電子反発による不安定化が軽減される．

　なお，同じエネルギー準位に複数の軌道があることを軌道が**縮退**または**縮重**するという．主量子数 n と方位量子数 l が同じで，磁気量子数 m_l の異なる軌道は縮退する．すなわち $n\mathrm{p}$ 軌道は 3 重に，$n\mathrm{d}$ 軌道は 5 重に，$n\mathrm{f}$ 軌道は 7 重に縮退している（図 1・7 参照）．縮退した軌道に電子が収容されるときは，フントの規

基底状態：ground state

電子配置：electron configuration

9) $(1\mathrm{s})^1$ や $(2\mathrm{s})^2$ のように括弧つきで書くこともある．

構成原理：Aufbau principle

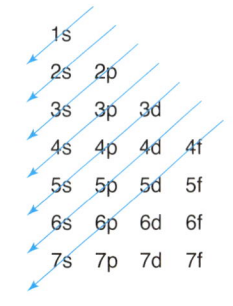

図 1・9　原子軌道と電子の収容順．

パウリの排他原理：Pauli exclusion principle

スピン磁気量子数：spin magnetic quantum number

電子対：electron pair

フントの規則：Hund's rule

縮退（縮重）：degeneracy

表 1・5 基底状態の原子の電子配置

原子番号	元素	電子配置	原子番号	元素	電子配置
第 1 周期			42	Mo	$[Kr]5s^14d^5$
1	H	$1s^1$	43	Tc	$[Kr]5s^24d^5$
2	He	$1s^2 = [He]$	44	Ru	$[Kr]5s^14d^7$
第 2 周期			45	Rh	$[Kr]5s^14d^8$
3	Li	$[He]2s^1$	46	Pd	$[Kr]5s^04d^{10}$
4	Be	$[He]2s^2$	47	Ag	$[Kr]5s^14d^{10}$
5	B	$[He]2s^22p^1$	48	Cd	$[Kr]5s^24d^{10}$
6	C	$[He]2s^22p^2$	49	In	$[Kr]5s^24d^{10}5p^1$
7	N	$[He]2s^22p^3$	50	Sn	$[Kr]5s^24d^{10}5p^2$
8	O	$[He]2s^22p^4$	51	Sb	$[Kr]5s^24d^{10}5p^3$
9	F	$[He]2s^22p^5$	52	Te	$[Kr]5s^24d^{10}5p^4$
10	Ne	$[He]2s^22p^6 = [Ne]$	53	I	$[Kr]5s^24d^{10}5p^5$
第 3 周期			54	Xe	$[Kr]5s^24d^{10}5p^6 = [Xe]$
11	Na	$[Ne]3s^1$	**第 6 周期**		
12	Mg	$[Ne]3s^2$	55	Cs	$[Xe]6s^1$
13	Al	$[Ne]3s^23p^1$	56	Ba	$[Xe]6s^2$
14	Si	$[Ne]3s^23p^2$	57	La	$[Xe]6s^25d^1$
15	P	$[Ne]3s^23p^3$	58	Ce	$[Xe]6s^24f^15d^1$
16	S	$[Ne]3s^23p^4$	59	Pr	$[Xe]6s^24f^3$
17	Cl	$[Ne]3s^23p^5$	60	Nd	$[Xe]6s^24f^4$
18	Ar	$[Ne]3s^23p^6 = [Ar]$	61	Pm	$[Xe]6s^24f^5$
第 4 周期			62	Sm	$[Xe]6s^24f^6$
19	K	$[Ar]4s^1$	63	Eu	$[Xe]6s^24f^7$
20	Ca	$[Ar]4s^2$	64	Gd	$[Xe]6s^24f^75d^1$
21	Sc	$[Ar]4s^23d^1$	65	Tb	$[Xe]6s^24f^9$
22	Ti	$[Ar]4s^23d^2$	66	Dy	$[Xe]6s^24f^{10}$
23	V	$[Ar]4s^23d^3$	67	Ho	$[Xe]6s^24f^{11}$
24	Cr	$[Ar]4s^13d^5$	68	Er	$[Xe]6s^24f^{12}$
25	Mn	$[Ar]4s^23d^5$	69	Tm	$[Xe]6s^24f^{13}$
26	Fe	$[Ar]4s^23d^6$	70	Yb	$[Xe]6s^24f^{14}$
27	Co	$[Ar]4s^23d^7$	71	Lu	$[Xe]6s^24f^{14}5d^1$
28	Ni	$[Ar]4s^23d^8$	72	Hf	$[Xe]6s^24f^{14}5d^2$
29	Cu	$[Ar]4s^13d^{10}$	73	Ta	$[Xe]6s^24f^{14}5d^3$
30	Zn	$[Ar]4s^23d^{10}$	74	W	$[Xe]6s^24f^{14}5d^4$
31	Ga	$[Ar]4s^23d^{10}4p^1$	75	Re	$[Xe]6s^24f^{14}5d^5$
32	Ge	$[Ar]4s^23d^{10}4p^2$	76	Os	$[Xe]6s^24f^{14}5d^6$
33	As	$[Ar]4s^23d^{10}4p^3$	77	Ir	$[Xe]6s^24f^{14}5d^7$
34	Se	$[Ar]4s^23d^{10}4p^4$	78	Pt	$[Xe]6s^14f^{14}5d^9$
35	Br	$[Ar]4s^23d^{10}4p^5$	79	Au	$[Xe]6s^14f^{14}5d^{10}$
36	Kr	$[Ar]4s^23d^{10}4p^6 = [Kr]$	80	Hg	$[Xe]6s^24f^{14}5d^{10}$
第 5 周期			81	Tl	$[Xe]6s^24f^{14}5d^{10}6p^1$
37	Rb	$[Kr]5s^1$	82	Pb	$[Xe]6s^24f^{14}5d^{10}6p^2$
38	Sr	$[Kr]5s^2$	83	Bi	$[Xe]6s^24f^{14}5d^{10}6p^3$
39	Y	$[Kr]5s^24d^1$	84	Po	$[Xe]6s^24f^{14}5d^{10}6p^4$
40	Zr	$[Kr]5s^24d^2$	85	At	$[Xe]6s^24f^{14}5d^{10}6p^5$
41	Nb	$[Kr]5s^14d^4$	86	Rn	$[Xe]6s^24f^{14}5d^{10}6p^6 = [Rn]$

則が適用される.

　以上の原理と規則を考慮に入れ，表1・5の電子配置をみてみよう．水素から
ベリリウムまでの電子配置についてはすでに述べた．図1・10に，第2周期の
ホウ素からネオンまでの電子配置を示す．ホウ素 (B) の電子配置は $[\text{He}]2s^22p^1$
で 2p 軌道に 1 電子が入る．続く炭素 (C) と窒素 (N) でさらに 1 電子ずつが追
加されるが，それらはフントの規則に従い，異なる 2p 軌道に同じスピンの向き
で収容される.

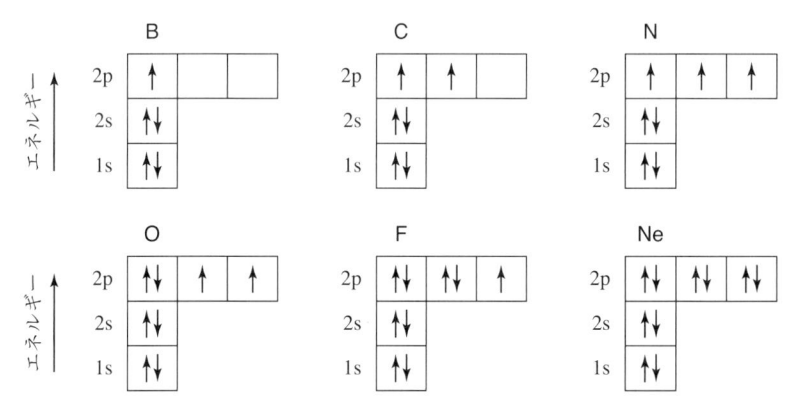

図 1・10　第 2 周期のホウ素 (B) からネオン (Ne) の電子配置.

　以上ですべての 2p 軌道に 1 電子ずつが入ったので，つぎの酸素 (O) からはパ
ウリの排他原理に従い，各 2p 軌道に 2 個目の電子が逆向きのスピンで収容され
ていく．貴ガス元素であるネオン (Ne) ですべての 2s 軌道と 2p 軌道に 2 電子ず
つが入り（$[\text{He}]2s^22p^6 = [\text{Ne}]$），第 2 周期の最外殻である $n=2$ の電子殻が満た
される．このように最外殻が収容可能な最大数の電子で満たされた状態を**閉殻**と
いう．閉殻構造をもつ原子やイオンはエネルギー的に特に安定となる.

閉殻: closed shell

　表1・5に戻る．第 3 周期のナトリウム (Na) からは 3s 軌道と 3p 軌道に電子
が入り，アルゴン (Ar) ですべての軌道に 2 電子ずつが収容される（$[\text{Ne}]$
$3s^23p^6 = [\text{Ar}]$）．$n=3$ の原子殻には他に 3d 軌道があるが，3d は 3s や 3p に比べ
てはるかにエネルギー準位が高いので，アルゴンの電子配置は閉殻構造と同等の
安定性をもつ.

　第 4 周期のカリウム (K) とカルシウム (Ca) では 4s 軌道に電子が入る．続く
スカンジウム (Sc) から亜鉛 (Zn) までの 10 元素では 3d 軌道に電子が収容され
ていく．その際，クロム (Cr) と銅 (Cu) の電子配置に不規則な変化が認められ，
クロムは $[\text{Ar}]4s^23d^4$ ではなく $[\text{Ar}]4s^13d^5$ の，銅は $[\text{Ar}]4s^23d^9$ ではなく $[\text{Ar}]$
$4s^13d^{10}$ の電子配置をとる．これは d 副殻に収容可能な電子の半分（$3d^5$）または
全部（$3d^{10}$）が対称に収容されたときに起こる安定化に起因する変化である．亜
鉛までで 3d 軌道が満たされるので，ガリウム (Ga) から 4p 軌道に電子が収容さ
れ，クリプトン (Kr) で貴ガス元素の電子配置となって安定化する（$[\text{Ar}]$
$4s^23d^{10}4p^6 = [\text{Kr}]$）.

　第 5 周期のルビジウム (Rb) からキセノン (Xe) では 5s, 4d, 5p の各軌道に電
子が収容されていくが，ニオブ (Nb) から銀 (Ag) までの元素において 5s 軌道
と 4d 軌道の収容順に多くの不規則性が認められる．第 6 周期では 6s, 4f, 5d, 6p

の各軌道に電子が入る．全体として，図1・9の軌道順で電子が収容されていく様子がみてとれるが，ランタン（La）から金（Au）までの電子配置にいくつかの不規則な変化がある．

1・4 周期表の構成

1・4・1 族と周期

　周期表では，**族**とよばれる縦の18列と，**周期**とよばれる横の7行の枠内に，118種類の元素が原子番号の順に配列されている．同族の元素は互いによく似た性質を示すので，それぞれ集合的な名称がついている．水素を除く1族元素を**アルカリ金属**，2族元素を**アルカリ土類金属**，15族元素を**ニクトゲン**または**プニクトゲン**，16族元素を**カルコゲン**，17族元素を**ハロゲン**，18族元素を**貴ガス**，第6周期の3族元素を**ランタノイド**，第7周期の3族元素を**アクチノイド**という[10]．

　物理的および化学的性質をもとに，元素を**金属**，**非金属**，**半金属**または**メタロイド**の3種類に大別することができる（図1・11）．周期表は，半金属を境界として金属（左側）と非金属（右側）とに分けられる．水銀を除く金属元素の単体は常温で金属光沢をもつ導電性の固体として存在し，展性（薄い板や箔になる性質）や延性（針金状に引き延ばされる性質）を示す．これに対して，非金属元素の単体は気体（酸素など），液体（臭素など）あるいは絶縁性の固体（リンや硫黄など）として存在する．半金属元素の単体は両者の中間の性質をもち半導体として働く．

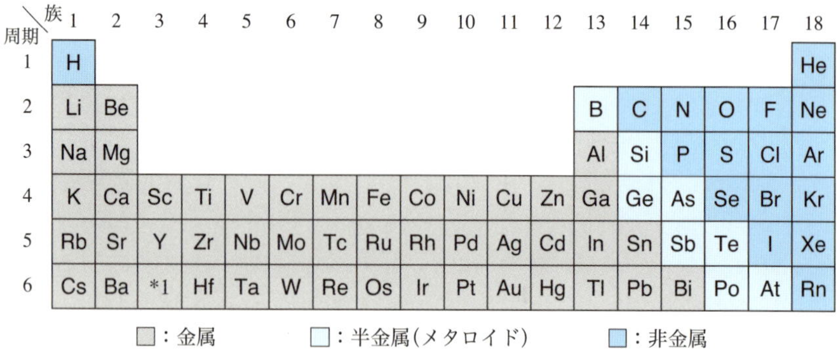

族：group

周期：period

アルカリ金属：alkali metal

アルカリ土類金属：alkaline earth metal

ニクトゲン（プニクトゲン）：pnictogen

カルコゲン：chalcogen

ハロゲン：halogen

貴ガス：noble gas

ランタノイド：lanthanoid

アクチノイド：actinoid

10) Be と Mg をアルカリ土類金属から，N をニクトゲンから，O をカルコゲンから，それぞれ除外することがある．

金属：metal

非金属：nonmetal

半金属：semimetal

メタロイド：metalloid

図1・11　物理的および化学的性質に基づく元素の分類（第6周期まで）．第7周期元素の多くは放射性で性質が明確でないため省略した．*1はランタノイド．

1・4・2 原子価軌道と価電子

　原子間の結合や反応に直接関与する軌道を**原子価軌道**，原子価軌道にある電子を**価電子**という．図1・12に示すように，原子価軌道の種類をもとに，周期表を四つのブロックに分けて元素を整理することができる．水色は**s ブロック元素**，青色は**p ブロック元素**，灰色は**d ブロック元素**，白色は**f ブロック元素**とよばれ，それぞれ電子配置を書いたときに電子が最後に収容される原子軌道（副殻）の種類を表している．

原子価軌道：valence orbital

価電子：valence electron

s ブロック元素：s-block element

p ブロック元素：p-block element

d ブロック元素：d-block element

f ブロック元素：f-block element

水素を除く s ブロック元素と p ブロック元素を**主族元素**または**主要族元素**と総称する[11]．また，d ブロック元素を**遷移元素**または**遷移金属**，第 6 周期の f ブロック元素にスカンジウム（Sc）とイットリウム（Y）を加えて**希土類元素**または**希土類金属**と総称する．なお，12 族の亜鉛（Zn），カドミウム（Cd），水銀（Hg）は，nd 副殻が電子で満たされた状態にあり，主族元素とよく似た性質を示すため，遷移元素から除外することがある．

主族元素：main group element

11）main group element の訳語として典型元素が使用されていたが，この用語の意味が元素の別の分類を表す typical element と重なるため総称が変更された．

遷移元素：transition element
遷移金属：transition metal
希土類元素：rare earth element
希土類金属：rare earth metal

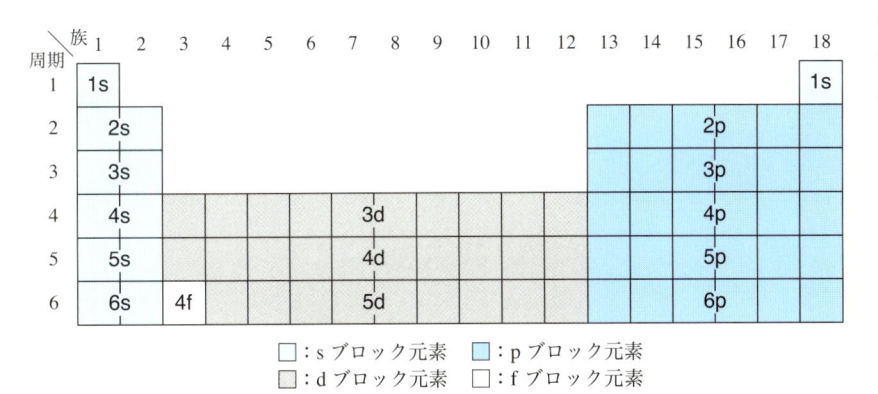

図 1・12 原子価軌道の種類に基づく元素の分類（第 6 周期まで）．

s ブロック元素と p ブロック元素では，主量子数 n の各周期に書かれた ns 軌道と np 軌道（第 1 周期は 1s 軌道のみ）が原子価軌道となる．第 4 周期以降の元素には，ns 軌道と np 軌道に加えて $(n-1)d$ 軌道があり，第 6 周期以降ではさらに $(n-2)f$ 軌道が加わるが，s ブロック元素と p ブロック元素の d 軌道と f 軌道は電子で満たされた安定な状態にあり，結合や反応に関与しないので原子価軌道には加えない．一方，d ブロック元素（遷移元素）では $(n-1)d$ 軌道が結合と反応の主役を担うので，$(n-1)d$ 軌道，ns 軌道，np 軌道を原子価軌道とする．各原子の価電子数は，1 族から 12 族では族番号と一致し，13 族から 17 族では［族番号 -10］となる．18 族元素は通常，結合や反応を起こさないので，価電子数を 0 とする．

章末問題

問題 1・1 原子番号，元素記号，元素名（日本語，英語）を補い，次の表を完成させよ．

	原子番号（Z）	元素記号（E）	元素名（日本語）	元素名（英語）
(a)	31			
(b)		Se		
(c)				cesium
(d)			アンチモン	
(e)	18			

問題 1・2 Cr（$Z = 24$）には 4 種の同位体がある（^{50}Cr, ^{52}Cr, ^{53}Cr, ^{54}Cr）．各同位体の陽子，中性子，電子の数を答えよ．

問題 1・3　銅の二つの同位体である ^{63}Cu と ^{65}Cu の質量と天然存在比はそれぞれ次のとおりである $[^{63}$Cu (62.930, 69.15%), ^{65}Cu (64.928, 30.85%)]. 銅の原子量を求めよ.

問題 1・4　(a)　主量子数 $n = 3$, 方位量子数 $l = 2$ のとき, 磁気量子数 m_l がとりうる値をすべて答えよ.

(b)　方位量子数 l のとりうる値が 0, 1, 2, 3 であるとき, 対応する主量子数 n の値を答えよ.

問題 1・5　次の原子軌道にある節面の数を答えよ.

(a) 1s, (b) 3s, (c) $2p_y$, (d) $3p_x$, (e) $3d_{z^2}$

問題 1・6　He$^+$ の 1s 軌道と 2s 軌道の軌道エネルギーを計算せよ.

問題 1・7　第 2 周期元素の 2s 電子と 2p 電子が感じる有効核電荷の大きさに差が生じる理由を述べよ.

問題 1・8　C：[He]$2s^2 2p^2$ にならい, 次のイオンの電子配置を書け.

(a) O^{2-}, (b) Cl$^-$, (c) K$^+$, (d) Br$^-$, (e) Sn^{2+}

問題 1・9　次の元素の価電子数を答えよ.

(a) Ca, (b) Al, (c) As, (d) S, (e) F, (f) Ne

問題 1・10　第 5 周期までの半金属（メタロイド）元素をすべて答えよ. 解答には元素名と元素記号の両方を記せ.

元素の性質

2

原子パラメーターにみる元素の特性

1章では，原子の構造と多電子原子の電子配置について説明し，元素が族とよばれる 18 のグループに分類されることを述べた．同族の元素は類似の原子価軌道と電子配置をもち，互いに似通った性質を示す．一方，同族の元素であっても原子核がもつ核電荷と内殻電子の数は周期を重ねるごとに増加する．その際，内殻電子を収容する原子軌道の種類と数が変わり，軌道の種類によって核電荷の遮蔽効果の大きさに違いがあるため（$ns > np > nd > nf$），元素の性質は周期とともに変化する．本章では，元素特性の定量的な指標となる**原子パラメーター**を用いてその様子をみてみたい．原子パラメーターには，遊離の原子に対する値（イオン化エネルギー，電子親和力）と，化合物中の原子に対する値（原子半径，電気陰性度）がある．さらに，化合物中の原子の電子状態の目安となる酸化数の概念と，結合強さの熱力学的指標となる結合解離エンタルピーならびに結合エネルギーについても解説する．

2・1 イオン化エネルギーと
　　　電子親和力
2・2 原子半径
2・3 電気陰性度
2・4 酸化数
2・5 結合解離エンタルピーと
　　　結合エネルギー

原子パラメーター：atomic
parameter

2・1 イオン化エネルギーと電子親和力

2・1・1 イオン化エネルギー

気相中にある原子から電子 1 個を取去るのに要する最小のエネルギーを**イオン化エネルギー** IE という[1]．図 2・1 に示すように，多電子原子では多段階のイオン化が起こり，原子 A から 1 個目の電子を取去ってモノカチオン A^+ を生じるのに要するエネルギーを第一イオン化エネルギー IE_1，A^+ から 2 個目の電子を取去ってジカチオン A^{2+} を生じるのに要するエネルギーを第二イオン化エネルギー IE_2 という（以下 $IE_3, IE_4, \cdots$ と続く）[2]．

$$A(g) \longrightarrow A^+(g) + e^- \qquad IE_1 = E(A^+, g) - E(A, g) \qquad (2 \cdot 1)$$

$$A^+(g) \longrightarrow A^{2+}(g) + e^- \qquad IE_2 = E(A^{2+}, g) - E(A^+, g) \qquad (2 \cdot 2)$$

表 2・1 に，水素と主族元素のイオン化エネルギーを示す．各元素について $IE_1 < IE_2 < IE_3 < \cdots$ の順に値が大きくなっている．これは，イオン化に伴って電子数が減少すると核電荷の遮蔽が小さくなり，有効核電荷が増加して電子を取去りにくくなるためである．特に，第 2 周期の Li（1 族）の IE_1 と IE_2 との間，Be（2 族）の IE_2 と IE_3 との間，B（13 族）の IE_3 と IE_4 との間で，それぞれ急激に値が大きくなっている．いずれもイオン化に伴う電子が最外殻電子から内殻電子に切替わるポイントにあたる．第 3 周期の Na（1 族），Mg（2 族），Al（13 族）についても同様の変化が観察される．主量子数 n が減少するこれらのポイントでは軌道が大幅に小さくなるため，原子核と電子との引き合いが強くなってイオン

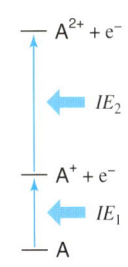

図 2・1 第一イオン化エネルギー IE_1 と第二イオン化エネルギー IE_2．

イオン化エネルギー：ionization
energy

1) イオン化エネルギーと電子親和力は分子にも適用される．

2) 本書では，陽イオンを**カチオン**（cation），陰イオンを**アニオン**（anion）と記載している．19 ページの基礎 2・1 に理由を記した．

表 2・1　水素と主族元素のイオン化エネルギー *IE*（単位 kJ mol⁻¹）

	H							He
IE_1	1312							2372
IE_2								5251

	Li	Be	B	C	N	O	F	Ne
IE_1	520	899	801	1086	1402	1314	1681	2081
IE_2	7298	1757	2427	2353	2856	3389	3374	3952
IE_3	11815	14849	3660	4620	4578	5300	6050	6119
IE_4			25026					

	Na	Mg	Al	Si	P	S	Cl	Ar
IE_1	496	738	578	787	1012	1000	1251	1521
IE_2	4562	1451	1817	1577	1907	2252	2298	2666
IE_3	6910	7733	2745	3232	2914	3363	3840	3930
IE_4			11577					

	K	Ca	Ga	Ge	As	Se	Br	Kr
IE_1	419	590	579	762	944	941	1140	1351
IE_2	3051	1145	1979	1537	1794	2045	2083	2350
IE_3	4419	4912	2965	3286	2735	3058	3365	3458

	Rb	Sr	In	Sn	Sb	Te	I	Xe
IE_1	403	549	558	709	831	869	1008	1170
IE_2	2633	1064	1821	1412	1604	1794	1846	2024
IE_3	3787	4138	2706	2943	2443	2686	2853	2996

	Cs	Ba	Tl	Pb	Bi	Po	At	Rn
IE_1	376	503	589	716	703	812	899	1037
IE_2	2234	965	1971	1450	1612	1862	1725	
IE_3	3203	3458	2880	3081	2466	2634	2565	

出典：日本化学会 編，"化学便覧 基礎編（改訂 6 版）"，丸善（2021）.

化エネルギーが急激に大きくなる．実際，イオン化エネルギー *IE* と有効核電荷 Z_{eff} ならびに主量子数 n との間には，次の近似式が成立する．

$$IE \propto \frac{Z_{\mathrm{eff}}{}^2}{n^2} \tag{2・3}$$

　図 2・2 に，水素（H）からラドン（Rn）までの元素について，原子番号の増加に伴う第一イオン化エネルギー IE_1 の変化を示した．IE_1 は電子の入っている最上位の軌道から電子を取去るときのエネルギーに相当するので，元素の電子的性質をはかる有用な指標となる．

　IE_1 は，18 族元素（He, Ne, Ar, Kr, Xe, Rn）に極大値を，1 族元素（Li, Na, K, Rb, Cs）に極小値をもち，周期的に変化する．18 族の貴ガス元素は安定な閉殻の電子配置をもち（電子を離したくないので）特に大きな IE_1 を示す．逆に 1 族元素は 1 電子を放出すると貴ガスの閉殻構造となって安定化するのでイオン化しやすく，同じ周期の元素の中で最も小さな IE_1 を示す．なお水素は，他の 1 族元素に比べて IE_1 が明らかに大きく（Li の 2.5 倍，Cs の 3.5 倍），また通常の条件では金属性を示さないので，アルカリ金属に加えない．

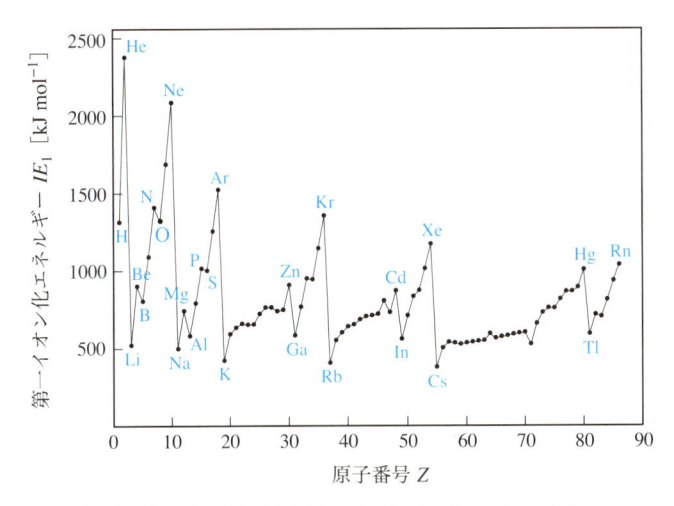

図 2・2　原子番号による第一イオン化エネルギーの変化.

　同族の元素では右肩下がりの，同周期の元素では右肩上がりの変化が認められる．これらの傾向は (2・3)式と一致している．すなわち，周期表の族（縦列）を下がると有効核電荷 Z_{eff} が徐々に増加するものの，原子価軌道の主量子数 n が 1 ずつ増えるため，IE_1 は周期を重ねるごとに低下する（n^2 に反比例する）．一方，同じ周期の元素では n が変わらないので，原子番号（陽子数）の増加に伴う有効核電荷の増加により，IE_1 は 1 族から 18 族に向けて大きくなる．

　図 2・2 をさらに詳しくみると，数箇所で IE_1 に不規則な変化が起こっている．第 2 周期 (Li〜Ne) では，2 族 (Be) と 13 族 (B) との間，15 族 (N) と 16 族 (O) との間で IE_1 の序列が逆転している．Be と B との逆転は，ホウ素 B が 2s 軌道よりもエネルギー準位の高い 2p 軌道に電子をもち，イオン化しやすいためである．一方，N と O との逆転は，三重縮退の 2p 軌道（2p 副殻）が半閉殻構造となった際に起こる安定化に起因する（図 1・10 参照）．縮退軌道にそれぞれ 1 電子ずつがスピンを平行にして入った状態を半閉殻とよぶ．N はこの電子配置 ($2s^2 2p^3$) をもつ．これに対して O の電子配置は $2s^2 2p^4$ なので，1 電子を離して

📖 基礎2・1　アニオンとカチオン　📖

　英語では，負電荷をもつイオンを anion，正電荷をもつイオンを cation という．それぞれ，陰イオン，陽イオンと和訳されているが，大学ではこれらの用語に"ローマ字読みのカタカナ表記"を用いて，アニオン，カチオンとよぶことが多い．

　そもそも anion と cation の用語は，イオンのもつ電荷がまだわからない時代にファラデー (Michael Faraday) が，電極反応の anode（アノード）側に移動するイオンを anion，cathode（カソード）側に移動するイオンを cation とよんだことに由来する．したがって，陰イオンと陽イオンは，その後の知見に基づく意訳と考えられ

る．実際，陰イオンと陽イオンを英語に直訳すると negative ion と positive ion になるが，これらは質量分析で用いられる用語で，化学では通例 anion と cation が使用される．

　ちなみに，イオンはギリシャ語で"行く"を意味する．また，anode はギリシャ語で上り口を意味する anodos に，cathode は下り口を意味する cathodos に由来し，それぞれ電子の入口と出口を表している．すなわち，酸化反応で放出される電子の入口となる電極がアノード，還元反応で使用される電子の出口となる電極がカソードである．

O^+ $(2s^22p^3)$ となって安定化する傾向が強い. その結果, (2·1)式の $E(A^+, g)$ が小さくなり, IE_1 が低下する. 同様の逆転は, 第3周期 (Na〜Ar) の2族 (Mg) と13族 (Al) との間, 15族 (P) と16族 (S) との間でも起こっている.

第4周期 (K〜Kr), 第5周期 (Rb〜Xe), 第6周期 (Cs〜Rn) の元素では, 12族と13族の IE_1 に明らかな逆転がある [Zn(906)/Ga(579), Cd(868)/In(558), Hg(1007)/Tl(589) (単位 kJ mol^{-1})]. 12族元素は, $(n-1)$d 副殻まで電子の詰まった電子配置 (準閉殻構造) をもち, 閉殻構造に準ずる安定性をもつため電子を離しにくく, IE_1 が大きくなる (表1·5参照). 一方, 13族元素は, np 軌道にある1電子を放出すると準閉殻構造となって安定化するため, IE_1 が小さくなる.

2·1·2　電子親和力

気相中にある原子 A が1個の電子を受取り, 負電荷をもつアニオン A$^-$ に変化する際に発生または吸収するエネルギーを第一電子親和力 EA_1 という[3]. 図2·3(a) に示すように, 原子 A に比べて A$^-$ が安定であれば発熱反応となり, EA_1 は正の値となる. 逆に (b) のように, A に比べて A$^-$ が不安定であれば吸熱反応となり, EA_1 は負の値となる.

$$A(g) + e^- \longrightarrow A^-(g) \qquad EA_1 = E(A^-, g) - E(A, g) \qquad (2·4)$$

表2·2に主族元素の第一電子親和力 EA_1 を示す. 電子は, 原子がもつ空軌道あるいは半占軌道の中で, 最もエネルギー準位の低い軌道に入る[4]. そのため, 有効核電荷の大きな17族のハロゲン元素が, 特に大きな正の EA_1 値を示す. 逆に貴ガス元素は電子を受取りにくいので, EA_1 は負の値となる. 窒素が負の値を示すのは, 2p 副殻が半閉殻で, 次の電子を受取りにくいからである.

2·1·3　化学結合との関係

原子間に生じる化学結合は, イオン結合, 金属結合, 共有結合の三つの様式に大別される. 単体や化合物がいずれの結合をもつかは, 組合わせとなる元素の電子的性質によって決まる. 結合様式により物質の性質は大きく変化する.

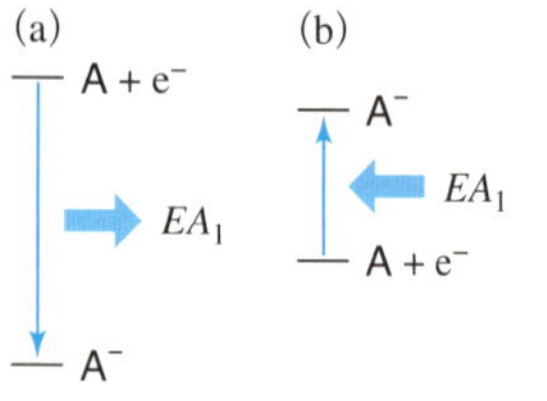

図 2·3　第一電子親和力 EA_1.

電子親和力：electron affinity

3) イオン化エネルギーと同様, 電子親和力についても多段階の電子の受取りが可能で, 一つ目の電子を受取った際に発生または吸収するエネルギーを第一電子親和力 EA_1, 二つ目の電子を受取った際に発生または吸収するエネルギーを第二電子親和力 EA_2 とよぶ. 表2·2のデータは第一電子親和力 EA_1 である.

4) パウリの排他原理に従い収容可能な2個の電子で満たされた軌道を**被占軌道** (occupied orbital), その半分の1個の電子が入った軌道を**半占軌道** (singly occupied orbital), 電子の入っていない軌道を**空軌道** (unoccupied orbital または vacant orbital) という.

表 2·2　水素と主族元素の第一電子親和力 EA_1 (単位 kJ mol^{-1})

	H							He
EA_1	73							−48
	Li	Be	B	C	N	O	F	Ne
EA_1	60	−48	27	122	−7	141	328	−116
	Na	Mg	Al	Si	P	S	Cl	Ar
EA_1	53	−39	42	134	72	200	349	−96
	K	Ca	Ga	Ge	As	Se	Br	Kr
EA_1	48	2	41	119	78	195	325	−96
	Rb	Sr	In	Sn	Sb	Te	I	Xe
EA_1	47	5	29	107	101	190	295	−77

出典：日本化学会 編, "化学便覧 基礎編 (改訂6版)", 丸善 (2021).

イオン結合　　イオン化エネルギーが小さく電子を失いやすい金属元素と，電子親和力が大きく電子を受取りやすい非金属元素が共存すると，金属元素から非金属元素に電子が移動し，正電荷をもつカチオンと負電荷をもつアニオンが生成する．さらに互いに逆符号の電荷をもつカチオンとアニオンが静電引力によって結びつき，**イオン化合物**が形成される．このような結合を**イオン結合**という．この反応では，貴ガスの電子配置（閉殻構造）がもつ安定性が電子移動をひき起こす重要な駆動力となる．

イオン化合物：ionic compound
イオン結合：ionic bond

たとえば，図2・4のように，1族のナトリウム Na（[He]3s^1）と 17 族の塩素 Cl（[He]3s^{2}3p^5）が共存すると，ナトリウムから塩素に1電子が移動し，ともに貴ガスの電子配置をもつカチオン Na$^+$（[He]）とアニオン Cl$^-$（[He]3s^{2}3p^6 = [Ar]）が生じる．また Na$^+$ と Cl$^-$ がイオン結合して塩化ナトリウム NaCl が生じる．イオン化合物の多くは，カチオンとアニオンが三次元に規則正しく配列したイオン結晶として存在し，きわめて高い融点をもつ．塩化ナトリウムの融点は 800 ℃ に達する．

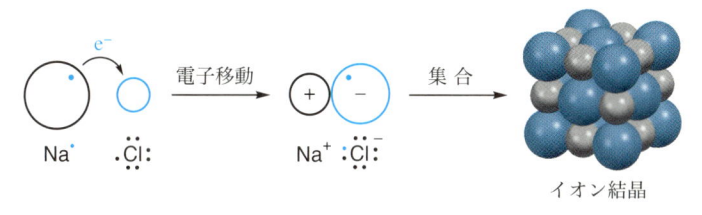

図 2・4　イオン結合の形成（塩化ナトリウム）.

金属結合　　金属元素あるいは非金属元素が単独で存在しても電子移動は起こらないので，それぞれ別の様式の結合が形成される．金属中の原子は**金属結合**によって結びつき，**金属結晶**とよばれる固体を形成する．イオン化エネルギーの小さな金属原子が集合すると，価電子の一部が**自由電子**となって固体内を動き回り，価電子を失って正電荷を帯びた金属イオンを結びつける．

金属結合：metallic bond
金属結晶：metallic crystal
自由電子：free electron

図2・5に示すように，たとえば金属ナトリウム（Na の単体）では，価電子の海の中に Na$^+$ が規則的に配列している．この場合，価電子がのりのように働いて Na$^+$ をつなぎとめているので，応力をかけて Na$^+$ の位置を少しずらしても固体の安定性に大きな変化は起こらない．そのため金属の固体は展性（薄い板や箔になる性質）や延性（針金状に引き延ばされる性質）を示す．また自由電子の存

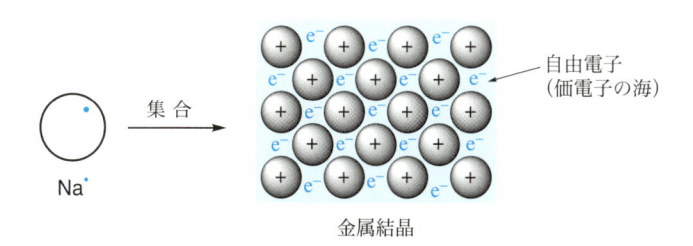

図 2・5　金属結合の形成（金属ナトリウム）.

在によって電気や熱の導体となり，金属光沢を示す．

共有結合　　一方，イオン化エネルギーの大きい非金属元素は，原子間に共有結合を形成して安定化する．たとえば，二つの塩素原子から Cl_2 の組成をもつ塩素の単体（塩素分子）が生成する（図 2・6）．塩素原子の電子配置は $[Ne]3s^2 3p^5$，価電子数は 7 で，**不対電子**を一つもっている．2 個の原子が近づくと，原子間にある電子は二つの原子核から静電引力を受けてエネルギーが低下する．その結果，原子が別々に存在するよりも系が安定となって Cl_2 分子が生じる．この過程で，原子間にある二つの電子はパウリの排他原理に従い，互いに逆向きのスピンをもつ電子対となって二つの原子核に共有される．これを**共有電子対**，形成された結合を**共有結合**という．共有結合の形成により，各原子は共有電子対を含めて 8 個の最外殻電子をもつ閉殻構造となる．遊離の原子やイオンと同様，分子中の原子についても，最外殻に 8 電子が入ると電子配置が安定化する顕著な傾向がある．この経験則を**オクテット側**という．

不対電子：unpaired electron

共有電子対：shared electron pair
共有結合：covalent bond

オクテット則：octet rule

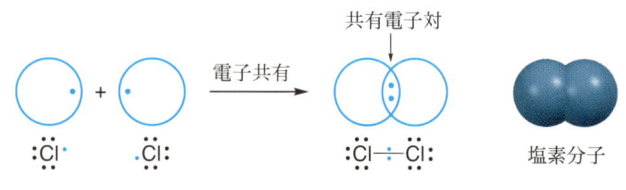

図 2・6　共有結合の形成（塩素分子）．

2・2 原 子 半 径

原子中の電子は原子核のまわりに確率論的に分布しているので，その広がりをもとに原子の大きさを規定することはできない[5]．代わって，化学結合で結ばれた 2 個の原子の核間距離（これを**結合距離**または**結合長**という）を測定し，これをもとに**原子半径**を求める．

5) たとえば，H_2 分子の H−H 結合距離は 74 pm，H の共有結合半径はその半分の 37 pm である．この値は 1s 軌道の動径分布関数の極大値の位置（$r_{max} = a_0 = 53$ pm，図 1・8）に比べてかなり小さい．

結合距離：bond distance

結合長：bond length

原子半径：atomic radius

金属結合半径：metallic radius

共有結合半径：covalent radius

2・2・1　金属結合半径と共有結合半径

原子半径の定義は結合の種類によって異なる．図 2・7(a) に示すように，金属単体の核間距離が求まれば，その 1/2 が金属の原子半径である**金属結合半径** r_m となる．同様に，(b) に示すように，共有結合性の単体の核間距離が求まれば，その 1/2 が構成元素の原子半径である**共有結合半径** r_c となる．単体のデータが得られない場合は化合物の結合距離から各元素の原子半径を見積もり，多くの化合物に対して加成性が成り立つよう値を調整する．

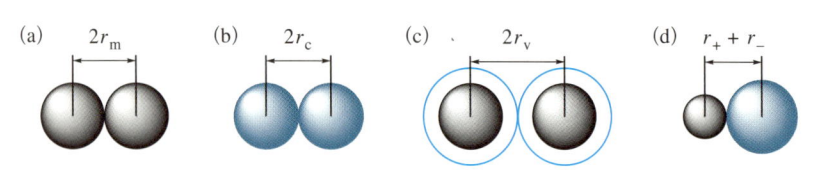

図 2・7　(a) 金属結合半径，(b) 共有結合半径，(c) ファンデルワールス半径，(d) イオン半径．

　表2・3に，第1周期から第6周期までの元素（ランタノイドはLaのみ）の金属結合半径 r_m（黒字）と共有結合半径 r_c（青字）を示す．金属単体の核間距離は結晶構造に付随する配位数[6]に応じて変化するので，表には r_m の基準値となる最密充塡構造（配位数12）の原子半径を記載している．一方，共有結合は，単結合 ＞ 二重結合 ＞ 三重結合の順で短くなり，炭素では H_3C-CH_3（154 pm）＞ $H_2C=CH_2$（134 pm）＞ $HC\equiv CH$（120 pm），窒素では H_2N-NH_2（145 pm）＞ $HN=NH$（125 pm）＞ $N\equiv N$（110 pm）のように変化する．表の r_c は単結合から見積もられた値である．

　核間距離は，原子に結合している原子や原子団，さらには単体や化合物の存在状態によっても変化する．したがって，原子半径は原子サイズの目安の一つではあるが，表2・3の数値を縦方向と横方向にたどるといくつかの傾向がみえてくる．まず，同一周期の主族元素（1, 2, 13～17族）を左から右にたどると原子半径がしだいに小さくなる傾向がある．これは原子番号の増加とともに有効核電荷が増加し，軌道が縮小するためである．主族元素ではさらに，同族元素を上から下にたどると原子半径が大きくなる傾向がある．主量子数の増加に伴って最外殻の軌道が拡大するためである．

　遷移元素（3～12族）についても，第4周期と第5周期の元素を比較すると，ほとんどの族において後者の原子半径が大きくなっている．ところが，第5周期と第6周期では，同族元素の原子半径に，ほとんど変化が認められない．たとえば6族では，Mo（$Z=42$）が140 pm，W（$Z=74$）が141 pmである．また10族では，Pd（$Z=46$）が137 pm，Pt（$Z=78$）が139 pmである．このように，内殻電子数と主量子数が増えても原子が大きくならないのは，第6周期の遷移元素の前に3族のランタノイド（fブロック元素）が存在するためである．

　f電子の遮蔽効果はきわめて小さく，ランタノイド元素の原子半径は，一部の例外を除いて原子番号順（核電荷の増加順）に低下する．この現象をランタノイ

6) 金属結晶中で，ある金属原子の最近接圏に存在する金属原子の数を，その金属原子の**配位数**（coordination number）という．金属単体では，六方および立方最密充塡構造の配位数が12，体心立方構造の配位数が8であり，前者の r_m を金属結合半径の基準値とする（§6・2・1参照）．

ランタノイド収縮：lanthanoid contraction

表 2・3　金属結合半径 r_m（黒字）と共有結合半径 r_c（青字）（単位 pm）

	1	2	3	4	5	6	7	8	9	10	11	12	13	14	15	16	17
1	H[†] 37																
2	Li 157	Be 112											B 88	C 77	N 75	O 73	F 71
3	Na 191	Mg 160											Al 143 130	Si 118	P 110	S 103	Cl 99
4	K 235	Ca 197	Sc 164	Ti 147	V 135	Cr 129	Mn 137	Fe 126	Co 125	Ni 125	Cu 128	Zn 137	Ga 153 122	Ge 122	As 122	Se 117	Br 114
5	Rb 250	Sr 215	Y 182	Zr 160	Nb 147	Mo 140	Tc 135	Ru 134	Rh 134	Pd 137	Ag 144	Cd 152	In 167 150	Sn 158 140	Sb 143	Te 135	I 133
6	Cs 272	Ba 224	La 188	Hf 159	Ta 147	W 141	Re 137	Os 135	Ir 136	Pt 139	Au 144	Hg 155	Tl 171 155	Pb 175 154	Bi 182 152		

出典：巽和行ほか 監訳，"ハウスクロフト無機化学（上）"，東京化学同人（2012）．
†　H_2 の核間距離から求めた H の共有結合半径．有機化合物ではこれよりも小さく，$r_c=30$ pm 程度になる．

ド収縮という．同周期の元素の原子半径が原子番号の順に小さくなる傾向は主族元素においても認められるが，ランタノイド収縮がもたらす重要な効果は，ランタノイド以降の遷移元素に対しても原子半径の低下をもたらす点にある．その結果，第5周期と第6周期の同族元素の原子半径がほぼ同じ値となる．

　類似の効果は，第4周期の遷移元素（dブロック元素）に続く13族のGaでも観測される．すなわちB（88 pm）からAl（130 pm）では共有結合半径が顕著に増加しているのに対して，Al（130 pm）からGa（122 pm）では逆に低下している．これはd電子の遮蔽効果が小さいために起こる現象である．

2・2・2　ファンデルワールス半径

ファンデルワールス半径：van der Waals radius

　非金属元素の原子や分子では，共有結合半径とともに**ファンデルワールス半径** r_v が原子や分子の大きさの尺度として利用される［図2・7(c)］．ファンデルワールス半径の和は，結合をもたない二つの原子が接触しているときの核間距離に相当する．二つの原子がファンデルワールス半径よりも近づくと斥力（反発力）が生じ，遠ざかると引力が生じて，両者の釣り合い位置に核間距離が保たれる．すなわち，明確な結合をもたない原子や分子がそれ以上近づけない距離をファンデルワールス半径という．表2・4に主族元素のファンデルワールス半径を示す．貴ガス元素は単原子分子[7]として安定化するので，共有結合半径を求めることはできないが，ファンデルワールス半径は求められている．

[7] 貴ガスのように単独の原子が分子のように振る舞う化学種を**単原子分子**（monoatomic molecule）という．アルカリ金属や水銀の気体も単原子分子として振る舞う．一方，同種の2原子からなる分子（H_2, N_2, O_2など）を**等核二原子分子**（homonuclear diatomic molecule），異種の2原子からなる分子（HCl, CO, NOなど）を**異核二原子分子**（heteronuclear diatomic molecule）という．

表 2・4　ファンデルワールス半径 r_v（単位 pm）

	1	13	14	15	16	17	18
1	H 120						He 99
2		B 208	C 185	N 154	O 140	F 135	Ne 160
3			Si 210	P 190	S 185	Cl 180	Ar 191
4			Ge 210	As 200	Se 200	Br 195	Kr 197
5			Sn 217	Sb 220	Te 220	I 215	Xe 214

出典：巽和行ほか 監訳，"ハウスクロフト無機化学（上）"，東京化学同人（2012）．

2・2・3　イオン半径

イオン半径：ionic radius

　イオン結晶内で隣接するカチオンとアニオンの核間距離を各イオンに割り振った値を**イオン半径**という［図2・7(d)］．割り振りの際には，基準となるイオンを選び，その半径をもとに他のすべてのイオンの半径を矛盾のないように決めていくのが合理的である．表2・5に，O^{2-}（6配位）の半径を140 pmとしたときの主族元素（単原子イオン）のイオン半径を示す．O^{2-}は分極しにくく，相手のカチオンが変わっても大きさがあまり変化しない．また多くの金属が酸化物をつくるのでデータが豊富で，基準として適している．イオンに隣接する逆符号のイオンの数をそのイオンの配位数という．表中の括弧内の数字が配位数である．た

とえば，図2・4のNaClの結晶において，Na^+（灰色）は上下前後左右にある6個のCl^-（青色）と，逆にCl^-（青色）は上下前後左右にある6個のNa^+（灰色）と接しているので，いずれも6配位である．

表2・5からわかるように，配位数が増えるとイオン半径が大きくなる．これは近接する同符号のイオンが増えると静電反発が強くなって互いに遠ざかり，その結果として逆符号のイオンとの核間距離が長くなるためである．また同じ元素のイオンでも，正電荷が増えるとイオン半径が小さくなり，負電荷が増えるとイオン半径が大きくなる．このイオン電荷による変化は，配位数による変化に比べて顕著であり，たとえばTl^{3+}のイオン半径は，Tl^+の60％弱まで縮小している．さらに，同じ電荷数をもつ同族元素のイオンでは，族を下がるとイオン半径が大きくなる[8]．

8) 第5周期と第6周期の遷移金属イオンでは，金属原子の場合と同様，ランタノイド収縮の影響によりイオン半径の増加が小さくなる．

表 2・5　主族元素のイオン半径 r_+, r_-（単位 pm）[†]

	1	2	13	14	15	16	17
2	Li^+ 59(4) 76(6) 92(8)	Be^{2+} 27(4) 45(6)	B^{3+} 11(4) 27(6)		N^{3-} 146(4)	O^{2-} 135(2) 138(4) 140(6) 142(8)	F^- 128(2) 131(4) 133(6)
3	Na^+ 99(4) 102(6) 118(8)	Mg^{2+} 57(4) 72(6) 89(8)	Al^{3+} 39(4) 53(6)		P^{3-} 212	S^{2-} 184(6)	Cl^- 181(6)
4	K^+ 138(6) 151(8) 159(10) 164(12)	Ca^{2+} 100(6) 112(8) 123(10) 134(12)	Ga^{3+} 47(4) 62(6)		As^{3-} 222	Se^{2-} 198(6)	Br^- 196(6)
5	Rb^+ 152(6) 161(8) 166(10) 172(12)	Sr^{2+} 118(6) 126(8) 136(10) 144(12)	In^{3+} 62(4) 80(6) 92(8)	Sn^{4+} 55(4) 69(6) 81(8)		Te^{2-} 221(6)	I^- 220(6)
6	Cs^+ 167(6) 174(8) 181(10) 188(12)	Ba^{2+} 135(6) 142(8) 152(10) 161(12)	Tl^+ 150(6) 159(8) Tl^{3+} 88(6)	Pb^{2+} 119(6) 129(8) 140(10) 149(12)			

出典：R. D. Shannon, *Acta Cryst.*, **A32**, 751（1976）.
† 括弧内の数字は配位数を表す.

2・3　電気陰性度

等核二原子分子[7]の共有電子対は二つの原子間に均等に分布し，分極のない**非極性共有結合**が生じる．一方，異なる元素の原子 A と B が共有結合をつくると，共有電子対はいずれかの原子に引き寄せられて偏って分布し，分極してイオン結合性を帯びた**極性共有結合**［$(δ+)A-B(δ-)$］が生じる．分子中の原子が共有電子対を引き寄せる強さの尺度を**電気陰性度**という．§2・1で述べたイオン化エネルギーと電子親和力が気相中にある遊離の原子に対するパラメーターであったのに対して，電気陰性度は化合物中にある原子の電子的性質を示すパラメーターである．

非極性共有結合：nonpolar covalent bond

極性共有結合：polar covalent bond
電気陰性度：electronegativity

電気陰性度の概念は，ポーリング（Linus C. Pauling）によって提唱された．異核二原子分子である HF の結合エネルギー（$D_{H-F} = 570\ kJ\ mol^{-1}$）は，それぞれの元素がつくる等核二原子分子の結合エネルギーの平均値（$D_{avg} = 298\ kJ\ mol^{-1}$）よりも大きい[9]．同様の傾向は多くの元素の組合わせについて認められ，A−B の結合エネルギー D_{A-B} は，A−A および B−B の結合エネルギーの平均値 D_{avg} よりも大きくなる．ポーリングは，A−B 結合が強くなるのは，共有結合にイオン結合（A^+B^-）の寄与が加わるためで，結合エネルギーと化学結合の極性との間に何らかの相関があるものと考えた．そこで，分子中の原子が電子をそれ自身に引き寄せる強さを電気陰性度 χ と定義し，結合エネルギーとの間に (2・5) 式の関係を考案した．

$$|\chi_A - \chi_B| = \sqrt{D_{A-B} - D_{avg}} \times 0.102 \qquad (2 \cdot 5)$$

$$ここで\ D_{avg} = \frac{D_{A-A} + D_{B-B}}{2}$$

9) H_2 ($D_{H-H} = 436\ kJ\ mol^{-1}$), F_2 ($D_{F-F} = 159\ kJ\ mol^{-1}$).

具体的には，A と B の電気陰性度の差の絶対値が，D_{A-B} と D_{avg} の差の平方根に比例すると仮定した．さらに，電気的に最も陰性なフッ素の電気陰性度を 4.0 と置き，その他の元素の電気陰性度を相対値として求めた．フッ素の値を 4.0 と置くのは，すべての元素の電気陰性度を正の値とするためである．これをポーリングの電気陰性度 χ^P とよぶ[10]．なお，ポーリングが計算に用いた結合エネルギーは eV スケール（$1\ eV = 96.485\ kJ\ mol^{-1}$）であるが，(2・5) 式では係数 $[(1/96.485)^{1/2} = 0.102]$ を用いて $kJ\ mol^{-1}$ スケールに変更している．さらに，相対値である電気陰性度に単位はつけない．

10) ポーリングは当初，結合エネルギーの相乗平均
$$(D_{A-A} \times D_{B-B})^{1/2}$$
を用いたが，後日，相加平均に変更された．表 2・6 の χ^P は相加平均から見積もられた値である．

続いてマリケン（Robert S. Mulliken）は，第一イオン化エネルギー IE_1 と第一電子親和力 EA_1 の平均値（eV 単位）を用いて電気陰性度を定式化した [(2・6) 式]．これをマリケンの電気陰性度 χ^M という．

$$\chi^M = \frac{IE_1 + EA_1}{2} \qquad (2 \cdot 6)$$

原子が電子を引き寄せる強さが，原子から電子を取去る際に要するエネルギー IE_1 と，原子が電子を受取る際に発生するエネルギー EA_1 のバランスで決まるとする考え方は合理的である．しかし，ここで使用される IE_1 と EA_1 は "原子価状態" とよばれる原子が分子の一部をなすときの値であり，基底状態の値（表 2・1）に比べて見積もりが難しく，電子親和力のデータも限られている．

その後も多くの研究者によって異なる原子パラメーターを用いて電気陰性度が求められた．代表的な値として，価電子に対する有効核電荷 Z_{eff} と共有結合半径 r_{cov}（pm 単位）に基づくオールレッド・ロコウの電気陰性度 χ^{AR} [(2・7) 式] と，価電子の平均エネルギー[11]に基づくアレンの電気陰性度 χ^{AL} [(2・8) 式] がある．

11) アレンの論文には configuration energy（配置エネルギー）と記載されている．

$$\chi^{AR} = 3590 \times \frac{Z_{eff}}{(r_{cov})^2} + 0.744 \qquad (2 \cdot 7)$$

$$\chi^{AL} = \frac{N_s \varepsilon_s + N_p \varepsilon_p}{N_s + N_p} + (-2.300) \qquad (2 \cdot 8)$$

(2・8) 式の ε_s と ε_p は，原子価軌道である ns と np の軌道エネルギー（Ry スケール，$1\ Ry = 13.605\ eV$），N_s と N_p は各軌道にある価電子の数である．式中の係数

は，χ^{AR} と χ^{AL} をポーリングスケールに調整するために設定されている．

　表 2・6 に，水素と主族元素の χ^P，χ^{AR}，χ^{AL} を比較する．また表 2・7 に，遷移元素に対するアレンの電気陰性度 χ^{AL} を示す．表 2・6 に記載した χ^P 値は，オールレッドにより，ポーリングの時代よりも精度の高い結合エネルギーを用いて再計算されたものである．表 2・7 の χ^{AL} の計算には，(2・8) 式の ε_p の代わりに $(n-1)$d の軌道エネルギー ε_d が使用され，価電子数 N_s と N_d の見積もりにも工夫がなされている．

表 2・6　ポーリング（χ^P），オールレッド・ロコウ（χ^{AR}），アレン（χ^{AL}）の電気陰性度：水素と主族元素

	H							He
χ^P	2.20							
χ^{AR}	2.20							5.5
χ^{AL}	2.300							4.16
	Li	Be	B	C	N	O	F	Ne
χ^P	0.98	1.57	2.04	2.55	3.04	3.44	3.98	
χ^{AR}	0.97	1.47	2.01	2.50	3.07	3.50	4.10	5.10
χ^{AL}	0.912	1.576	2.051	2.544	3.066	3.610	4.193	4.787
	Na	Mg	Al	Si	P	S	Cl	Ar
χ^P	0.93	1.31	1.61	1.9	2.19	2.58	3.16	
χ^{AR}	1.01	1.23	1.47	1.74	2.06	2.44	2.83	3.30
χ^{AL}	0.869	1.293	1.613	1.916	2.253	2.589	2.869	3.242
	K	Ca	Ga	Ge	As	Se	Br	Kr
χ^P	0.82	1.00	1.81	2.01	2.18	2.55	2.96	3.0
χ^{AR}	0.91	1.04	1.82	2.02	2.20	2.48	2.74	3.10
χ^{AL}	0.734	1.034	1.756	1.994	2.211	2.424	2.685	2.966
	Rb	Sr	In	Sn	Sb	Te	I	Xe
χ^P	0.82	0.95	1.78	1.96	2.05	2.10	2.66	2.6
χ^{AR}	0.89	0.99	1.49	1.72	1.82	2.01	2.21	2.40
χ^{AL}	0.706	0.963	1.656	1.824	1.984	2.158	2.359	2.582
	Cs	Ba	Tl	Pb	Bi			
χ^P	0.79	0.89	2.04	2.33	2.02			
χ^{AR}	0.86	0.97	1.44	1.55	1.67			
χ^{AL}	0.659	0.881	1.789	1.854	2.01			

出典：[χ^P] A. L. Allred, *J. Inorg. Nucl. Chem.*, **17**, 215 (1961)；[χ^{AR}] A. L. Allred, E. G. Rochow, *J. Inorg. Nucl. Chem.*, **5**, 264 (1958)；[χ^{AL}] J. B. Mann *et al.*, *J. Am. Chem. Soc.*, **122**, 2780 (2000).

表 2・7　アレン（χ^{AL}）の電気陰性度：遷移元素

Sc	Ti	V	Cr	Mn	Fe	Co	Ni	Cu	Zn
1.19	1.38	1.53	1.65	1.75	1.80	1.84	1.88	1.85	1.59
Y	Zr	Nb	Mo	Tc	Ru	Rh	Pd	Ag	Cd
1.12	1.32	1.41	1.47	1.51	1.54	1.56	1.58	1.87	1.52
Lu	Hf	Ta	W	Re	Os	Ir	Pt	Au	Hg
1.09	1.16	1.34	1.47	1.60	1.65	1.68	1.72	1.92	1.76

出典：[χ^{AL}] J. B. Mann *et al.*, *J. Am. Chem. Soc.*, **122**, 5132 (2000).

　　表からわかるように，算出根拠が異なるにも関わらず，3種類の電気陰性度は互いによい一致を示している．同一周期では族番号が増えると電気陰性度が高くなり，同族では高周期の元素ほど電気陰性度が低くなっている．χ^{AL} 値を図1・11と比較すると，金属元素の χ^{AL} は 0.659 (Cs) 〜2.01 (Bi)，半金属元素の χ^{AL} は 1.916 (Si) 〜2.211 (As)，非金属元素の χ^{AL} は 2.253 (P) 〜4.193 (F) の範囲にあり，元素の性質と電気陰性度との間に明らかな相関があることがわかる．これらは，オールレッド・ロコウの定義に従えば，有効核電荷の増加と原子価軌道の拡大に伴う変化であり，アレンの定義に従えば，原子価軌道のエネルギー変化に起因するものである．電気陰性度は当初，化学結合の強さと結合の極性とを結びつけるという，ポーリングの独創的なアイディアから生まれたものであったが，その後の多くの研究を通してその正当性が確認されたことになる．

　　次の (2・9) 式を用いて，電気陰性度の差（$\Delta\chi^{P}_{A-B} = \chi^{P}_{A} - \chi^{P}_{B}$）から A−B 結合のイオン性（イオン結合の寄与の割合）を見積もる方法がある．

$$結合のイオン性（\%）＝\left[1 - \exp\{-(\Delta\chi^{P}_{A-B})^2/4\}\right] \times 100 \qquad (2・9)$$

図2・8に示すように，$\Delta\chi^{P}_{A-B}$ が 1.67 以上で結合のイオン性が 50% を超える．また NaCl（$\Delta\chi^{P} = 2.23$）や $CaCl_2$（$\Delta\chi^{P} = 2.16$）にみられるように，多くのイオン化合物において構成元素の電気陰性度の差は 2 を超える．

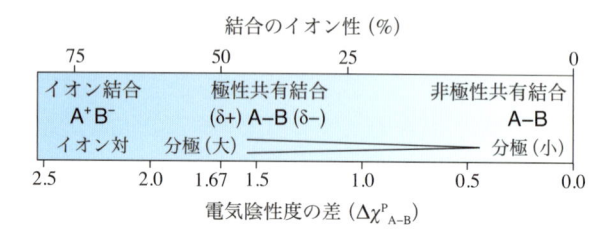

図 2・8　A−B 原子間の電気陰性度の差と結合のイオン性との関係．

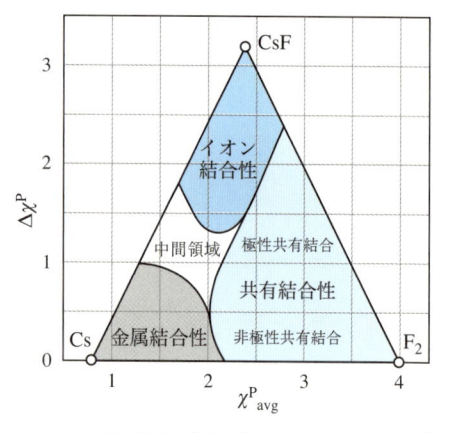

図 2・9　ケテラーの三角形（$\Delta\chi^{P}$ と χ^{P}_{avg} はポーリングの χ^{P} 値による）．

図 2・9 に示す**ケテラーの三角形**を用いて，任意の原子間の結合がイオン結合，共有結合，金属結合のいずれに分類されるかを判定する方法がある．図の横軸は 2 個の結合原子の χ^P 値の平均（χ^P_{avg}），縦軸は差（$\Delta\chi^P$）である．三角形の各頂点は Cs（$\chi^P_{avg} = 0.79$，$\Delta\chi^P = 0$），CsF（$\chi^P_{avg} = 2.38$，$\Delta\chi^P = 3.19$），F_2（$\chi^P_{avg} = 3.98$，$\Delta\chi^P = 0$）で，それぞれ最小の χ^P_{avg} をもつ金属結合，最大の $\Delta\chi^P$ をもつイオン結合，最大の χ^P_{avg} をもつ共有結合に相当する．たとえば，Mg−O について $\chi^P_{avg} = 2.38$ と $\Delta\chi^P = 2.13$ を求めて図 2・9 にあてはめると，この結合がイオン結合性であることがわかる．同様に Si−O（$\chi^P_{avg} = 2.67$，$\Delta\chi^P = 1.54$）は共有結合性，Ga−Ga（$\chi^P_{avg} = 1.81$，$\Delta\chi^P = 0$）は金属結合性の結合にそれぞれ分類される．なお，図 2・9 は主族元素の単体と化合物のデータを用いてプロットされたもので，遷移元素の結合には適用できない．

ケテラーの三角形：van Arkel–Ketelaar triangle

2・4 酸 化 数

物質が電子を失うことを**酸化**，電子を受取ることを**還元**という．図 2・4 に示したナトリウムと塩素の反応のように，電子が原子間を実際に移動してイオンが生成する場合は，生成物の**イオン電荷**[12] をもとに酸化と還元の状況を明確に把握することができる．すなわち，ナトリウムが酸化され（$Na \rightarrow Na^+ + e^-$），塩素が還元されている（$Cl + e^- \rightarrow Cl^-$）．

一方，電子の授受が明確でない反応でも，物質を構成する原子の**酸化状態**に変化が起こっている．たとえば，炭素が燃焼して二酸化炭素が生成するとき（$C + O_2 \rightarrow CO_2$），炭素は酸化されて電子密度が低くなり，酸素は還元されて電子密度が高くなっている．このような酸化還元の状況を表すために考案された指標が**酸化数**である．酸化数は化学結合のイオン性を誇張した考え方から求められる形式的な値で，各原子がもつ真の電子密度を示すものではないが，化合物中の電子の濃淡を捉え，反応に伴う電子授受の状況を把握するための指標として有用である．

従来の方法では，水素と酸素の酸化数をそれぞれ +1 と −2 と定義し，これらとの相対的な関係から，物質中にあるその他の原子の酸化数を決めていた．これに対して，IUPAC[13] では現在，アレンの電気陰性度 χ^{AL} を用いた二通りの判定法の使用を推奨している[14]．ここではその一つであるルイス構造を用いた判定法について説明する[15]．

ルイス構造中の共有電子対を電気陰性度 χ^{AL} の高い原子にすべて配分した際に各原子に現れる電荷数をその原子の酸化数と定義する．電荷数は遊離の原子の価電子数 V から各原子に現れた電子数 N を引いて求める．

酸化：oxidation

還元：reduction

イオン電荷：ionic charge

12) 高校の教科書では "イオンの価数" という用語が使用されているが，IUPAC（注 13）の規定集にこの用語は存在せず，代わりに "イオン電荷" が定義されている．イオン電荷は，電荷の大きさを表すアラビア数字に正または負の符号を組合わせて，A^+, A^{2+}, A^{3+} や A^-, A^{2-}, A^{3-} のように表す．その際，数字の 1 は付けない．

酸化状態：oxidation state

酸化数：oxidation number

13) IUPAC は International Union of Pure and Applied Chemistry（国際純正・応用化学連合）の略．化学分野の国際連合に相当し，化合物名や化学用語について国際的な統一（標準化）をはかっている．

14) P. Karen *et al.*, *Pure Appl. Chem.*, **88**, 831 (2016). IUPAC から推奨されている方法では，分子軌道論的な考え方（5 章参照）に基づいて結合電子の偏りを判定し，化合物中の原子の酸化状態を決定する．アレンの電気陰性度 χ^{AL} は原子価軌道のエネルギー準位から算出されるのでこの目的に適っている．

15) ルイス構造式とはいわゆる電子式のことで，これにより書かれた分子構造をルイス構造という．

(a)

$$\text{酸化数(C)} = \underset{V}{4} - \underset{N}{8} = -4$$

$$\text{酸化数(H)} = \underset{V}{1} - \underset{N}{0} = +1$$

(b)

$$\text{酸化数(N)} = \underset{V}{5} - \underset{N}{8} = -3$$

$$\text{酸化数(H)} = \underset{V}{1} - \underset{N}{0} = +1$$

　たとえば，上のメタン (a) では，C−H 結合の共有電子対を電気陰性度の高い炭素原子にすべて配分すると，C に 8 個の電子が現れ，H に電子は現れない (0 個)．各原子が遊離の状態でもつ価電子数からこれらの電子数を引き，C の酸化数を −4，H の酸化数を +1 と求める．電荷をもつアンモニウムイオン (b) についても，同様の手順で，N の酸化数を −3，H の酸化数を +1 と求めることができる．ここで全原子の酸化数の和は，その化学種がもつ電荷数と一致する．メタンは酸化数の和が 0 なので中性分子，アンモニウムイオンは酸化数の和が 1 なので電荷数 +1 の多原子イオンである．

　多重結合をもつ分子についても同様の方法で各原子の酸化数を決定することができ，下の二酸化炭素 (c) の C の酸化数は +4，2 個の O の酸化数はそれぞれ −2 となる．一方，窒素分子 (d) について示すように，同一元素で構成された単体中の原子は電気陰性度が同じなので酸化数は 0 となる．

(c) $\ddot{O}=C=\ddot{O} \Rightarrow :\ddot{\ddot{O}}:^{2-}\ C^{4+}\ :\ddot{\ddot{O}}:^{2-}$

酸化数(C) = 4 − 0 = +4
　　　　　　V　N

酸化数(O) = 6 − 8 = −2
　　　　　　V　N

(d) $:N\equiv N: \Rightarrow :\dot{\ddot{N}}\cdot\ \cdot\dot{\ddot{N}}:$

酸化数(N) = 5 − 5 = 0
　　　　　　V　N

　次の PCl_3 (e) と PCl_5 (f) にみられるように，第 3 周期以降の元素の化合物には元素の種類が同じでも組成の異なるものがある．このような化合物は中心原子の酸化数が異なっている．すなわち，(e) の P の酸化数は +3，(f) の P の酸化数は +5 である．これらの化合物を，倍数接頭辞を用いて三塩化リン，五塩化リンと命名することもできるが，酸化数を用いて塩化リン(III) と塩化リン(V) のように区別して命名することもできる[16]．

16) 元素名に酸化数を付記するときは，ホウ素(III) やリン(V) のようにローマ数字を丸括弧で囲む．また，化学式に酸化数を付記するときは，$B^{III}Cl_3$ や $P^{V}Cl_5$ のように右上付きのローマ数字を使用する．

(e) $:\ddot{Cl}-P-\ddot{Cl}: \Rightarrow :\ddot{\ddot{Cl}}:^{-}\ P^{3+}\ :\ddot{\ddot{Cl}}:^{-}$
　　　　$|$
　　　$:\ddot{Cl}:$
　　　　　　　　　　　　$:\ddot{\ddot{Cl}}:^{-}$

酸化数(P) = 5 − 2 = +3
　　　　　　V　N

酸化数(Cl) = 7 − 8 = −1
　　　　　　V　N

(f) $:\ddot{Cl}-P-\ddot{Cl}: \Rightarrow :\ddot{\ddot{Cl}}:^{-}\ P^{5+}\ :\ddot{\ddot{Cl}}:^{-}$
　　　$\overset{:\ddot{Cl}:\ \ddot{Cl}:}{|\ /}$
　　　　$|$
　　　$:\ddot{Cl}:$

酸化数(P) = 5 − 0 = +5
　　　　　　V　N

酸化数(Cl) = 7 − 8 = −1
　　　　　　V　N

2・5　結合解離エンタルピーと結合エネルギー

結合解離エンタルピー：bond dissociation enthalpy

結合エネルギー：bond energy

　分子内の結合の強さをはかるための熱力学データとして，**結合解離エンタルピー**と**結合エネルギー**が知られている．互いによく似た用語であるが，定義が異なる．

標準生成エンタルピー：standard enthalpy of formation

　結合解離エンタルピーは，分子内の一つの結合を切断するのに必要なエネルギーを表し，結合解離反応に関わる化学種の**標準生成エンタルピー** $\Delta_f H^{\ominus}$ を用いて定式化される[17,18]．たとえば，二原子分子 AB の結合解離エンタルピー D_{A-B} は，気相中で AB が A と B に解離するときの標準反応エンタルピーとして表される [(2・10)式]．

$$D_{\text{A}-\text{B}} = \Delta_f H^{\ominus}(\text{A, g}) + \Delta_f H^{\ominus}(\text{B, g}) - \Delta_f H^{\ominus}(\text{AB, g}) \qquad (2 \cdot 10)$$

これに対して，結合エネルギーは，分子内の同種の結合の結合解離エンタルピーの平均値として定義される[19]．たとえば，メタンの四つのH−C結合を順番に切断したときの結合解離エンタルピーは，H−CH$_3$ ($D = 435.5 \text{ kJ mol}^{-1}$)，H−CH$_2$ ($D = 460.7 \text{ kJ mol}^{-1}$)，H−CH ($D = 422.7 \text{ kJ mol}^{-1}$)，H−C ($D = 338.4 \text{ kJ mol}^{-1}$) のように変動するので，H−C結合の強さを一義的に数値化することはできない．そこで，これらの結合解離エンタルピーの平均値 (414 kJ mol^{-1}) をH−Cの結合エネルギーとし，結合強さの目安とする[20]．

以上のように，結合解離エンタルピーと結合エネルギーは定義が異なるので，利用目的も異なってくる．結合解離エンタルピーは特定の分子の特定の結合に対する値なので，分子構造が同種の結合に及ぼす影響を評価するなどの目的に利用することができる．たとえば，メタンのH−CH$_3$ ($D = 436 \text{ kJ mol}^{-1}$) が，エタンのH−CH$_2CH_3$ ($D = 418 \text{ kJ mol}^{-1}$) よりも強い結合であることを確認できる．

これに対して結合エネルギーは平均値なので，このような微妙な違いの判定には使えないが，たとえばF−F，Cl−Cl，Br−Br，I−I などの異種の結合どうしを比較し，元素の違いが結合に与える影響について知見を集めることができる．

表2・8に，主族元素の結合エネルギーを示した[21]．この表にみられる傾向は，以下の通りである．

(1) 水素との結合は，同族では周期表の下の元素（高周期の元素）ほど弱くなる（H−N > H−P > H−As，H−F > H−Cl > H−Br > H−I など）．同様の傾向は，14族元素どうしの結合でも認められる（C−C > Si−Si > Ge−Ge）．これは，高周期になると結合が伸長して原子核と共有電子対との引き合いが弱くなり，結合エネルギーが低下するためである．

(2) 15族～17族では，第2周期元素の結合が弱く，第3周期元素に極大をもつ不規則な変化が起こる（N−N < P−P > As−As，O−O < S−S > Se−Se，F−F < Cl−Cl > Br−Br > I−I）．孤立電子対をもつ15族以降の元素では，結合距離の短い第2周期元素において原子間の電子反発が顕著となり，目立って結合が弱くなる．電子反発は原子が大きくなる第3周期以降の元素において緩和されるので，これ以後は上の (1) の理由により，周期を重ねるごとに結合エネルギーが低下していく．

[17] 化学熱力学の標準状態 (25 ℃，1 bar = 105 Pa) において，物質を構成する各元素の単体から，その物質1 mol が生成する際に起こるエンタルピー変化を，標準生成エンタルピー $\Delta_f H^{\ominus}$ という（ここで "$\ominus$" という上付きは値が標準状態の値であることを示す）．エンタルピーは，エネルギーの次元をもつ示量性状態量の一つで，熱含量ともよばれる．圧力一定の条件において，その変化量 ΔH が系を出入りする熱量と一致するので，熱量計を用いて比較的容易に測定することができる．

[18] 結合解離エンタルピーの代わりに結合解離エネルギーという用語が使われることがあるが，厳密には，前者は 25 ℃ における値であり，後者は絶対零度 (0 K) における値である．前者は後者に比べて 4 kJ mol^{-1} ほど大きい．

[19] 必然的に，H$_2$ や HF などの二原子分子においては，結合解離エンタルピーと結合エネルギーが一致する．

[20] この結合エネルギーは，
$$\text{CH}_4(\text{g}) \rightarrow \text{C}(\text{g}) + 4\text{H}(\text{g})$$
で表される結合解離反応の標準反応エンタルピーの1/4の値と一致する．

[21] 計算に用いる化合物が異なれば，同じ原子間であっても値は変化するので，結合エネルギーは出典によって異なる．

表 2・8　主族元素の結合エネルギー （単位 kJ mol^{-1}，298.15 K）

H−H	436	H−O	463	C−C	346	N−N	160	O−O	146	F−F	159
H−B	371	H−S	366	C=C	598	N=N	418	O=O	497	Cl−Cl	243
H−C	414	H−Se	316	C≡C	813	N≡N	945	S−S	265	Br−Br	194
H−Si	320	H−F	570	Si−Si	226	P−P	203	S=S	425	I−I	153
H−N	390	H−Cl	431	Si=Si	315	P=P	310	Se−Se	192	F−B	645
H−P	321	H−Br	366	Ge−Ge	186	P≡P	489	O−C	359	F−C	485
H−As	296	H−I	298	Ge=Ge	272	As−As	180	S−C	272	F−Si	595

出典：日本化学会 編，"化学便覧 基礎編（改訂6版）"，丸善 (2021)；巽和行ほか 監訳，"ハウスクロフト無機化学（上）"，東京化学同人 (2012)．

(3) N≡N の結合エネルギーが N−N の 5.9 倍に達していることからもわかるように，第 2 周期の元素は強い多重結合を形成する．これに対して，第 3 周期以降の元素の多重結合は相対的に弱く，単結合だけで構成された多原子分子を形成しやすい．次章（§3・4）で実例を用いて説明する．

章末問題

問題 2・1　第一イオン化エネルギー IE_1 の序列が 15 族の N と 16 族の O との間で逆転する理由を述べよ．

問題 2・2　表 2・8 の結合エネルギーを用いて F と H のポーリングの電気陰性度の差 $(\chi^P_F - \chi^P_H)$ を求め，表 2・6 の値と比較せよ（$1\,eV = 96.485\,kJ\,mol^{-1}$）．

問題 2・3　H の 1s 軌道エネルギーは −13.6 eV，F の 2s と 2p の軌道エネルギーはそれぞれ −40.2 と −18.6 eV である．各元素のアレンの電気陰性度 (χ^{AL}) を求めよ（$1\,Ry = 13.606\,eV$）．

問題 2・4　(2・9)式を用いて HF，HCl，HBr，HI の各結合のイオン性（%）を求めよ．

問題 2・5　図 2・9 をもとに，次の結合をイオン結合，金属結合，共有結合に分類せよ．

(a) Mg−Cl，(b) Al−Al，(c) C−O，(d) Sn−Sn，(e) P−O

問題 2・6　次の化合物を構成する各原子の酸化数を答えよ．

(a) NaH，(b) $AlCl_3$，(c) ClO_2^-，(d) ClO_3^-

問題 2・7　F−F 結合（$D_{F-F} = 159\,kJ\,mol^{-1}$）は，F 原子と他のハロゲン原子 X との結合に比べて弱い（$D_{F-Cl} = 255\,kJ\,mol^{-1}$，$D_{F-Br} = 238\,kJ\,mol^{-1}$，$D_{F-I} = 278\,kJ\,mol^{-1}$）．その理由を述べよ．

元 素 と 化 合 物 3

単体と化合物にみる元素の特性

本章では，主族元素の特性が，単体と化合物の構造・結合・性質に反映される様子について概観する．まず §3・1 において，分子性の単体と化合物に働く分子間力について説明し，以降の節の基礎とする．つづく §3・2 では，水素と水素化物について述べる．水素の電気陰性度（$\chi^P = 2.20$）は全元素の中程に位置し，結合相手となる元素に応じて多様な結合様式をもつ水素化物が形成される．そのため水素化物は，元素の特性をはかるよい材料となる．

§3・3 からは主族元素の単体と化合物について説明する．s ブロック元素は金属単体として存在し，あるいは閉殻構造をもつ電荷数 +1（1 族）または +2（2 族）のカチオンとなってイオン化合物を形成する．一方 p ブロック元素は，共有結合性の単体または化合物である**分子**を形成する．その際，価電子数の変化を伴う周期表・横方向の族による変化に加えて，周期表・縦方向の周期による変化にも特筆すべき現象が認められる．たとえば，第 2 周期の元素において普通にみられる N≡N や O=O などの多重結合が，第 3 周期以降の高周期元素では顕著に不安定となり，これに伴って単体の構造に明らかな変化が生じる．さらに不活性電子対効果や，超原子価化合物の形成など，高周期元素に特有の現象も観察される．

3・1 分子の極性と分子間力
3・2 水素と水素化物
3・3 s ブロック元素の単体
3・4 p ブロック元素の単体と化合物

分子：molecule

3・1 分子の極性と分子間力

正電荷をもつカチオンと負電荷をもつアニオンは静電気力（クーロン力）により引き合い，イオン結合を形成する．一方，巨視的には電気的に中性である分子にも分子間に働く静電的な力があり，**分子間力**とよばれている．図 3・1 に示すように，分子間力には引力と斥力（反発力）があり，引力はさらに**ファンデルワールス力**と**水素結合**に分類される．§2・2・2 で述べたファンデルワールス半径は，ファンデルワールス力が最も効果的に働く距離を表している[1]．分子間に働く引力の強さは，水素結合でイオン結合の 1/10 程度，ファンデルワールス力に至ってはイオン結合の 1/100〜1/1000 程度とかなり弱いものであるが，融点や沸点をはじめとする分子性物質の物性を支配する重要な因子となる．

分子間力：intermolecular force

ファンデルワールス力：van der Waals force

水素結合：hydrogen bond

1）分子と分子がさらに近づくと，被占軌道どうしの重なりによって交換斥力とよばれる反発力が生じる．これは 2 個のヘリウム原子どうしが反発し合うのと同じ現象である．

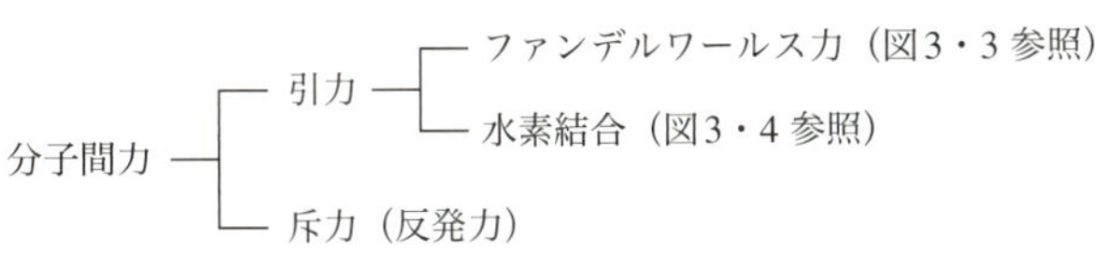

```
                ┌── ファンデルワールス力（図3・3 参照）
        ┌─ 引力 ─┤
分子間力 ─┤         └── 水素結合（図3・4 参照）
        └─ 斥力（反発力）
```

図 3・1 分子間力の概要.

分子の極性　分子間力について知るためには，分子の極性に関する知見が必要である．図 3・2(a) に，塩化水素について示すように，異核二原子分子は原子間に電子の偏りをもち，電気陰性度の低い原子 (H) に正の部分電荷 (δ+) を，高い原子 (Cl) に負の部分電荷 (δ−) を帯びて分極している．このような微小距離に存在する正負1対の部分電荷を**電気双極子**という．電気双極子は**双極子モーメント** μ をもつ．その大きさは，正負1対の部分電荷の大きさと，両者の距離の積に等しく，塩化水素では $\mu = 1.11$ D である [1 D (デバイ) = 3.336 × 10^{-30} C·m].

電気双極子：electric dipole

双極子モーメント：dipole moment

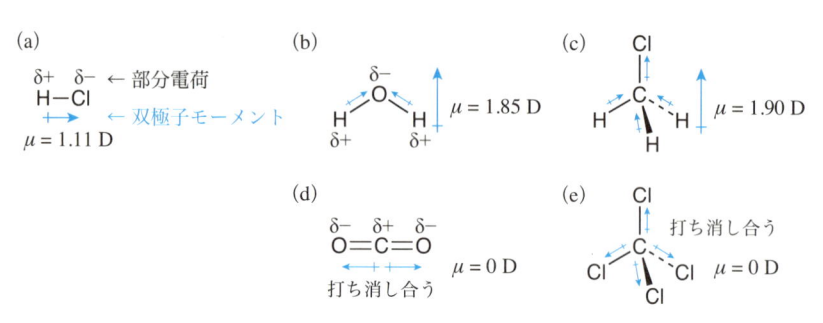

図 3・2　分子の極性と双極子モーメント.

化学では通常，矢羽の位置に + 記号を付けた矢印を用いて，正電荷から負電荷に向かうベクトルとして双極子モーメントを表す方法がとられる[2]．図 3・2 の (b) と (c) に水と塩化メチルを用いて示すように，多原子分子では結合ごとに双極子モーメントを想定することが可能であり，それらのベクトルの足し合わせが分子全体の双極子モーメントとなる．すなわち (b) と (c) は極性分子である．一方，二酸化炭素 (d) と四塩化炭素 (e) のように，極性共有結合をもつ分子であっても，空間的に対称な位置にある双極子どうしで打ち消し合いが起こる場合は無極性分子となる．

2) 物理や物理化学では，+記号をもたない矢印を用いて，これとは逆向きのベクトル (δ− → δ+) として双極子モーメントを表す方式がとられる．IUPAC では，化学においても，物理と同じ方式の使用を推奨している．

ファンデルワールス力　図 3・2 の極性分子 (a)〜(c) には，外部電場の有無に関わらず，常に電気双極子が存在している．このような双極子を**永久双極子**とよぶ．図 3・3(A) に示すように，永久双極子をもつ極性分子どうしは，正の部分電荷 (δ+) と負の部分電荷 (δ−) を介して引き合う．この形式の分子間力を双極子-双極子相互作用とよぶ．一方，図 3・2(d) や (e) などの無極性分子であっ

永久双極子：permanent dipole

(A) 双極子 − 双極子相互作用

永久双極子をもつ極性分子は互いに引き合う.

(B) 双極子 − 誘起双極子相互作用

極性分子が無極性分子に近づくと双極子を誘発して引き合う.

(C) 瞬間双極子 − 誘起双極子相互作用
（分散力）

電子のゆらぎにより無極性分子に瞬間双極子が生じ，隣接する無極性分子に双極子を誘発して引き合う.

図 3・3　ファンデルワールス力の種類と仕組み.

ても，分子中の電子には自由度があり，外部電場によって誘発される**誘起双極子**や，電子のゆらぎに起因する**瞬間双極子**が発生する．図3・3(B) に示すように，永久双極子をもつ極性分子が無極性分子に近づくと，無極性分子に双極子を誘発して引き合う．この形式の分子間力を双極子−誘起双極子相互作用という．さらに (C) のように，電子のゆらぎによって無極性分子に瞬間双極子が生じると，隣接する無極性分子にも双極子を誘発して引き合う．この形式の分子間力を瞬間双極子−誘起双極子相互作用とよび，より一般的には**分散力**または**ロンドン力**とよんでいる．

誘起双極子：induced dipole
瞬間双極子：instantaneous dipole

図3・3に示した3形式の分子間力を総称してファンデルワールス力という．分子量が同程度であれば，(A) > (B) > (C) の順に分子間に働く引力は弱くなる．永久双極子をもつ極性分子では (A) が主体的に働き，無極性分子では分散力 (C) が主体的となる．いずれの場合も，分子が大きくなると分子間力が強くなる傾向が認められる（§3・2〜§3・4参照）．

分散力：dispersion force
ロンドン力：London force

水素結合　　N−H，O−H，F−H結合をもつ分子に働く特別な形式の双極子−双極子相互作用を水素結合という．窒素，酸素，フッ素は電気陰性度が高く（$\chi^P > 3$），水素との間で強く分極する．そのため隣接する分子と $X^{\delta-}-H^{\delta+}\cdots X^{\delta-}$ 型の相互作用（X = N, O, F）を起こして効果的に引き合う．図3・4に示すように，水の水素結合 O⋯H (186 pm) は O−H 共有結合 (96 pm) に比べて長く，その結合エネルギーも共有結合の 1/20 程度であるが，ファンデルワールス力との比較では 10 倍〜100 倍ほど強い相互作用である．

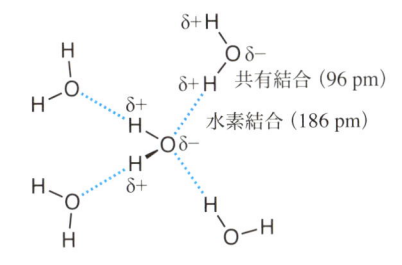

図 3・4　水素結合による水の会合．水色の破線が水素結合を表す．

水素と水素化物

水素の同位体は，**軽水素**（プロチウム，^{1}H または H），**重水素**（ジュウテリウム，^{2}H または D），**三重水素**（トリチウム，^{3}H または T）の3種類で，原子核にそれぞれ0個，1個，2個の中性子をもつ．軽水素と重水素の天然存在比はそれぞれ 99.985% と 0.015% である．天然の三重水素は高層大気に存在し，宇宙から飛来する中性子の関与により生成する．三重水素は放射性で，β壊変を起こして弱い放射線を発生する（半減期 12.3 年）．

軽水素(プロチウム)：protium
重水素(ジュウテリウム)：deuterium
三重水素(トリチウム)：tritium

水素の単体 H_2 は**二水素**とよばれ，常温常圧で無色無臭の気体である．H−H結合は等核二原子分子の単結合としてはきわめて強く（$D_{H-H} = 436\ kJ\ mol^{-1}$），その反応には触媒やラジカル種が必要である．たとえば，鉄触媒を用いて H_2 と N_2 を反応させ，アンモニアが合成される［ハーバー・ボッシュ法，(3・1)式］．また，銅触媒を用いて H_2 と CO からメタノールが製造される［(3・2)式］．さら

二水素：dihydrogen

に，H_2 と Cl_2 とのラジカル反応により高純度の塩化水素が製造されている [(3・3)式].

$$3H_2(g) + N_2(g) \xrightarrow{\text{Fe 触媒}} 2NH_3(g) \tag{3・1}$$

$$2H_2(g) + CO(g) \xrightarrow{\text{Cu 触媒}} CH_3OH(g) \tag{3・2}$$

$$H_2(g) + Cl_2(g) \xrightarrow{\text{ラジカル反応}} 2HCl(g) \tag{3・3}$$

水素のイオン化エネルギー（$IE_1 = 1312\ \mathrm{kJ\ mol^{-1}}$）は他の 1 族元素に比べてはるかに大きいので，**水素イオン**（H^+，**プロトン**ともいう）は遊離の状態では存在できず，孤立電子対をもつ原子や原子団と結合して安定化する．たとえば，水溶液中では水分子と結合してオキソニウムイオン（H_3O^+）を形成する．オキソニウムイオンはさらに，水素結合を介して他の水分子と H^+ の交換を起こす [(3・4)式]．その際，O−H 結合の切断と生成が同時に起こるので，H^+ の移動に要する活性化エネルギーは小さく，速やかな交換が起こる．

$$\tag{3・4}$$

水素は多くの元素と水素化物を形成する．水素の電気陰性度（$\chi^P = 2.20$）は全元素のほぼ中間に位置するので，結合相手となる元素の電気陰性度に応じて水素化物の結合様式が変化し，それらは**塩類似水素化物**，**分子状水素化物**，**金属類似水素化物**の 3 種類に大別される．

塩類似水素化物　　1 族と 2 族の金属（Be を除く）は金属塩に類似した構造をもつ塩類似水素化物を形成する．電気陰性度の低いこれらの金属 M と H_2 を加熱すると，1 族金属では M^+H^- 型の，2 族金属では $M^{2+}(H^-)_2$ 型の組成をもつイオン化合物が生成する．これらの化合物がもつ**水素化物イオン**（H^-，**ヒドリドイオン**ともいう）は塩基性が高く，水などのプロトン性溶媒[3]と激しく反応して H_2 を発生する [(3・5)式, (3・6)式]．同族では電気陰性度の低くなる，より高周期の金属水素化物ほど反応性が高くなる．

$$NaH(s) + H_2O(l) \longrightarrow NaOH(aq) + H_2(g) \tag{3・5}$$

$$CaH_2(s) + 2H_2O(l) \longrightarrow Ca(OH)_2(aq) + 2H_2(g) \tag{3・6}$$

分子状水素化物　　ベリリウム（Be）は 2 族元素の中で最も電気陰性度が高く，水素化ベリリウム（BeH_2）は極性共有結合（$Be^{\delta+}-H^{\delta-}$）をもつ分子状水素化物に分類される．図 3・5(a) に示すように，遊離の分子は直線形であるが，固体状態では Be が H で架橋された会合体をつくり，その性質は 13 族の水素化アルミニウム（AlH_3，アルマンまたはアランともいう）に似ている[4]．また，図 3・5(b) に示すように，ホウ素の水素化物であるボラン（BH_3）も会合し，二量体であるジボランとして安定化する．ベリリウムや 13 族元素の水素化物が会合体を形成するのは，中心原子である Be, B, Al の価電子数が少なく，水素化物がオクテットに満たない電子不足化合物となるためである．§4・1・3で説明するよう

水素イオン：hydrogen ion

プロトン：proton

塩類似水素化物：saline hydride

分子状水素化物：molecular hydride

金属類似水素化物：metallic hydride

水素化物イオン（ヒドリドイオン）：
hydride ion

3) 水やアルコールなど，水素イオン（プロトン）を供給する能力をもつ溶媒を**プロトン性溶媒**（protic solvent）という．これに対して，炭化水素やエーテルなど，水素イオンを生じない溶媒を**非プロトン性溶媒**（aprotic solven）という．

4) 第 2 周期元素と周期表右斜め下の第 3 周期元素（Li と Mg，Be と Al，B と Si など）は化学的性質が互いに似ている．これを**対角関係**（diagonal relationship）という．

に，電子不足化合物はルイス酸として働き，テトラヒドロフラン（THF）などの
ルイス塩基と酸塩基付加体をつくる.

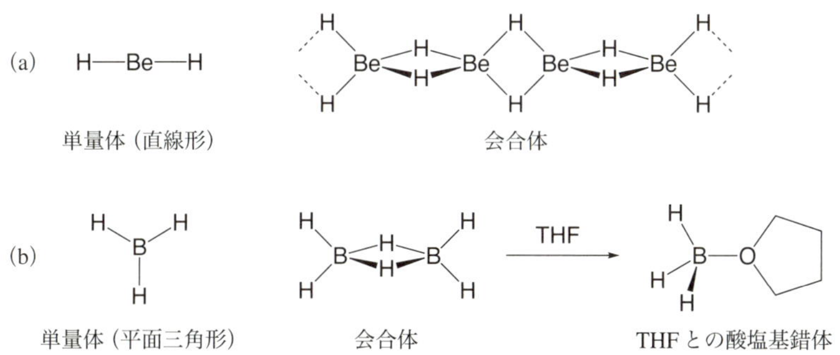

図 3・5 (a) BeH_2 と (b) BH_3 の構造.

14 族〜17 族の元素も分子状水素化物を形成する．14 族元素と 15 族元素は電
気陰性度が水素に近く，分極の小さな共有結合を形成する．一方，16 族と 17 族
の水素化物は $H^{\delta+}-E^{\delta-}$ 型に分極した結合をもち，特に 17 族元素の水素化物（ハ
ロゲン化水素）は水溶液中で水素イオン（H^+）を解離して酸性を示す.

表 3・1 に 13 族〜17 族元素の分子状水素化物とその名称を示す（基礎 3・1 参
照）．いずれも複数原子が共有結合で結ばれた分子であり，化学式は分子式で書
かれている．化学式を書くときは電気的に陽性な元素を前に，陰性な元素を後ろ

表 3・1　13 族〜17 族元素の分子状水素化物とその名称

族	化学式	慣用名	体系名
13	BH_3	ボラン（borane）	ボラン
	B_2H_6	ジボラン（diborane）	ジボラン (6)[†1]
14	CH_4	メタン（methane）	メタン
	SiH_4	シラン（silane）	シラン
	GeH_4	ゲルマン（germane）	ゲルマン
	SnH_4	スタンナン（stannane）	スタンナン
15	NH_3	アンモニア（ammonia）	アザン（azane）
	PH_3	ホスフィン（phosphine）[†2]	ホスファン（phosphane）
	AsH_3	アルシン（arsine）[†2]	アルサン（arsane）
	SbH_3	スチビン（stibine）[†2]	スチバン（stibane）
16	H_2O	水（water）	オキシダン（oxidane）
	H_2S	硫化水素（hydrogen sulfide）[†3]	スルファン（sulfane）
	H_2Se	セレン化水素（hydrogen selenide）[†3]	セラン（selane）
	H_2Te	テルル化水素（hydrogen telluride）[†3]	テラン（tellane）
17	HF	フッ化水素（hydrogen fluoride）	フッ化水素
	HCl	塩化水素（hydrogen chloride）	塩化水素
	HBr	臭化水素（hydrogen bromide）	臭化水素
	HI	ヨウ化水素（hydrogen iodide）	ヨウ化水素

†1 末尾のアラビア数字（6）は水素の数を表す.
†2 IUPAC 命名法では慣用名としても認められていないが，一般的に使用されている.
†3 体系名としても使用される．IUPAC では，水素数を含めた硫化二水素（dihydrogen
　　sulfide），セレン化二水素（dihydrogen selenide），テルル化二水素（dihydrogen telluride）の
　　使用を推奨している.

📖 基礎3・1　水素化物の名称 📖

化合物の名称には IUPAC の化学命名法に基づく体系名と，体系名とは異なるが，当該分野で一般的に用いられている慣用名とがある．主族元素 Y と水素 H からなる二元水素化物 YH_n についてはおおむね両者が一致し，アンモニアと水についてはこれらの古典的名称がそのまま使われている．表 3・1 には，各化合物に対して一般的に用いられている名称を記載した．

体系名にはいくつかの付け方（命名法）があるが，無機化合物においては組織命名法とよばれる方法が基本となる．具体的には，電気的に陽性な元素のカチオン名と，陰性な元素のアニオン名とを組合わせて名称を構成する．

たとえば水素よりも電気的に陽性なリチウムの水素化物（LiH）は，カチオン名［Li^+：リチウムイオン（lithium ion）］にアニオン名［H^-：水素化物イオン（hydride ion）］を組合わせて水素化リチウム（lithium hydride）と命名する．このときカチオン名とアニオン名の順番が日本語と英語で逆になることに注意してほしい．水素化ナ

トリウム（NaH：sodium hydride）や水素化アルミニウム（AlH$_3$：aluminum hydride）も同様の名称である．

水素よりも電気的に陰性な 16 族元素と 17 族元素の水素化物では逆に，水素のカチオン名［H^+：水素イオン（hydrogen ion）］に各元素のアニオン名を組合わせて名称を構成する．すなわち硫化水素（H_2S：hydrogen sulfide），塩化水素（HCl：hydrogen chloride）などとなる．

一方，水素と電気陰性度が近い 13 族のホウ素や 14 族および 15 族の元素に対しては，置換命名法で用いられる母体水素化物の名称が適用される．具体的には，元素名に由来する語幹に，接尾辞 -ane を組合わせて名称を構成する．たとえば，boron+-ane → borane や phosphorus+-ane → phosphane などとなる．なおスズの英語名は tin であるが，化合物名を構成するときはラテン語に由来するスタンナン（stannane，元素記号 Sn の起源）を用いる．また炭素の母体水素化物（CH_4）には古くから慣用化しているメタン（methane）を用いる．

に書く習慣があり（イオン化合物でも同じ），古くから知られているメタン（CH_4）とアンモニア（NH_3）を除いて，電気陰性度の低い元素から順に書かれている．

図 3・6 に，14 族〜17 族元素の水素化物について，周期と沸点との関係を示す．14 族元素の水素化物はすべて無極性分子なので，分子間には分散力だけが働く．そのため，中心原子の周期が進み分子が大きくなると，分散力が強くなって沸点が上昇する．一方，15 族〜17 族元素の水素化物では，第 2 周期と第 3 周期との間で沸点が大きく低下し，それ以降は上昇している．第 2 周期元素の水素化物が特異的に高い沸点を示すのは，N−H，O−H，F−H 結合をもつアンモニア，水，フッ化水素に強い分子間力である水素結合が働くためである．水は特

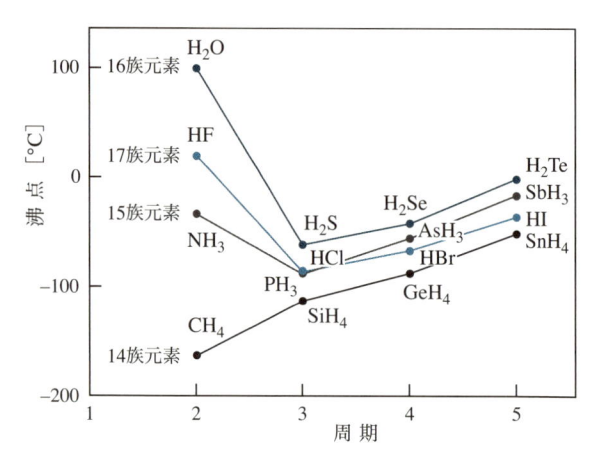

図 3・6　14 族〜17 族元素の水素化物の周期と沸点との関係．

に効果的な水素結合ネットワークを形成し，分子量が 18 と小さいにも関わらず高い沸点（100 ℃）を示す．融点についても同様の不規則変化が認められる．

金属類似水素化物　　主族元素が塩類似水素化物（イオン化合物）と分子状水素化物（共有結合化合物）を形成するのに対して，パラジウム，チタン，ニオブなどの遷移金属は，金属特有の光沢，延性，展性などを維持したまま H_2 を取込んだ金属類似水素化物をつくる．その際，H_2 の一部が H−H 結合の解離を伴って金属ヒドリド種（M−H）に変化する．反応は可逆で，水素は金属結晶内を迅速に移動する．また加熱により金属から H_2 が放出される．すなわち金属類似水素化物は水素吸蔵体としての能力をもつ．特にパラジウムは常温で体積の約 900 倍もの H_2 を吸蔵することができる．またパラジウムの結晶内を H_2 が拡散する際に不純物が取除かれるので，半導体産業などで使用される超高純度水素の製造に利用される．なおパラジウムは高価な貴金属なので，大量の水素の貯蔵と運搬を目的として，水素吸蔵合金とよばれる合金や金属間化合物が開発されている（§6・2・3 参照）．

つづく §3・3 と §3・4 では，図 3・7 に示す s ブロック元素と p ブロック元素の単体と化合物について概説する．

周期\\族	1	2	3	4	5	6	7	8	9	10	11	12	13	14	15	16	17	18
1	H																	He
2	Li	Be		□：s ブロック元素			■：p ブロック元素						B	C	N	O	F	Ne
3	Na	Mg											Al	Si	P	S	Cl	Ar
4	K	Ca	Sc	Ti	V	Cr	Mn	Fe	Co	Ni	Cu	Zn	Ga	Ge	As	Se	Br	Kr
5	Rb	Sr	Y	Zr	Nb	Mo	Tc	Ru	Rh	Pd	Ag	Cd	In	Sn	Sb	Te	I	Xe
6	Cs	Ba	La	Hf	Ta	W	Re	Os	Ir	Pt	Au	Hg	Tl	Pb	Bi	Po	At	Rn

図 3・7　s ブロック元素と p ブロック元素．

3・3　s ブロック元素の単体

1 族　　水素以外の 1 族元素は金属で，アルカリ金属と総称される．基底状態の電子配置は ns^1，価電子数は 1 である．放射性で短寿命のフランシウム（第 7 周期元素）を除き，天然では閉殻構造をもつ電荷数 +1 のイオンとして存在する．原子価軌道の大きな高周期の元素ほど第一イオン化エネルギーが小さく，これに伴って金属の反応性が高くなる（Li ＜ Na ＜ K ＜ Rb ＜ Cs）．すなわち，リチウムは水と比較的穏やかに反応するが，ナトリウムは激しく反応する．カリウムと水の反応はさらに激しく，発生した水素が発熱によって燃焼する．ルビジウムとセシウムの反応は爆発的である．

$$2M(s) + 2H_2O(l) \longrightarrow 2MOH(aq) + H_2(g) \qquad (3・7)$$

金属リチウムは純金属の中で最も負の電極電位をもち，また固体の密度が 0.53 g cm^{-3} と小さいことから，これを負極の活物質に用いて高電圧・高エネルギー密度の電池を作成することができる．特にリチウムイオン電池は，小型軽量で高性能な二次電池（繰返し充電できる電池）として利用され，スマートフォンや電気自動車の性能向上に貢献している．

1 族元素

H：水素
Li：リチウム
Na：ナトリウム
K：カリウム
Rb：ルビジウム
Cs：セシウム

金属ナトリウムは液体アンモニア（沸点 –33 ℃）に溶解し，濃度が薄いときは青色，濃いときは青銅色の溶液を与える．溶液の色は (3・8) 式に示す溶媒和電子 $e^-(\text{solv})$ の生成によるものである．同様の反応は，すべての 1 族金属と，2 族金属のうちカルシウム，ストロンチウム，バリウムでも起こる．青色のナトリウム/液体アンモニア溶液は優れた還元剤として有機合成に利用され，反応はバーチ還元とよばれている．

$$\text{Na(s)} \xrightarrow[\text{(solv = NH}_3)]{} \text{Na}^+(\text{solv}) + e^-(\text{solv}) \qquad (3\cdot8)$$

金属カリウムの蒸気にグラファイトをさらすと KC_8 の組成をもつグラファイト層間化合物が生成し，強力な還元剤として利用される．リチウムイオン電池の負極に生成する LiC_6 も同種の層間化合物である．構造は 14 族元素の項（§3・4）で示す．

2 族　すべて金属元素で，アルカリ土類金属と総称される．基底状態の電子配置は ns^2，価電子数は 2 である．放射性のラジウムを除き，天然では閉殻構造をもつ電荷数 +2 のイオンとして存在する．同じ周期の 1 族元素に比べて第一イオン化エネルギーが大きく，反応性は低下する．特に，ベリリウムとマグネシウムの金属は表面に酸化皮膜を生じて不動態化するため，常温では酸素や水に対して安定である．カルシウム，ストロンチウム，バリウムの化学的性質はナトリウムに似ている．ベリリウムとマグネシウムは，ベリリウム銅，マグネシウム合金，アルミニウム合金などの軽合金の成分として利用される．

3・4　p ブロック元素の単体と化合物

13 族　ホウ素は半金属元素，それ以外は金属元素で，基底状態の電子配置は ns^2np^1，価電子数は 3 である．BF_3, $AlCl_3$, Al_2O_3 などにみられるように，ハロゲン化物や酸化物では三つの価電子がすべて結合の形成に関与して +3 の酸化状態をとることが多いが，第 6 周期のタリウムでは酸化数 +1 の化合物（TlCl や Tl_2O など）が安定となる．すなわち 6p 電子だけが結合の形成に関与し，6s 電子は孤立電子対として残る傾向が顕著となる．このように，狭義には第 6 周期の，広義には第 4 周期以降の p ブロック元素において，原子価軌道である ns 軌道中の電子が化学的に不活性にみえる現象を**不活性電子対効果**という．同様の現象は 14 族の鉛や 15 族のビスマスにおいても認められる．

半金属であるホウ素にはいくつかの同素体がある[5]．その多くは，図 3・8 に示す正二十面体の B_{12} クラスターを構造単位として含み，B_{12} 単位が直接あるいはホウ素原子を介して三次元に連結した構造をもっている．ホウ素の単体は融点がきわめて高く 2000 ℃ 以上に達する．これに対して，他の 13 族元素の単体（金属結晶）の融点は 30 ℃（Ga）から 660 ℃（Al）の範囲にある．

ホウ素のおもな用途にホウケイ酸ガラスがある[6]．耐熱性に優れ，家庭用の耐熱ガラス食器や，実験用のガラス器具などに使用されている．窒化ホウ素 $(BN)_n$ はグラファイト（黒鉛，図 3・10 参照）に類似の層状構造をもつ固体であるが，熱的に安定でグラファイトのように燃えないことや，熱膨張率が低く熱衝撃に強いことから，高温用の固体潤滑剤などに使用される．

---

2 族元素

Be：ベリリウム
Mg：マグネシウム
Ca：カルシウム
Sr：ストロンチウム
Ba：バリウム

13 族元素

B：ホウ素
Al：アルミニウム
Ga：ガリウム
In：インジウム
Tl：タリウム

不活性電子対効果：inert-pair effect

5) 同じ元素からなり，原子配列や結合様式の違いによって互いに性質の異なる単体を**同素体**（allotrope）という．同位体（基礎 1・1）と混同しないこと．

図 3・8　単体ホウ素の構造単位 B_{12}.

6) ホウケイ酸ガラスは，パイレックス Pyrex® などの商品名でよばれている．

　金属アルミニウムは軽量性，耐腐食性，リサイクル性に優れ，アルミサッシなどの建築資材やアルミ缶，アルミホイルなどの包装材として使用される．ジュラルミンとよばれるアルミニウム合金は軽量で，同一重量あたりの機械強度が高いことから，航空機や耐衝撃ケースなどに使われている．ガリウムは窒化ガリウム（GaN）として青色発光ダイオードに用いられる．酸化インジウム(Ⅲ)（In_2O_3）と酸化スズ(Ⅳ)（SnO_2）の混合物は ITO（Indium Tin Oxide の略）とよばれ，ガラス表面に薄膜として蒸着して透明電極とし，液晶パネルや EL ディスプレイなどの電子機器に幅広く使用されている．

　14 族　　族の上から非金属元素（C），半金属元素（Si, Ge），金属元素（Sn, Pb）に分類される．基底状態の電子配置は ns^2np^2，価電子数は 4 である．4 個の価電子がすべて結合の形成に関与し，酸化数 +4 の化合物を与えることが多いが，$SnCl_2$ や $PbCl_2$ にみられるように，高周期のスズと鉛では酸化数 +2 の化合物が安定に存在する．すなわち 13 族元素の項目で述べた不活性電子対効果が現れる．

　炭素には，ダイヤモンド，グラファイト，グラフェン，フラーレン，カーボンナノチューブなどの同素体が存在する．**フラーレン**（C_{60}）は，炭素の五員環と六員環から構成された球状分子である［図 3・9(a)］．**ダイヤモンド**は，ダイヤモンド構造とよばれる結晶構造をもつ．sp^3 混成炭素[7] で構成された網目構造をもち，天然鉱物の中で最も硬度が高い［図 3・9(b)］.

14 族元素

C：炭素
Si：ケイ素
Ge：ゲルマニウム
Sn：スズ
Pb：鉛

フラーレン：fullerene

ダイヤモンド：diamond

7）四面体の中心から四つの頂点方向に結合を形成する炭素を sp^3 混成炭素，正三角形の中心から三つの頂点方向に結合を形成する炭素を sp^2 混成炭素という（§4・2・2 参照）．

(a) 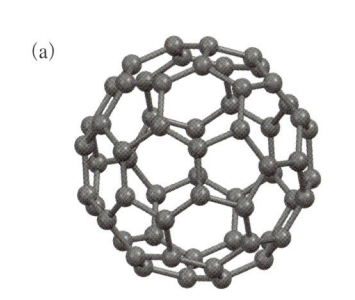　　(b)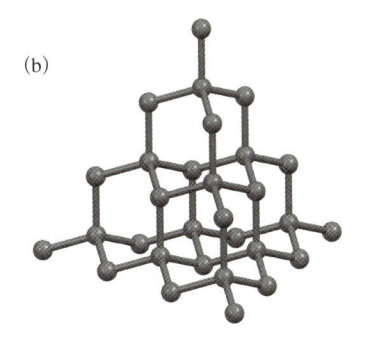

図 3・9　(a) フラーレン C_{60} の構造．(b) ダイヤモンドの部分構造．

　グラファイト（黒鉛）は，sp^2 混成炭素で構成された二次元層状物質（これを**グラフェン**という）が積み重なった構造をしている（図 3・10）．層と層の間には弱い分子間力である分散力が働いているだけなので，横ずれを起こして滑り感が生じる．紙との摩擦により鉛筆の芯からグラファイトが容易に剝離するのはこの層状構造に起因する．炭素原子間が σ 結合だけで構成されたダイヤモンドは絶縁体であるが，グラファイトには π 共役系とよばれる π 結合が連なった比較的柔軟な電子系が存在し，層と平行な方向に電気伝導性（銅の 1/20 程度）を示す[8].

　グラファイトの層間に，電気的に陽性な 1 族元素の原子や 2 族の Ca, Sr, Ba の原子が挿入すると，金属からグラファイトに電子が移動し，たとえばカリウムでは $K^+[C_8]^-$ の組成をもつ銅色の層間化合物が生成する．図 3・10 のグラファイトでは，層と層との立体障害を緩和するために，上下の炭素原子が重ならないよう各グラフェン層がずれて配列していた．これに対して図 3・11 に示すように，K^+ が入るとグラフェンの π 電子との引き合いにより重なり形の原子配列に変化する．またその際，カリウムの挿入により層間距離が 335 pm から 540 pm

グラファイト（黒鉛）：graphite

グラフェン：graphene

8）σ と π は，分子軌道の対称性をもとに共有結合の様式を表すための記号で，C=C 二重結合は 1 本の σ 結合と 1 本の π 結合から構成されている（§4・2・4 参照）．グラフェンなどの分子には，π 結合が連なった**π 共役系**（π-conjugated system）とよばれる電子系が存在する．

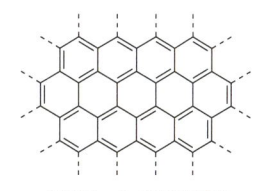

グラフェンの部分構造

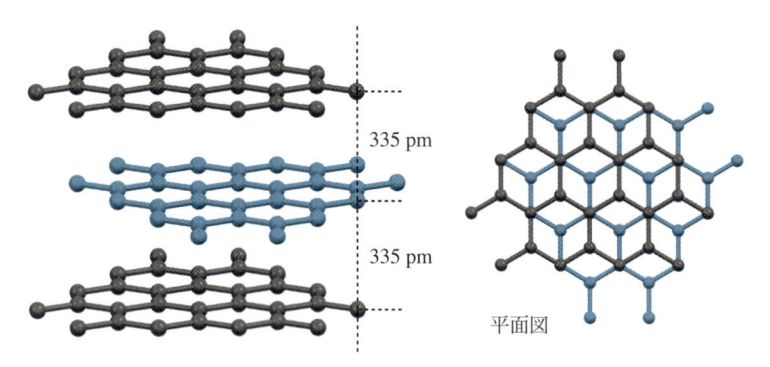

335 pm

335 pm

平面図

図 3・10 グラファイトの構造. 炭素原子の重なりを緩和するため, グラフェン層がずれて配列している.

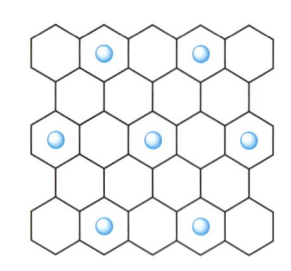

図 3・11 $K^+[C_8]^-$ の平面図. カリウムイオン（青丸）をはさんで, グラフェン層が重なり合って配列している.

インターカレーション：
intercalation

に拡大する. このように, 層状物質の層間に, 基本構造を保持したまま他の物質（原子, イオン, 分子）が挿入する現象（反応）を**インターカレーション**という. 反応は可逆であり, リチウムイオン電池の負極材料などに応用されている.

　ケイ素は地殻を構成する主要元素の一つで, ケイ酸塩鉱物として天然に大量に存在し, その存在比は酸素の次に高い. ケイ素の単体は, 価電子数が1少ない13族元素（B, Al など）を添加するとn型半導体に, 価電子数が1多い15族元素（P, As など）を添加するとp型半導体に変化することから, 半導体材料として有用である. 半導体に使用される高純度の結晶（7N以上[9]）は, 天然由来の二酸化ケイ素（SiO_2）を融解還元して得られる純度99%程度の単体から, トリクロロシラン（$HSiCl_3$）あるいはテトラクロロシラン（$SiCl_4$）を中間体として化学反応により製造される［(3・9)式, (3・10)式］. $HSiCl_3$ と $SiCl_4$ はともに液体で, 蒸留によって精製できるので高純度化しやすい.

9) 物質の純度が 99.99999% 以上であることを表し, 数字の 9 (Nine) が 7 個ならぶことから 7N と表現される. この結晶をゾーンメルト法（帯域溶融法）などの方法によりさらに精製すると, 集積回路に使用される超高純度の単結晶シリコン（11N 以上）が得られる.

$$Si(s) + 3HCl(g) \longrightarrow HSiCl_3(g) + H_2(g) \qquad (3・9)$$

$$4HSiCl_3(g) \longrightarrow Si(s) + 3SiCl_4(g) + 2H_2(g) \qquad (3・10)$$

　ケイ素の結晶はダイヤモンド構造をもち, ゲルマニウムも同様の結晶構造をつくる. スズは金属元素に分類されるが, 非金属との中間的な性質をもっている. すなわち, 常温常圧では金属結晶（βスズ）を形成するが, 13.2 ℃以下に冷やすとダイヤモンド構造をもつ非金属性の結晶（αスズ）に変化する.

15 族元素

N：窒素
P：リン
As：ヒ素
Sb：アンチモン
Bi：ビスマス

　15 族　族の上から非金属元素（N, P）, 半金属元素（As, Sb）, 金属元素（Bi）に分類される. 基底状態の電子配置は ns^2np^3, 価電子数は 5 である. いずれの元素も酸化数 +1 から +5 までの酸化物を形成するが, ビスマスについては酸化数 +5 の酸化物（Bi_2O_5）は不安定で, 室温で容易に分解する. これは不活性電子対効果によるものである. ビスマスのハロゲン化物についても, フッ化物（BiF_5）以外は +3 の酸化状態（BiX_3）をとる. なお窒素のハロゲン化物も +3 の酸化状態（NX_3）で安定化するが, ビスマスとは理由が異なり, 原子半径の小さな窒素が 5 個のハロゲン原子と結合することが立体的に困難なことがその理由である.

二窒素：dinitrogen

　窒素の単体は窒素原子間に三重結合をもつ**二窒素** N_2（窒素分子）であるが, リンの単体は単結合だけで構成された小分子や高分子である（図3・12）. 4章でも

述べるように，第 2 周期元素では普通に形成される多重結合が，第 3 周期以降の高周期元素では顕著に弱くなる．そのため，N_2 に相当する P_2 種は反応性が高く，速やかに化合して (a) の P_4 分子や (b) の高分子に変化する．

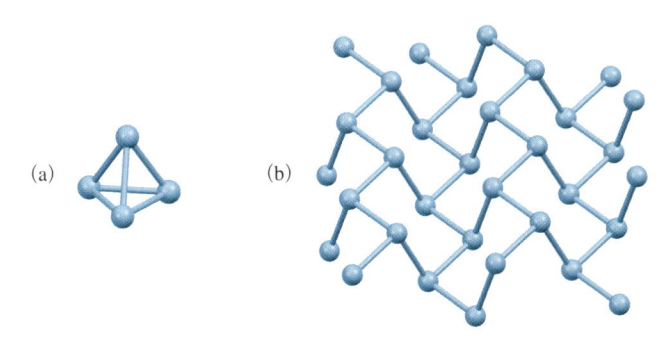

図 3・12 (a) 白リンの分子構造. (b) 黒リンの部分構造.

§2・5 で示した結合エネルギーをもとに，その理由を考えてみよう．N−N と N≡N の結合エネルギーはそれぞれ 160 kJ mol^{-1} と 945 kJ mol^{-1} であり，三重結合の形成により 785 kJ mol^{-1} もの利得がある．一方，P−P と P≡P の結合エネルギーはそれぞれ 203 kJ mol^{-1} と 489 kJ mol^{-1} なので，単結合から三重結合に変化しても 286 kJ mol^{-1} の利得しかない．すなわちリンでは，三重結合を形成するよりも，複数の P−P 単結合 (1.4 個以上) を形成するほうが，エネルギー的に有利となる．第 3 周期以降の元素において多重結合が弱くなる現象は 14 族〜16 族に共通している．

リンには白リン，赤リン，紫リン，黒リンなどの同素体が存在する．白リン (P_4) は四面体形構造をもつ分子で，常温常圧で白色ロウ状の固体 (融点 44 ℃) として存在する [図 3・12(a)]．P−P−P 結合角が 60° のきわめて歪んだ構造をもつため酸化されやすく，空気中では 60 ℃ 付近で自然発火して P_4O_{10} の分子式をもつ十酸化四リン [酸化リン(V)] に変化する．この化合物は一般に，五酸化リンとよばれている．

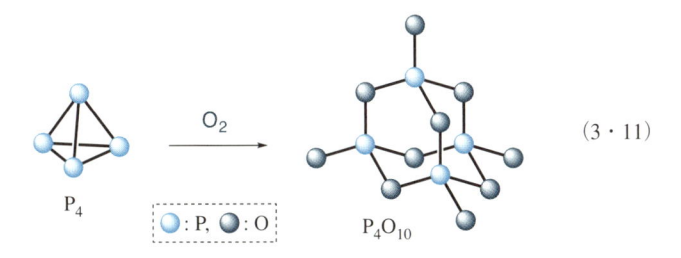

$$P_4 \quad \xrightarrow{\ O_2\ } \quad P_4O_{10} \qquad (3・11)$$

□ : P, ● : O

16 族　族の上から非金属元素 (O, S, Se) と半金属元素 (Te) に分類される．基底状態の電子配置は ns^2np^4，価電子数は 6 である．硫黄は酸化数 +2 から +6 の酸化物を形成する．代表的な化合物に SO_2 と SO_3 があり，水に溶かすと亜硫酸 H_2SO_3 と硫酸 H_2SO_4 にそれぞれ変化する．硫黄の酸化数が +2 の一酸化硫黄 SO はきわめて不安定で，空気中では瞬時に二酸化硫黄 SO_2 に変化する．

酸素の同素体には**二酸素** O_2 と**オゾン** O_3 があり，前者は通常，酸素分子あるいは単に酸素とよばれている．二酸素は大気の 21％ を占め，生命の維持に必要不可欠な気体である．2 個の不対電子をもつビラジカル種で，炭化水素の酸化反

16 族元素

O： 酸素
S： 硫黄
Se： セレン
Te： テルル
Po： ポロニウム

二酸素：dioxygen
オゾン：ozone

応である燃焼はラジカル連鎖機構によって進行する．オゾンは刺激臭をもつ気体で，分子名は "におう" という意味のギリシャ語 (*ozein*) に由来する．オゾンは成層圏で二酸素が太陽からの紫外線（波長 242 nm 以下）を吸収して生成する．また生成したオゾンも 320 nm 以下の波長の紫外線を吸収して二酸素と酸素原子に解離する．これらの過程により有害な紫外線が吸収され，地上の生態系が守られている．

硫黄には，環状の S_6, S_7, S_8, S_9, S_{10}, S_{12}, S_{18}, S_{20} や直鎖状の S_∞ など，多くの同素体がある．15 族の窒素とリンとの関係と同様，酸素の単体である O_2 と O_3 は多重結合化合物であるが，硫黄の単体は単結合のみで構成されている[10]．図 3・13 に同素体の構造を例示する．火山でみられる黄色の硫黄は S_8 の結晶である．硫黄は多くの元素と硫化物を形成する．飽和炭化水素を硫黄とともに加熱すると脱水素され，生成したアルケンが硫黄と反応する．この反応は，タイヤ用ゴムの弾性限界を向上させるために行われる**加硫**とよばれる工程で利用されている．

10) 同種の原子が鎖状に連なることを**カテネーション**（catenation）という．構造は直鎖，環状，単結合，多重結合を問わない．長鎖のアルカンなどにみられるように，カテネーションは炭素において最も顕著な現象である．硫黄もカテネーションを起こしやすいが，炭素に比べて結合が弱いため鎖長は短い．

加硫：vulcanization

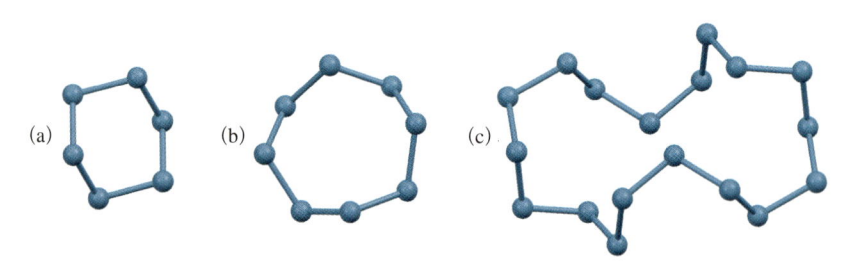

図 3・13 硫黄の同素体の例. (a) S_6, (b) S_8, (c) S_{18}.

熱力学的に安定なセレンの同素体は灰色セレン（金属セレン）である．光伝導性をもつ半導体で，コピー機の感光ドラムに用いられる．セレンには他に，硫黄と類似の構造をもつ赤色セレン（Se_8）や無定形セレンなどの同素体がある．テルルは銀白色の金属結晶である金属テルルや無定形テルルとして存在する．

17 族 すべて非金属元素で，ハロゲンと総称される．基底状態の電子配置は ns^2np^5，価電子数は 7 である．いずれも大きな正の電子親和力をもち，貴ガスの電子配置をもつ電荷数 −1 のイオンとして安定化する傾向が強い．共有結合性の化合物においても −1 の酸化状態をとることが多いが，フッ素以外は酸素（$\chi^P = 3.44$）よりも電気陰性度が低く（$\chi^P = 3.16 \sim 2.66$），酸化数 +1 から +7 までの酸化物を形成する．たとえば塩素には，一酸化二塩素（Cl_2O），二酸化一塩素（ClO_2），四酸化二塩素（Cl_2O_4），六酸化二塩素（Cl_2O_6），七酸化二塩素（Cl_2O_7）などの化合物が存在する．また，次亜塩素酸イオン（ClO^-），亜塩素酸イオン（ClO_2^-），塩素酸イオン（ClO_3^-），過塩素酸イオン（ClO_4^-）などのオキソアニオンを形成する．

ハロゲンの単体は原子間に単結合をもつ等核二原子分子 X_2 である．§2・5 で述べたように，X−X の結合エネルギーは周期の順とはならず，Cl−Cl に極大値をもつ少し不規則な変化を示す（F−F < Cl−Cl > Br−Br > I−I）．これは，原子間距離の一番短い F−F において孤立電子対どうしの反発が顕著となり，結合が弱くなるためである．

図 3・14 に，X_2 の分子量と融点および沸点との関係を示す．Cl_2, Br_2, I_2 の 3

17 族元素
F：フッ素
Cl：塩素
Br：臭素
I：ヨウ素
At：アスタチン

分子については，分子量の増加の順に融点と沸点が直線的に上昇している．一方，F_2 の融点と沸点は，これら3分子からの外挿値に比べて大幅に低下している．等核二原子分子である X_2 は無極性分子なので分子間には分散力だけが働く．分散力の強さは瞬間双極子や誘起双極子の生じやすさ，すなわち分子中の電子のゆらぎやすさに依存する．一般に，分子を構成する元素の周期が高くなると内殻電子が増えて原子核による電子の束縛が弱まる．その結果，瞬間双極子や誘起双極子が生じやすくなり，分子間力が強くなって融点と沸点が高くなる．一方，内殻電子の少ない F_2 では原子核に電子が強く束縛されるため双極子を生じにくい．その結果，分散力が顕著に弱くなり，他のハロゲン分子に比べて融点と沸点が大きく低下する．

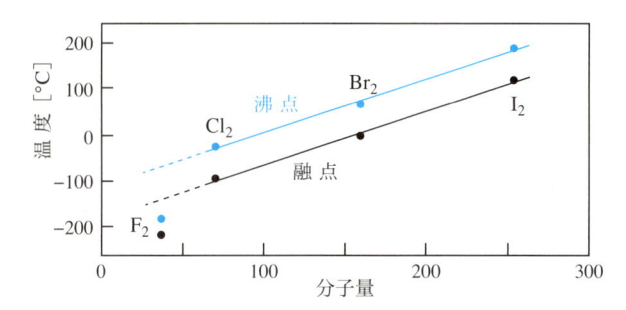

図 3・14　ハロゲン分子の分子量と融点および沸点との関係．

　I^- の溶液に I_2 を加えると三ヨウ化物イオン（I_3^-）や五ヨウ化物イオン（I_5^-）が生成し，溶液は濃い褐色を呈する［(3・12)式］．このような，ハロゲン原子だけで構成された負電荷をもつ多原子イオンを**ポリハロゲン化物イオン**という．原子半径の大きなヨウ素は柔らかい電子系をもち，I^- イオンが近づくと I_2 分子が分極して酸塩基付加体を形成する．ポリヨウ化物イオンは適切な対カチオンを用いて単離することができる．

ポリハロゲン化物イオン：polyhalide ion

$$I^- \;\underset{}{\overset{I_2}{\rightleftharpoons}}\; \overset{\delta-}{{-}}\!\!\!\overset{\delta+}{{-}} \cdots\, I^- \;\underset{}{\overset{I_2}{\rightleftharpoons}}\; \quad\quad (3\cdot12)$$

I^- イオンが近づくと I_2 分子が分極して互いに引き合う．

　異種のハロゲン原子 X と Y の間で，XY_n（$n = 1, 3, 5, 7$）の分子式をもつ**ハロゲン間化合物**が生成する．図 3・15 に例示するように，中心原子 X に1個あるいは複数個のハロゲン原子 Y が結合した多原子分子である．原子半径が大きく電気陰性度の低いハロゲンを中心原子，電気陰性度の高いハロゲンを配位原子とすると安定化し，F を配位原子とする場合に特に n の大きな化合物が生じやすい．一塩化ヨウ素 ICl は赤褐色の固体として，三フッ化塩素 ClF_3［図 3・15(a)］は無色の気体として，七フッ化ヨウ素 IF_7［図 3・15(b)］は昇華性を示す無色の固体としてそれぞれ単離される．

ハロゲン間化合物：interhalogen compound

　ハロゲン間化合物にハロゲン化物イオンが配位するとポリハロゲン化物イオンが生成する．たとえば，BrF_3 と F^- から BrF_4^-［図 3・15(c)］が，IF_5 と F^- から IF_6^-［図 3・15(d)］がそれぞれ生じる．図 3・14 に示した化合物はいずれも中心原子まわりの見かけの価電子数がオクテットを超える超原子価化合物であり，次

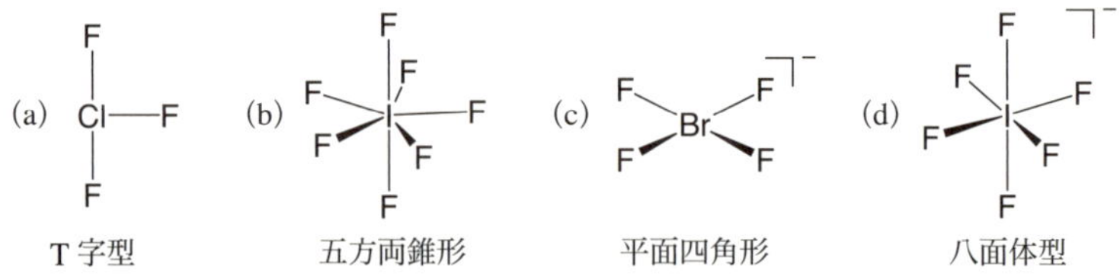
(a)
F
Cl
F
F
T字型
(b)
F
F
F
I
F
F
F
F
五方両錐形
(c)
F
F
Br
F
F
平面四角形
(d)
F
F
F
I
F
F
F
八面体型

図 3・15　ハロゲン間化合物の例.

章に述べる VSEPR モデルを用いて幾何構造を説明することができる（§4・1・4, §4・1・5 参照）.

18 族　貴ガスと総称され，すべての元素が常温常圧で単原子分子の気体として存在する[11]．基底状態の電子配置は ns^2np^6，価電子数は 0 である．閉殻構造をもち単原子分子として安定であるが，原子半径の大きなクリプトンやキセノンはフッ素と化合して KrF_2, XeF_2, XeF_4, XeF_6 などの多原子分子を与える．またフッ化物イオンの配位により XeF_5^-, XeF_7^-, XeF_8^{2-} などのイオン化合物に変化する．XeO_3 などの酸化物も存在する．17 族のハロゲン間化合物と同様，これらの化合物も中心原子まわりの見かけの価電子数がオクテットを超える超原子価化合物である．

天然ガス鉱床から産出されるヘリウムは 4.22 K (−268.93 ℃) の沸点をもち，超電導マグネットの冷却材として，研究用の NMR（核磁気共鳴）装置や，医療用の MRI（磁気共鳴画像）装置で使用されている．アルゴンは空気から分離され，比較的安価な不活性ガスとして，金属精錬やアーク溶接，化学実験などに用いられている．

18 族元素
He： ヘリウム
Ne： ネオン
Ar： アルゴン
Kr： クリプトン
Xe： キセノン
Rn： ラドン

11）沸点：He (−268.9 °C)，Ne (−246.1 °C)，Ar (−185.8 °C)，Kr (−153.2 °C)，Xe (−108.1 °C)，Rn (−61.8 °C).

章末問題

問題 3・1　例を挙げ，同位体と同素体について説明せよ．

問題 3・2　分散力について説明せよ．

問題 3・3　不活性電子対効果について説明せよ．

問題 3・4　酸素の単体は二重結合をもつ小分子 (O_2) であるが，同族の硫黄は単結合で構成された環状や直鎖状の比較的大きな分子として存在する．表 2・8 の結合エネルギーを用いてその理由について考察せよ．

問題 3・5　(a) 一酸化二塩素，(b) 二酸化一塩素，(c) 七酸化二塩素，(d) 次亜塩素酸イオン，(e) 過塩素酸イオンの分子式を書き，塩素原子の酸化数を答えよ．

分子の構造と結合 I

4

ルイス構造からはじめよう

複数の原子が共有結合で結ばれた中性の単体や化合物を分子という．分子を構成する原子の数により**単原子分子，二原子分子，三原子分子**などに分類され，原子数が 3 以上の分子は**多原子分子**と総称される．13 族〜17 族の主族元素は，二原子分子や多原子分子を形成することが多い．18 族の貴ガス元素は単原子分子として安定に存在するが，§3・4 で述べたように，原子半径の大きな高周期の元素は超原子価化合物とよばれる多原子分子（XeF_2, XeF_4, XeF_6 など）を形成する．

本章ではルイス構造式を用いて分子を描き，原子価結合法を用いて分子の構造と結合を理解する方法について学習する．ルイス構造式は遷移元素の化合物に適用できない．また，第 3 周期以降の p ブロック元素についても少なからず例外を生じるが，ルイス（Gilbert N. Lewis）の考案したこの構造表記法は簡便であり，電子反発の概念（VSEPR モデル，§4・1・5）と組合わせて分子のおおよその形を知ることができるので，分子の構造と結合を理解する際の手がかりとして有用である．実際，表 4・1 に示すように，分子に用いられる構造式の多くはルイス構造式を基盤とし，これを簡略化したものである．

4・1　ルイス構造
4・2　原子価結合法

単原子分子：monoatomic molecule
二原子分子：diatomic molecule
三原子分子：triatomic molecule
多原子分子：polyatomic molecule

表 4・1　分子に用いる化学式の例

分子式	示性式	構造式		
C_3H_6O	CH_3COCH_3			
	化学的特性にかかわる官能基を明示した分子式	ルイス構造式	共有電子対を実線で表した構造式でケクレ構造式ともいう	通常用いられる構造式（線構造式）

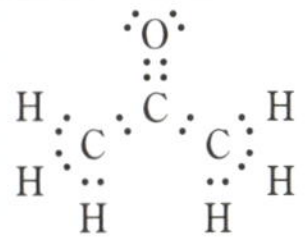

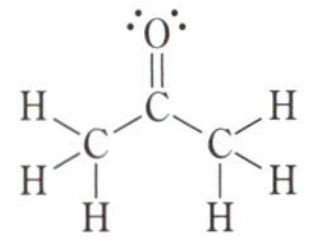

4・1　ル イ ス 構 造

ルイス構造式は，元素記号に電子を表す点（・）を組合わせて構成され，描かれた構造を**ルイス構造**という．ルイス構造には各原子の最外殻電子だけを記入し，内殻電子は省略する．最外殻電子には，共有結合をつくる共有電子対，各原子に局在化する**孤立電子対**（**非共有電子対**ともいう），さらには 1 電子単独の不対電子がある．共有電子対と孤立電子対を構成する 2 個の電子は，互いに逆向きのスピンをもつ電子対（↑↓）である（パウリの排他原理）．ルイス構造をみやすくするため，共有電子対は通常，実線に置き換えて表記する．その際，単結合に 1 本，二重結合に 2 本，三重結合に 3 本の実線をあてる．

ルイス構造：Lewis structure

孤立電子対：lone pair of electrons
非共有電子対：unshared electron pair

4·1·1 ルイス構造の書き方

ルイス構造式の重要な根拠はオクテット則にある. 1章で述べたように, 主族元素の原子の最外殻に8電子が収容されると, 閉殻構造となって安定化する[1]. 同様に, 分子中の原子についても, 最外殻に8電子が入ると安定化すると考える. オクテット則は, 第2周期の元素に対してほぼ例外なく成立する. 一方, §4·1·4で述べるように, 第3周期以降の元素については, ルイス構造にあらわれる形式的な価電子数がオクテット（8電子）を超えることがある.

中性分子　表4·2に, アンモニア（NH_3）と二酸化炭素（CO_2）を例として, ルイス構造を書く手順を示す. まず, 分子を構成する全原子の価電子数を足し合わせて, 分子内の価電子の総数を求める（手順1）. 主族元素の価電子数は, 1族と2族では族番号と一致し, 13族〜17族では [族番号 −10] となる. すなわち, H（1族）の価電子数は1, N（15族）の価電子数は [15−10 = 5], C（14族）の価電子数は [14−10 = 4], O（16族）の価電子数は [16−10 = 6] である.

表 4·2　ルイス構造の書き方

手順	説　明	NH_3	CO_2
1	各構成原子の価電子数を足し合わせて, 分子内の価電子の総数を求める.	$5+1\times3 = 8$ N　H_3	$4+6\times2 = 16$ C　O_2
2	原子配列を推定し, 原子間に結合線（共有電子対）を1本ずつ配置する.	H−N−H 　　| 　　H	O−C−O
3	手順1で求めた価電子の総数から共有電子の数（手順2の結合線の2倍）を引き, 孤立電子対として配分可能な電子の数を求める.	$8-3\times2 = 2$	$16-2\times2 = 12$
4	オクテット則に従い, 電気陰性度の高い原子から孤立電子対（2電子ずつ）を配分する.	H−N̈−H 　　| 　　H	:Ö−C−Ö:
5	すべての原子がオクテット則を満足するまで孤立電子対を共有電子対に振替える.	不　要	:Ö−C−Ö: → Ö=C=Ö

続いて分子内の原子配列を推定し, オクテット則に基づいて「共有電子対 → 孤立電子対」の順に電子を割り振っていく（手順2〜4）[2]. 原子配列を推定するときは, まず中心原子を選び, これに他の原子を組合わせていく. その際, Hは中心原子とならない. また, 電気陰性度の低い元素を中心原子とすると正しい構造を得やすい. すなわちCO_2では, 酸素よりも電気陰性度の低い炭素を中心原子とする.

手順3では, 手順1で求めた価電子の総数から, 手順2で原子間に配置した共有電子の数（結合線の2倍）を差し引き, 孤立電子対として配分可能な電子の数を求める. さらに手順4では, オクテット則に従い, それらの電子を孤立電子対として電気陰性度の高い原子から順番に割り振っていく. アンモニアについて, 手順3で求められた電子数は2（孤立電子対として1組）なので, これを価電子数がオクテットに満たない窒素原子に配分すると正しいルイス構造が得られる. 一方, 手順4で得られた二酸化炭素の構造では炭素原子のまわりに4電子

しかないので，手順 5 により酸素原子上の孤立電子対を共有電子対に振替えて炭素原子がオクテット則を満足するようにする．その結果，炭素原子と二つの酸素原子との間にそれぞれ 2 組の共有電子対が入り，原子間がいずれも二重結合になる．

　　多原子イオン　　電荷を帯びた多原子イオンについても中性分子と同様の手順でルイス構造を書くことができるが，手順 1 において価電子数の合計にイオン電荷の補正が必要となる．たとえば，アンモニウムイオン（NH_4^+）について，各構成原子がもつ価電子の総数は 9 であるが，イオン電荷分の 1 電子が失われているので 9 から 1 を引き，NH_4^+ の価電子の総数は 8 となる．これを 4 組の共有電子対として N−H 間に配分すると，右のルイス構造が書ける．多原子イオンの構造を表記するときは，イオン全体を大かっこで囲い，イオン電荷を上付き文字として右肩に添字する．

多原子イオン：polyatomic ion

$$\left[\begin{array}{c} H \\ | \\ H-N-H \\ | \\ H \end{array}\right]^+$$

4・1・2 共　鳴

　　多原子分子や多原子イオンには複数のルイス構造が書けるものがある．たとえば，表 4・2 の手順 1〜4 に従ってオゾン（O_3）を書くと次の構造（a）が得られる[3]．中央の酸素原子がオクテットに満たないので，手順 5 により，左あるいは右の酸素原子上の孤立電子対を共有電子対に振替えて電子を補う．その結果，（b）に示す二重結合の位置の異なる二つのルイス構造が書ける．実際の分子では酸素原子間の距離がいずれも 128 pm で，O−O 単結合（148 pm）と O＝O 二重結合（121 pm）の間にある．すなわちオゾンの真の構造は，二つのルイス構造を重ね合わせて平均化したものに近い．

3）O_3 のように同じ原子で構成された分子では，手順 4 において，末端原子を優先して孤立電子対を割り振る．

(a)　　　　　　　　　　　　　　(b)

　　この状態を表すために用いるのが**共鳴**の概念である．具体的には，（b）のように二つのルイス構造を両矢印で結び，真の構造がそれらの平均的なものであることを表現する．個々のルイス構造を**共鳴構造**または**極限構造**，それらを両矢印で結んだ集合体を**共鳴混成体**という．ここで重要なことは，個々のルイス構造が独立した化学種ではないということである．オゾンは二つの共鳴構造が平均化した構造をもち，いずれの共鳴構造よりも安定である．

　　次の炭酸イオン（CO_3^{2-}）についても二重結合の位置の異なる三つの共鳴構造を書くことが可能で，それらの共鳴混成体として炭酸イオンの構造が表現される．三つの C−O 結合は等価であり，2 本の C−O 単結合と 1 本の C＝O 二重結合が平均化された状態にある．

共鳴：resonance

共鳴構造：resonance structure
極限構造：canonical structure
共鳴混成体：resonance hybrid

　　塩化ホスホリル（$POCl_3$）のルイス構造を表 4・2 の手順 1〜4 に従って書くと，すべての原子がオクテット則を満足する次の構造（c）が見つかる．ところが，第 3 周期のリンを中心原子とするこの化合物は通常，P＝O 二重結合をもつ構造（d）

形式電荷：formal charge

[4] この分子にはオクテット則を満足する共鳴構造 (c) が存在するので，§4・1・4 で述べる超原子価化合物とはしない.

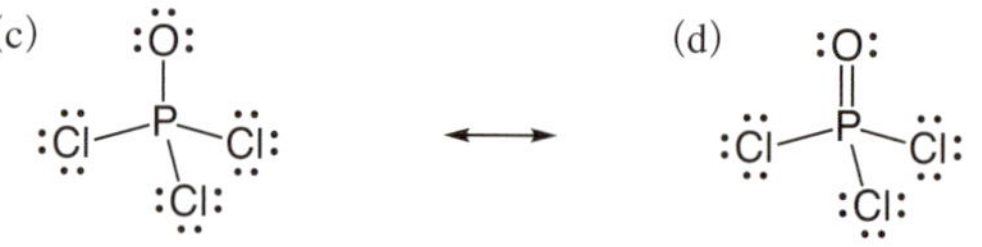

として描かれている．これは，「第3周期以降の高周期元素の化合物については，中心原子の価電子数がオクテットを超えても**形式電荷**の少ない共鳴構造の寄与が大きいものと考える」ためである．実際，構造 (d) の P 原子のまわりには 10 電子（5本の結合線）が存在している[4].

(c) ⟷ (d)

形式電荷(P) = 5 − 0 − 4 = +1
         V L P/2

形式電荷(O) = 6 − 6 − 1 = −1
         V L P/2

形式電荷(Cl) = 7 − 6 − 1 = 0
（3箇所） V L P/2

形式電荷(P) = 5 − 0 − 5 = 0
         V L P/2

形式電荷(O) = 6 − 4 − 2 = 0
         V L P/2

形式電荷(Cl) = 7 − 6 − 1 = 0
（3箇所） V L P/2

[5] これは構造表記のための取り決めで，必ずしも正しいとは限らない．実際，大きく分極した P−O 単結合をもつ次の構造が真実に近いとする研究結果がある.

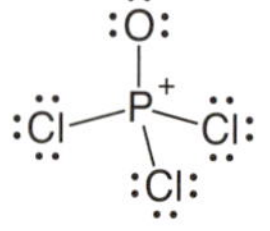

電子不足化合物：electron-deficient compound

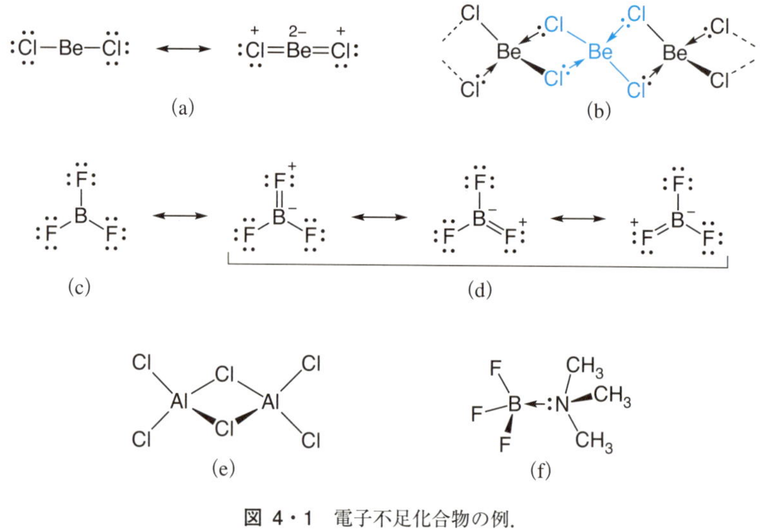

ここで形式電荷とは，ルイス構造中の共有電子対を（電気陰性度の違いを無視して）結合原子間に均等に割り振ったときに各原子にあらわれる電荷のことで，遊離の原子の価電子数 (V) から孤立電子の数 (L) と共有電子の数の半分 ($P/2$) を引いて求める．P−O 単結合をもつ構造 (c) では P に +1，O に −1 の形式電荷が存在する．一方，P=O 二重結合をもつ構造 (d) では P と O の形式電荷がともに 0 となるので，こちらの共鳴構造の寄与が大きいものと考える[5].

4・1・3 電子不足化合物

ベリリウム (Be) は 2 族元素としては電気陰性度が高く ($\chi^P = 1.57$)，共有結合性の分子を形成するが，価電子数が 2 と少ないため，ベリリウム中心がオクテットに満たない**電子不足化合物**となる．孤立電子対をもつ Cl などの原子が隣接する場合は図 4・1(a) に示す共鳴構造の寄与により電子不足がいくぶん解消されるが，実際の分子は Cl 架橋をもつ会合体となって安定化する［図 4・1(b)］．青色の構造単位をみると，Be 原子に対して左右の $BeCl_2$ の Cl 原子から孤立電子対

図 4・1　電子不足化合物の例.

が供与され、Be 中心がオクテットを満たしていることがわかる。孤立電子対の供与を伴うこのような結合を**供与結合**または**配位結合**という。供与結合は共有結合の一種で、実線を用いて表記することが多いが、(b) のように矢印を使って電子供与を強調することもできる。

供与結合：dative bond

配位結合：coordinate bond

　13 族のホウ素を中心原子とする三フッ化ホウ素（BF_3）も電子不足化合物で、B まわりの価電子数は 6 である［図 4・1(c)］。ホウ素は原子半径が小さいため会合しにくく、BF_3 は単量体の気体として存在する。一方、原子半径の大きなアルミニウムの化合物 $AlCl_3$ は Cl 架橋をもつ二量体となって安定化する［図 4・1(e)］。

　電子不足化合物は求電子性が強く、電子豊富な分子やイオンと結合して電子不足を解消する傾向が強い。たとえば BF_3 は孤立電子対をもつトリメチルアミンと**酸塩基付加体**を形成する［図 4・1(f)］。このように孤立電子対を受取る化学種を**ルイス酸**、孤立電子対を供与する化学種を**ルイス塩基**という。一般式 BX_3 で表されるハロゲン化ホウ素について比較すると、X = F < Cl < Br の順にルイス酸性が強くなり、X の電気陰性度から予測される傾向とは逆になる。ホウ素とフッ素はいずれも第 2 周期の元素で軌道サイズが近く、図 4・1(d) に示す共鳴構造の寄与が特に効果的となる。そのためホウ素の電子不足が大幅に緩和され、ルイス酸性が低下する。

酸塩基付加体：Lewis acid-base adduct

ルイス酸：Lewis acid

ルイス塩基：Lewis base

4・1・4 超原子価化合物

　第 3 周期以降の p ブロック元素では、ルイス構造に、オクテットを超える価電子数があらわれることがある。図 4・2 に示す三つの化合物では、(a) PCl_5 の P 原子のまわりに 10 電子、(b) SF_6 の S 原子のまわりに 12 電子、(c) ClF_3 の Cl 原子のまわりに 10 電子がそれぞれ認められる。中心原子がオクテットを超えるこのような化合物を**超原子価化合物**という。§4・2・5 で解説するように、これらの電子数は、すべての原子間に共有結合の存在を仮定するルイス構造にあらわれる形式的な数字であり、実際にはオクテット則は守られている。

超原子価化合物：hypervalent compound

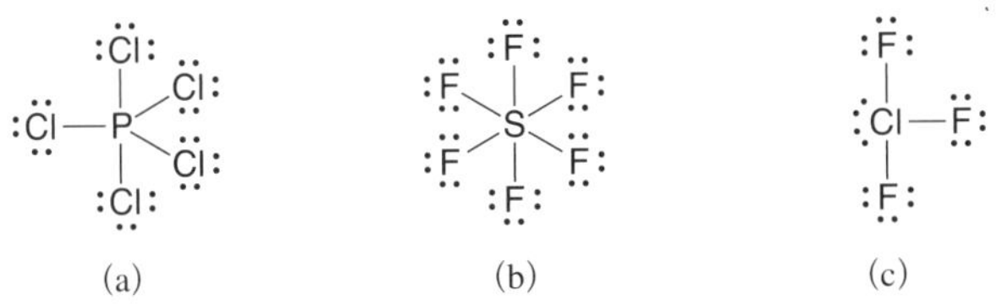

(a)　　　　　　(b)　　　　　　(c)

図 4・2　超原子価化合物の例。

4・1・5 VSEPR モデル

　ルイス構造に電子反発の概念を組合わせた**原子価殻電子対反発モデル**（**VSEPR モデル**）を用いて分子の形（幾何構造）を推定することができる。このモデルでは、中心原子の原子価軌道に存在する孤立電子対や共有電子対を電子が集約した電子群として捉える。その際、共有電子対は、単結合、二重結合、三重結合の違いによらず一つの電子群として扱う。電子群は負電荷をもち、互いに反発するので、この反発が最小となる幾何構造が最も安定であると考える。

原子価殻電子対反発モデル：valence-shell electron-pair repulsion model

　表4·3に電子群の数と配向との関係を示す. 2個の電子群は互いに逆向きになると反発が最小となるので直線形に配向する. 3個では平面三角形の頂点方向に, 4個では四面体の頂点方向に電子群が配向する. さらに, 5個では三方両錐形に, 6個では八面体形に配向する.

表 4·3　電子群の数と配向

電子群	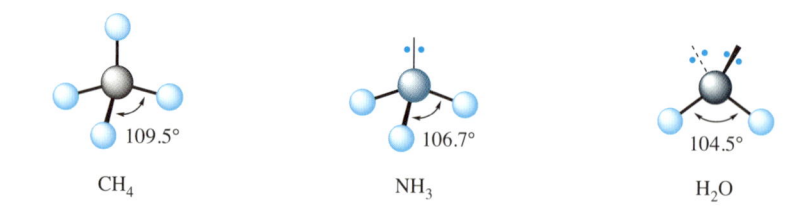				
数	2	3	4	5	6
配　向	直線形	平面三角形	四面体形	三方両錐形	八面体形

　電子群には, 原子との結合を伴う共有電子対と, 結合を伴わない孤立電子対とがあるので, 電子群の数が同じでもその構成によって分子の形に変化が起こる. たとえば, メタン (CH$_4$), アンモニア (NH$_3$), 水 (H$_2$O) はいずれも4個の電子群をもつが, 分子の形が異なる. メタンは4組の等価な共有電子対を電子群とし, 四面体の中心に炭素原子を, 各頂点に水素原子をもつ四面体形構造をとる. アンモニアの電子群は3組の共有電子対と1組の孤立電子対なので, 窒素原子と三つの水素原子は三角錐形に配列する. 水の電子群は2組の共有電子対と2組の孤立電子対なので, H−O−H は屈曲形になる.

109.5°　　　106.7°　　　104.5°

CH$_4$　　　NH$_3$　　　H$_2$O

　図4·1で示したように, 電子不足化合物である BeCl$_2$ の単量体 (a) は2個の電子群をもち直線形となる. これに対して会合体 (b) は Be のまわりに4個の電子群をもつので, 四面体形のユニットが連なった構造となる. BF$_3$ (c) は3個の等価な電子群 (共有電子対) をもつので, 正三角形の各頂点にフッ素原子をもつ平面三角形構造となる.

　図4·2で示した超原子価化合物 (a)〜(c) についても VSEPR を用いて分子形を推定することができる. PCl$_5$ (a) と SF$_6$ (b) は5個と6個の電子群 (共有電子対) をもつので, それぞれ三方両錐形と八面体形の幾何構造をとる. ClF$_3$ (c) の5個の電子群は三方両錐形に配向するが, 共有電子対と孤立電子対の位置関係によって複数の分子形が考えられる. VSEPR モデルでは電子群の組合わせにより,

共有電子対/共有電子対 < 孤立電子対/共有電子対 < 孤立電子対/孤立電子対

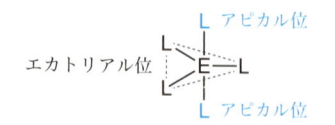

エクアトリアル位　　　L アピカル位
L アピカル位

6) アピカル (apical) はラテン語の *apic* (英語では apex) に由来し, 図形の頂点を意味する. 三方両錐形構造の上下の頂点はアピカル位とよばれる.

の順で電子反発が大きくなると考える. 三方両錐形構造のエクアトリアル位 (三角形の頂点) とアピカル位 (上下の頂点)[6] では空間の広さが異なり, 電子群のなす角が90°のエクアトリアル/アピカルよりも, 120°のエクアトリアル/エクアト

リアルの電子反発が小さくなる．そのため二つの孤立電子対はともにエクアトリアル位を占め，ClF_3 は F 原子をエクアトリアル位に 1 個，アピカル位に 2 個もつ T 字形構造となる．

　電子群の組合わせによる電子反発の違いをもとに，メタン，アンモニア，水にみられる結合角の変化を説明することもできる．孤立電子対が増える順，すなわち H−C−H（109.5°）> H−N−H（106.7°）> H−O−H（104.5°）の順に，孤立電子対との反発を避けるように結合角が小さくなる．

4・2 原子価結合法

　原子と原子が電子対を共有して共有結合が生じる．ルイスが示したこの結合概念を，波動関数を用いて定式化したものが**原子価結合法**（VB 法）である．この理論は量子力学に基づいて共有結合を記述する最初の取組みであったが，現在ではその後に登場した**分子軌道法**（MO 法）に置き換えられている．しかし，原子価結合法で導入された軌道の重なりと電子対（スピン対）の形成，σ 結合と π 結合，軌道混成などの考え方は化学全般に浸透し，特に化学結合の成り立ちを考える際の概念基盤として利用されている．

　原子価結合法と分子軌道法の重要な違いは軌道と電子の取扱い方にある．原子価結合法では，電子は原子軌道に存在し，原子軌道の重なりに伴う電子対の形成によって共有結合がつくられる．この考え方はルイスの概念を踏襲しており，電子は原子核のまわりに局在化している．一方，分子軌道法では，原子軌道から新たに分子軌道（結合性軌道）が形成され，これに電子が入ると結合が生じると考える．分子軌道は分子全体に広がって存在するので，電子も非局在化している．

原子価結合法：valence bond theory

分子軌道法：molecular orbital theory

4・2・1 水素分子の結合

　2 個の水素原子 H_A と H_B から水素分子 H_A-H_B が生成する過程を例として，原子価結合法の概略を説明する（図 4・3）．まず H_A と H_B が十分に離れ，軌道

📖 解説 4・1 　規格化と直交性 📖

　波動関数で規定される電子は空間のどこかに必ず存在するはずなので，全空間にわたって確率密度を積分するとその値は 1 になる．この条件を満たすときその波動関数は**規格化**（normalization）されているという．波動関数 ψ が実関数で表される場合の規格化条件は (1) 式で与えられる．ψ が規格化されていないときは，$N\psi$ のように規格化定数 N をつけて規格化条件を満たすようにする．

$$\int \psi^2 \, d\tau = 1 \qquad (1)$$

　さらに量子力学的な要請により，シュレディンガー方程式の解である各原子軌道の波動関数は，任意のいずれの二つを取出しても互いに直交していなければならな

い．(2) 式のように，**直交性**（orthogonality）を満たす二つの波動関数 ψ_A と ψ_B の積を全空間にわたって積分すると，その値は 0 になる．原子軌道を組合わせてつくられる混成軌道も互いに直交している必要がある．

$$\int \psi_A \psi_B \, d\tau = 0 \qquad (2)$$

　規格化と直交性の条件を満たす 2s 軌道と 2p 軌道からつくられる (3) 式の混成軌道 h について，規格化定数 N は (4) 式により与えられる．

$$h = c_1(2s) + c_2(2p_x) + c_3(2p_y) + c_4(2p_z) \qquad (3)$$

$$N = \frac{1}{\sqrt{c_1^2 + c_2^2 + c_3^2 + c_4^2}} \qquad (4)$$

に重なりのない状態 (a) [右上] を考える．H_A の 1s 軌道 ϕ_A にある電子を 1，H_B の 1s 軌道 ϕ_B にある電子を 2 とする．原子価結合法では，この軌道に重なりのない状態の全波動関数を $\psi = \phi_A(1)\phi_B(2)$ と表現する．

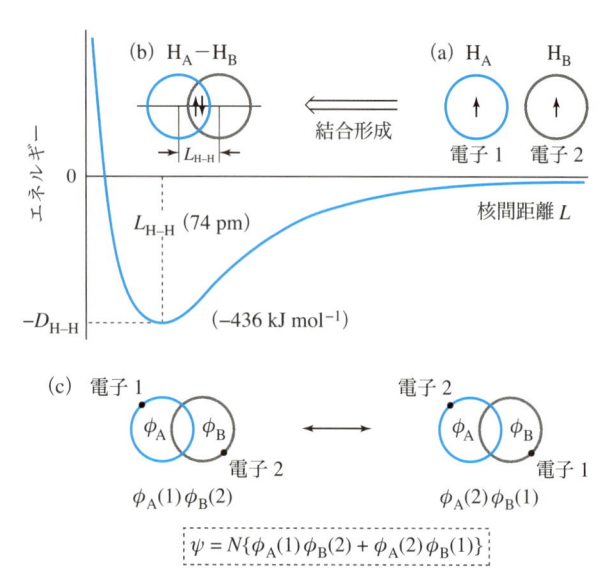

図 4・3　水素分子の成り立ち（原子価結合法による説明）．
D_{H-H} は結合エネルギー（25 °C）．

　続いて，H_A と H_B が接近して状態 (b) [左上] のように原子軌道が重なると，電子は 2 個の原子核に共有され，下の (c) に示すように ϕ_A と ϕ_B との間を移動できるようになる．その結果，ϕ_A にある電子が 1 であるか 2 であるかを区別できなくなり，また同時に，ϕ_B にある電子が 2 であるか 1 であるかを区別できなくなる．量子力学では系の真の状態をそれぞれの可能性を表す波動関数の重ね合わせとして表現し，全波動関数を (4・1) 式のように記述する．N は規格化定数（解説 4・1 参照）である．

$$\psi = N\{\phi_A(1)\phi_B(2) + \phi_A(2)\phi_B(1)\} \tag{4・1}$$

電子 1 と 2 が逆向きのスピンをもつ電子対であれば，状態 (b) のように，2 個の電子は ϕ_A と ϕ_B が重なる原子と原子の間に高い確率で分布することになる．これにより 2 個の原子核を結びつける引力が生じ，共有結合が形成される．2 個の 1s 軌道が重なった (b) の軌道は H_A-H_B 結合軸を中心に回転しても位相が変化しない．このような対称性の結合を **σ 結合** という（σ は s に相当するギリシャ文字）．

σ 結合：σ-bond

4・2・2　水素化物の結合：第2周期元素

　原子軌道の重なりと共有電子対の形成に基づく原子価結合法の考え方は直感的でわかりやすいものであるが，多原子分子の構造を記述する際に不都合が生じる．たとえば，電子配置が $(2s)^2(2p_x)^1(2p_y)^1$ である炭素原子には不対電子が $(2p_x)^1$ と $(2p_y)^1$ の 2 個しかないので，メタン（CH_4）がもつ 4 本の C-H 結合に必要な 4 組の共有電子対の生成を説明できない．さらに，2p 軌道は互いに 90° の角度をもつので，109.5° の H-C-H 結合角を説明できない．これらの欠点を

補うために導入されたのが，電子の**昇位**と軌道の**混成**という二つの概念である．

　図 4・4(a) に示すように，基底状態にある炭素原子の 2s 軌道から 1 電子を
2p$_z$ 軌道に昇位して電子配置を $(2s)^1(2p_x)^1(2p_y)^1(2p_z)^1$ に変えると，4 個の不対
電子が生じて 4 個の H 原子と共有結合を形成できるようになる．しかし，この
状態ではメタンの H−C−H 結合角が 109.5° であることを依然として説明できな
いので，2s 軌道と 3 個の 2p 軌道とを混ぜ合わせて **sp^3 混成軌道**とよばれる 4 個
の原子軌道 h_1〜h_4 を発生させる[7]．すなわち，メタンの炭素原子は $(h_1)^1(h_2)^1$
$(h_3)^1(h_4)^1$ の電子配置をもつと考える．分子の一部をなすときの原子の電子状態
を**原子価状態**という．基底状態から原子価状態への変化では電子の昇位に伴って
エネルギーの損失が起こるが，共有結合の形成によってこれを上回るエネルギー
の利得が得られれば分子が生成することになる（解説 4・2 参照）．

　以上の軌道混成の過程は，もととなる原子軌道の線形結合によって表現される
〔(4・2)式〜(4・5)式〕．N は規格化定数である．

$$h_1 = N\{(2s) + (2p_x) + (2p_y) + (2p_z)\} \tag{4・2}$$
$$h_2 = N\{(2s) + (2p_x) - (2p_y) - (2p_z)\} \tag{4・3}$$
$$h_3 = N\{(2s) - (2p_x) + (2p_y) - (2p_z)\} \tag{4・4}$$
$$h_4 = N\{(2s) - (2p_x) - (2p_y) + (2p_z)\} \tag{4・5}$$

これを図示すると図 4・4(b) のようになる．(4・2) 式に示すように，混成軌道
h_1 は 4 個の原子軌道の足し算により与えられる．まず 3 個の 2p 軌道を足し合わ

昇位：promotion

混成：hybridization

混成軌道：hybrid orbital

sp^3 混成軌道：sp^3-hybridized orbital

[7] 混成軌道の数は，元となる原子
軌道の数と一致する．

原子価状態：valence state

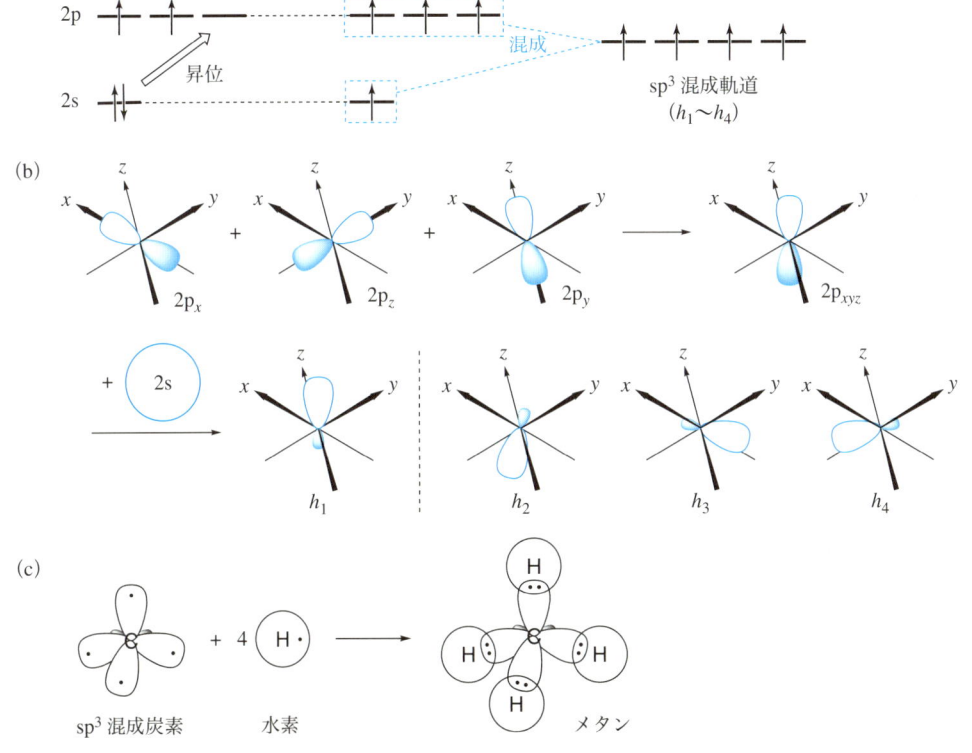

図 4・4　sp^3 混成軌道（炭素）とメタンの成り立ち．

せて $2p_{xyz}$ とでもよぶべき軌道を合成する. 続いてこれに $2s$ 軌道を足す. 波動の干渉により, 同位相の軌道成分は強め合い, 逆位相の軌道成分は弱め合う. その結果, $(+x, +y, +z)$ 方向に広がりをもつ h_1 が合成される. 同様に $(4・3)$ 式～ $(4・5)$ 式により $(+x, -y, -z)$, $(-x, +y, -z)$, $(-x, -y, +z)$ 方向に広がりをもつ h_2～ h_4 が合成され, これらをまとめると図 $4・4(c)$ のようになる. sp^3 混成軌道は VSEPR モデルで示した四面体形の電子群（表 $4・3$）と形状が一致し, $109.5°$ の結合角をもつメタンの幾何構造が説明される.

次にアンモニア分子について考える. 基底状態の窒素は $(2s)^2 (2p_x)^1 (2p_y)^1 (2p_z)^1$ の電子配置をもち, 3 個の不対電子をもつので, このままでも 3 個の水素原子と共有結合を形成してアンモニア分子を生じることが可能であるが, これでは H−N−H 結合角が $2p$ 軌道のなす角である $90°$ となってしまう. 実際の結合角は $106.7°$ なので, 図 $4・5(a)$ に示すように, 窒素原子は sp^3 混成を起こして $(h_1)^2 (h_2)^1 (h_3)^1 (h_4)^1$ の電子配置に変化し, 続いて水素原子と共有結合を形成すると考える. 同様に, H−O−H 結合角が $104.5°$ の水分子についても, 酸素の原子軌道は sp^3 混成軌道に変化していると考える［図 $4・5(b)$］.

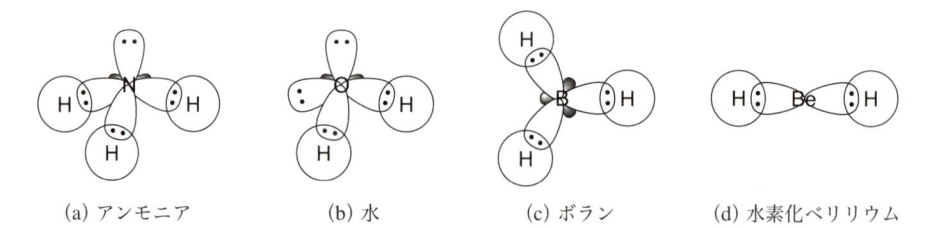

図 4・5 アンモニア, 水, ボラン, 水素化ベリリウムの成り立ち.

(a) アンモニア   (b) 水   (c) ボラン   (d) 水素化ベリリウム

（空の p 軌道は省略されている）

図 $4・5$ の (c) と (d) に, ボラン（BH_3）と水素化ベリリウム（BeH_2）の構造を示す. 図 $4・6$ に示すように, ホウ素原子が 3 個の水素原子と結合する際には $2s$ 軌道の 1 電子が昇位し, さらに $2s$ 軌道と 2 個の $2p$ 軌道（$2p_x, 2p_y$）から **sp^2 混成軌道** が形成される. その際, 結合相手のない $2p_z$ 軌道は空軌道として残る. sp^2 混成軌道 h_5～h_7 は $(4・6)$ 式～$(4・8)$ 式に示す線形結合により与えられる. ここで N は規格化定数である.

sp^2 混成軌道：sp^2-hybridized orbital

$$h_5 = N\{(2s) + \sqrt{2}\,(2p_y)\} \tag{4・6}$$

$$h_6 = N\{(2s) + \sqrt{3/2}\,(2p_x) - \sqrt{1/2}\,(2p_y)\} \tag{4・7}$$

$$h_7 = N\{(2s) - \sqrt{3/2}\,(2p_x) - \sqrt{1/2}\,(2p_y)\} \tag{4・8}$$

📖 解説 4・2 混成軌道の形 📖

§$1・2$ で述べたように, 原子軌道は図 $1・3$ のような形をもつが, 作図を容易にするため通常は, 1 章の脚注 (5) に示した簡易図で描かれている.

この簡易図を用いて sp 混成軌道の成り立ちを表現すると右の (1) 式のようになる. 一方, (2) 式に示すように, 実際の $2p$ 軌道は横への広がりが大きいので, これから生ずる sp 混成軌道はマッシュルームのような形になる. sp^2 混成軌道と sp^3 混成軌道についても同様である.

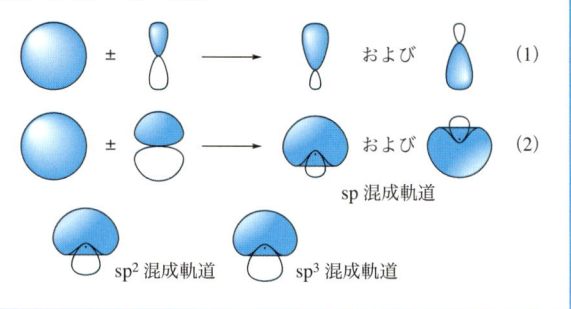

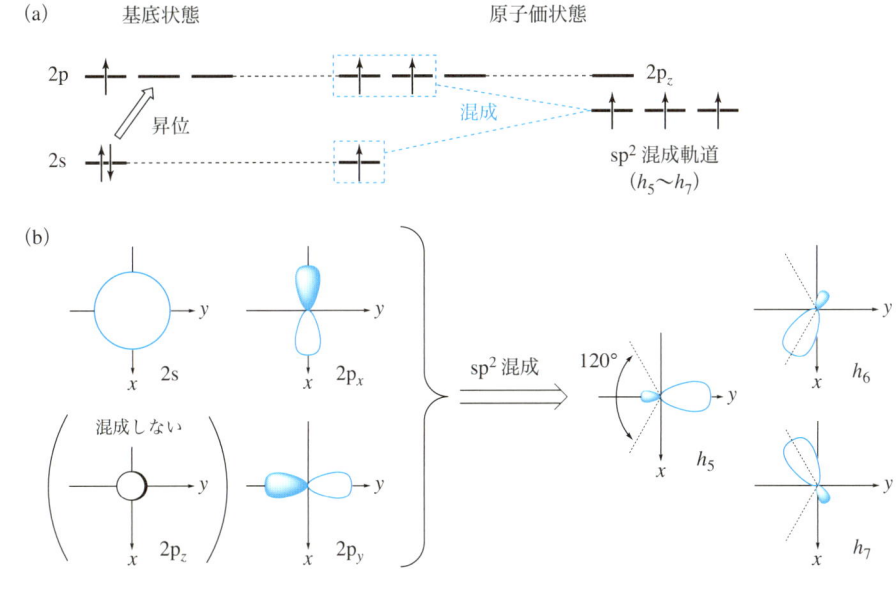

図 4・6　sp^2 混成軌道（ホウ素）の成り立ち（z 軸方向からの描写）.

　一方，図 4・7 に示すように，水素化ベリリウムでは **sp 混成軌道** が生成する. 基底状態のベリリウムの電子配置は $2s^2$ なので，これが 2 個の水素原子と結合するためには 1 電子が 2p 軌道（ここでは $2p_z$）に昇位し，さらに 2s 軌道との間で sp 混成が起こる. 混成軌道 h_8 および h_9 は (4・9) 式と (4・10) 式に示す線形結合により表される. N は規格化定数である.

sp 混成軌道：sp-hybridized orbital

$$h_8 = N\{(2s) + (2p_z)\} \tag{4・9}$$
$$h_9 = N\{(2s) - (2p_z)\} \tag{4・10}$$

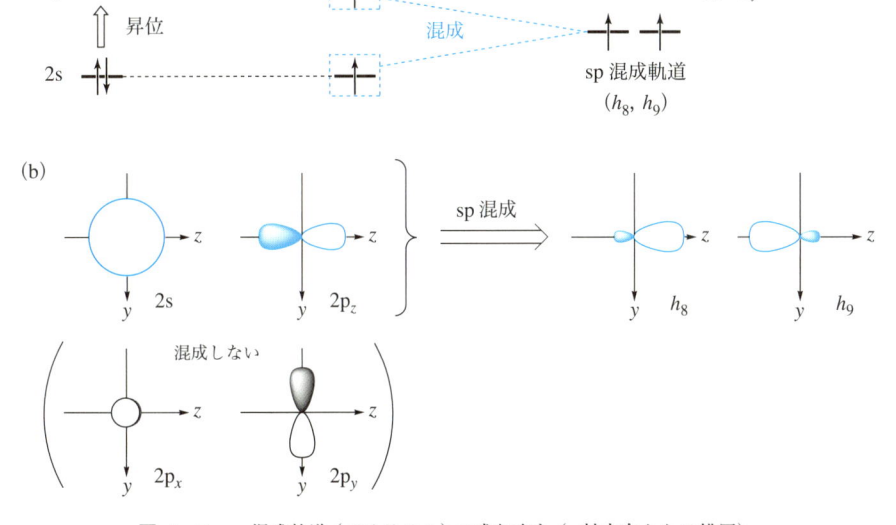

図 4・7　sp 混成軌道（ベリリウム）の成り立ち（x 軸方向からの描写）.

（4・11）式のように，電子不足化合物である BH_3 は，ルイス塩基である :H^- から孤立電子対の供与を受けて結合する．その際，ホウ素が sp^2 混成から sp^3 混成に変化する．2s 軌道は貫入によって原子核の近くにまで電子分布をもつので，混成により 2s 軌道の成分が加わると，共有電子対が原子核により強く引きつけられて B–H 結合が強くなる．そのため $2p_z$ 軌道だけで結合するよりも生成物である BH_4^- が安定化する．4本の B–H 結合は等価であり，ルイス酸（BH_3）とルイス塩基（:H^-）との供与結合（$H_3B \leftarrow$:H^-）が共有結合の一種であることがわかる．

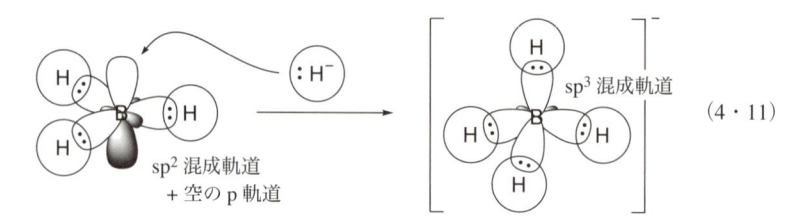

$$(4 \cdot 11)$$

4・2・3　水素化物の結合：高周期元素

表 4・4 に 15 族と 16 族元素の水素化物について H–E–H 結合角を比較する．第 2 周期の窒素と酸素の結合角は sp^3 混成軌道として妥当な 106.7° と 104.5° である．これに対して，第 3 周期以降の元素の結合角がいずれも 90° に近いことがわかる．90° は np 軌道どうしがなす角に相当し，軌道混成が有効に働いていないことを示している．

表 4・4　15 族元素と 16 族元素の水素化物の結合角

15 族	結合角	16 族	結合角
NH_3	106.7°	H_2O	104.5°
PH_3	93.5°	H_2S	92.2°
AsH_3	92.1°	H_2Se	91.0°
SbH_3	91.6°	H_2Te	90.0°
BiH_3	90.5°		

第 3 周期以降の高周期元素において ns 軌道と np 軌道が混成しにくい理由を考えるため，図 4・8 に 15 族元素の ns 軌道と np 軌道の大きさ r_{max} と軌道エネルギー E を比較する．第 2 周期元素と第 3 周期以降の元素との間で，ns 軌道と np 軌道の相対的な大きさに劇的な違いが生じている．すなわち，第 2 周期元素（N）の 2s 軌道と 2p 軌道がほぼ同じ大きさであるのに対して，第 3 周期以降の元素（P〜Bi）では ns 軌道に比べて np 軌道が明らかに大きくなっている．特に，第 6 周期の Bi の 6s 軌道は第 5 周期の Sb の 5s 軌道よりも小さく，これに伴って 6s 軌道と 6p 軌道の差が拡大している[8]．14 族元素と 16 族元素についても，第 2 周期と第 3 周期の間で同様の変化が起こる．

ここで重要なことは，ns 軌道と np 軌道の混成が，結合相手となる原子との軌

8）重い原子核をもつ第 6 周期の元素では，相対論効果とよばれる特殊な効果によって s 電子の質量が増加し，軌道が収縮する．

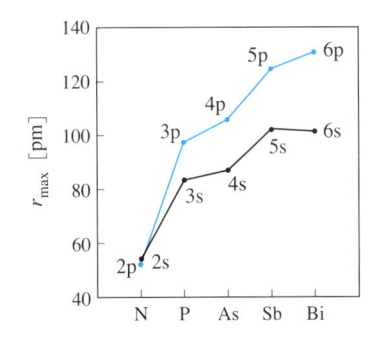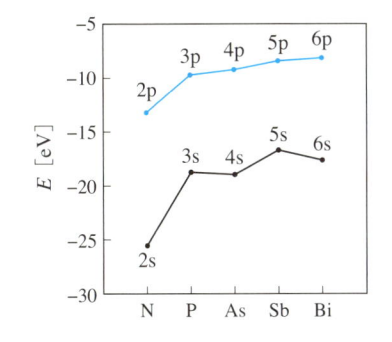

図 4・8 15 族元素の原子価軌道の大きさ r_{max} と軌道エネルギー E
（1 eV = 96.485 kJ mol^{-1}）.

道の重なりによって誘起されるということである. 図 4・9(a) に示すように, 3
個の水素原子が窒素原子に近づくと, ほぼ同じ大きさをもつ窒素の 2s 軌道と 2p
軌道が水素の 1s 軌道と同時に重なりをもち, 昇位と混成を起こして sp^3 混成軌
道に変化する. その際, 結合軸方向に電子密度の高い 2p 軌道と, 原子核に電子
を強く引きつける 2s 軌道の相乗効果により, 共有結合が強化される.

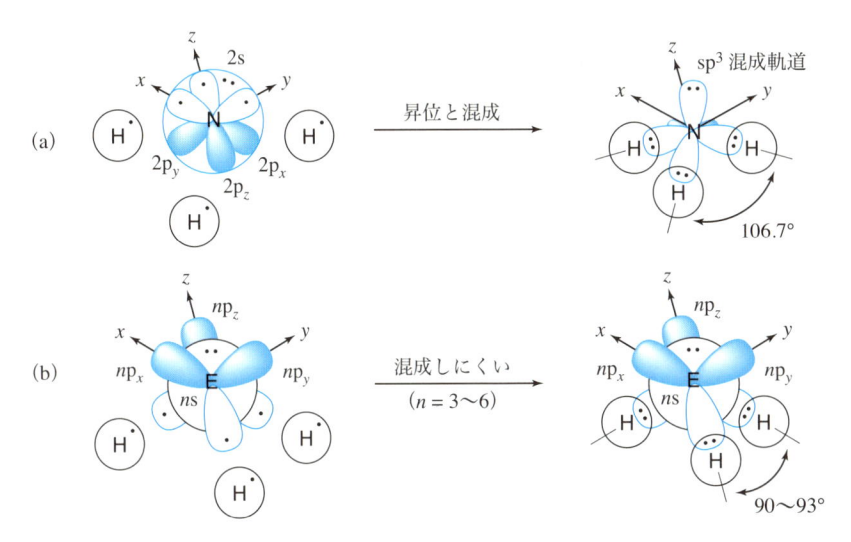

図 4・9 (a) アンモニア（NH$_3$）および (b) 高周期 15 族元素水素化物（EH$_3$）
の成り立ち（原子価結合法による説明）.

これに対して, 図 4・9(b) に示すように, np 軌道に比べて ns 軌道の小さな第
3 周期以降の元素では, ns 軌道と水素の 1s 軌道が重なりにくい. そのため, np
軌道の寄与の大きな共有結合が形成され, H−E−H 結合角が np 軌道どうしのな
す角を反映して 90° に近くなる.

4・2・4 多重結合

　二重結合と三重結合は多重結合と総称され, エチレンやアセチレンなどの有機
化合物の多重結合は不飽和結合とよばれることが多い.（4・12）式に示すように,

エチレンは中性の 2 配位炭素種であるカルベン（CH_2）が二つ結合した分子とみることができる.

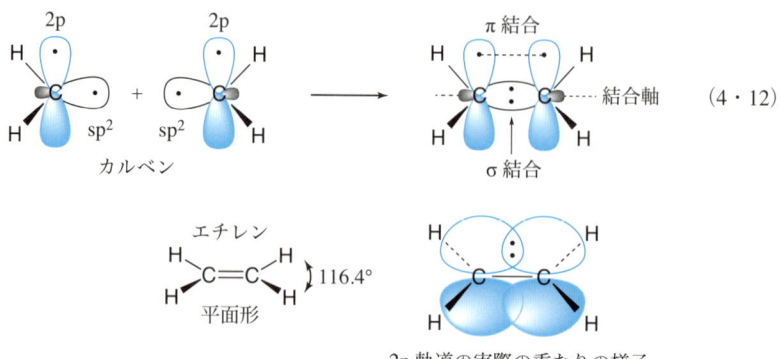

$$(4 \cdot 12)$$

2 個のカルベン種が近づくと，不対電子の入った sp^2 混成軌道どうしと，2p 軌道どうしが重なり，2 本の共有結合が生じて二重結合となる. 前者の軌道は結合軸に対して対称なので σ 結合である. これに対して後者の軌道は結合軸のまわりに 180° 回転すると位相が反転する. このような対称性の結合を **π 結合** という（π は p に相当するギリシャ文字）.

π 結合：π-bond

同様にアセチレンでは，2 個の CH 化学種間で不対電子の入った sp 混成軌道どうしが重なり，直線形の H−C−C−H 骨格が生じる. また同時に 2 個の炭素原子にある二組の 2p 軌道どうしが重なり，2 本の π 結合が形成される〔(4・13) 式〕. すなわち 2 個の炭素原子は，1 本の σ 結合と 2 本の π 結合の，合計 3 本の結合で結ばれている（三重結合）.

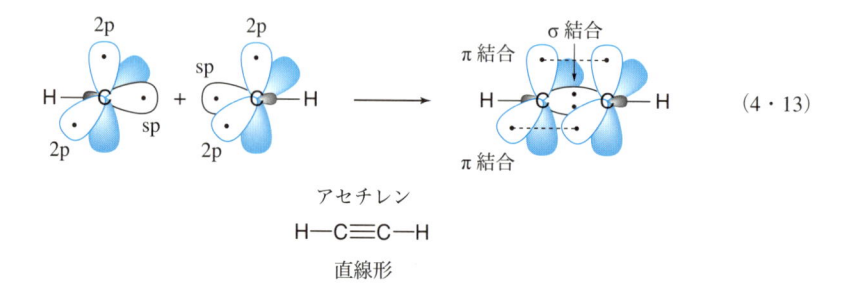

$$(4 \cdot 13)$$

第 2 周期の炭素では，結合形成の際に 2s 軌道と 2p 軌道の混成が起こり，平面形と直線形の構造をもつエチレンとアセチレンが生成した. §4・2・3 で述べたように，軌道混成がこのように効果的に起こるのは，2s 軌道と 2p 軌道がほぼ同じ大きさをもつためである. これに対して第 3 周期以降の元素では ns 軌道が np 軌道に比べて小さく，結合に関与する軌道は np 軌道の寄与の大きいものとなる. また同時に，ns 軌道は孤立電子対を収容する傾向が強くなる.

たとえば，カルベンのケイ素類縁体であるシリレン〔(4・14) 式の左〕は，3s 軌道の寄与の大きな孤立電子対軌道と，空の 3p 軌道をもっている. この場合，二つのシリレンをそのまま近づけても孤立電子対どうしが反発するので，結合は形成されない.

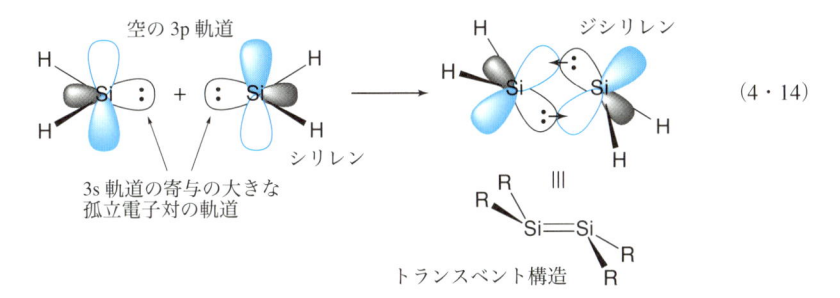

$$(4 \cdot 14)$$

トランスベント構造

一方，(4・14)式の右に示すように，二つのシリレンを互いに傾けて近づけると，孤立電子対が相手の空の3p軌道に供与され，2本の供与結合（共有結合）が形成される．その結果，**トランスベント構造**とよばれる折れ曲がり形の分子（ジシリレン）が生成する．二つのケイ素原子間に二組の共有電子対が存在するので，この分子は二重結合化合物である．この特異な二重結合は反応性が高く，分子は不安定であるが，かさ高い置換基Rを用いるなどの工夫により単離されている．

トランスベント構造：trans-bent structure

4・2・5　ルイス構造式で記述できない単体と化合物

ルイス構造式は，偶数個の不対電子をもつ分子に適用できない．たとえば，表4・2の手順に従って酸素分子のルイス構造を書くと$\ddot{\text{O}}=\ddot{\text{O}}$となるが，§3・4で述べたように，実際の酸素分子は2個の不対電子をもつビラジカル種である．

原子価結合法を含めて考えると，§4・1・4で述べた超原子価化合物にも問題がみつかる．たとえば，図4・2(a) のPCl$_5$のルイス構造には5本のP-Cl結合があるが，リン原子には四つの原子価軌道 ($3s, 3p_x, 3p_y, 3p_z$) しかないので，最大でも4本の共有結合しか形成できないはずである．この問題を回避するために3d軌道の関与が想定された時代もあったが，3s軌道や3p軌道に比べてはるかにエネルギー準位の高い3d軌道の関与は，現在完全に否定されている．

原子価結合法に基づいてこの問題を解決するには，(4・15)式の (b) と (c) に示すように，PCl$_5$を [PCl$_4$]$^+$ と Cl$^-$ に解離させ，同じ3p軌道を用いる上下のP-Cl結合の1本を共有結合からイオン結合に変える．(b) と (c) は等価な構造をもち，Pとアピカル位のClとの結合は共有結合とイオン結合が平均化されたものとなる．この場合，(b) と (c) のPまわりで共有結合に関与する電子の数はともに8となり，オクテット則は守られている[9]．

9) 分子軌道法を用いると，超原子価化合物に存在するこのような結合を，より明確に記述することができる（§5・4・3参照）．

イオン結合 イオン結合

$$(4 \cdot 15)$$

(a)　　　　　　　(b)　　　　　　　(c)

章末問題

問題 4・1　次の化合物のルイス構造を書け．多原子分子についてはVSEPRモデルに基づく幾何構造を示せ．

(a) SCl$_2$, (b) [H$_3$O]$^+$, (c) CO, (d) NO, (e) CH$_3$Cl, (f) SeBr$_4$

問題 4・2　次の化合物のルイス構造を書け. 必要であれば共鳴構造を用いよ.

(a) NO_2^+, (b) NO_2^-, (c) NO_3^-, (d) SO_2

問題 4・3　§4・1・2 に示した塩化ホスホリルの共鳴構造 (c) と (d) について, 各原子の酸化数を求めよ.

問題 4・4　解説 4・1 を読み, (4・2)式〜(4・10)式の規格化定数 N を求めよ.

問題 4・5　次の化合物の中心原子がとる混成軌道を記号で書け.

(a) BF_3, (b) CCl_4, (c) CO_2, (d) NCl_3, (e) NO_3^-

問題 4・6　原子価結合法に基づいて窒素分子 (N_2) の構造について説明せよ.

分子の構造と結合 II

5

分子軌道を組立てる

　4章ではルイス構造と VSEPR モデルを用いて分子の形を推定し，原子価結合法をもとに結合の成り立ちを理解する方法について述べた．この方法を用いて，二原子分子や，σ結合だけで構成された CH_4 などの多原子分子を記述するのは比較的容易であったが，π結合を含む O_3 や CO_3^{2-} などの多原子分子や多原子イオンの記述には共鳴の概念が必要であった．この場合，たとえば O_3 では，π結合をつくる2個の電子が三つの酸素原子の 2p 軌道のいずれか二つに収容されることになるが，原子価結合法を用いてこれを記述すると波動関数がかなり複雑になる．

　これに対して，本章で述べる分子軌道法では，波動関数の記述が大幅に簡素化される．原子価結合法では，隣り合う原子どうしの軌道の重なりと電子対の共有により結合がつくられると考えた．一方，分子軌道法では，分子全体に広がる分子軌道の存在を想定し，そこに電子が収容される．分子軌道には，原子間に結合を生じさせる**結合性軌道**，結合の解離をひき起こす**反結合性軌道**，さらには結合に直接影響を及ぼさない**非結合性軌道**がある．結合性軌道に電子が収容されると原子間に結合が生じる．

5・1　分子軌道法の考え方
5・2　二原子分子の分子軌道
5・3　分子の対称性
5・4　多原子分子の分子軌道

結合性軌道：bonding orbital

反結合性軌道：antibonding orbital

非結合性軌道：nonbonding orbital

5・1　分子軌道法の考え方

　原子では，水素型原子の1電子波動関数を用いてシュレディンガー方程式を解き，原子軌道の形とエネルギーを求めることができた．多電子原子についても，水素型原子に類似の波動関数を想定し，その軌道エネルギーの近似値を求めることができた．分子についても，同様の手法により，分子軌道の形とエネルギーを求めることができる．その際に必要となる分子の波動関数は，分子を構成する各原子の軌道関数をつなぎ合わせてつくる．すなわち，分子中の各原子のまわりに存在する軌道が，その原子の原子軌道とよく似たものであると仮定し，各原子軌道の1次の線形結合（足し算と引き算）によって分子軌道を構成する．これを **LCAO 近似**という[1]．

　たとえば，水素分子 H^1-H^2 について，水素原子 H^1 と H^2 の 1s 軌道をそれぞれ ϕ_1, ϕ_2 とすると，分子軌道 ψ は LCAO 近似を用いて（5・1）式のように表現される．ここで係数 c_1 と c_2 は，分子軌道に対する各原子軌道の寄与の大きさを表す．

$$\psi = c_1\phi_1 + c_2\phi_2 \qquad (5\cdot1)$$

原子軌道と同様，分子軌道も規格化されている必要がある．ψ が実関数で表され

LCAO 近似：LCAO approximation

1) LCAO は linear combination of atomic orbitals（原子軌道の線形結合）の略．

る場合の規格化条件は $\int \psi^2 d\tau = 1$ であり，これに (5・1) 式を代入すると，(5・2) 式のようになる．

$$\int (c_1\phi_1 + c_2\phi_2)^2 d\tau = c_1{}^2 \int \phi_1{}^2 d\tau + 2c_1c_2 \int \phi_1\phi_2 d\tau + c_2{}^2 \int \phi_2{}^2 d\tau = 1 \qquad (5 \cdot 2)$$

ここで ϕ_1 と ϕ_2 は規格化されているので $\int \phi_1{}^2 d\tau = \int \phi_2{}^2 d\tau = 1$，分子軌道に対する **重なり積分**：overlap integral ϕ_1 と ϕ_2 の寄与の大きさは等しいので $|c_1| = |c_2|$ である．$\int \phi_1\phi_2 d\tau = S$ とおいて (5・2) 式を解くと，c_1 と c_2 に対して次の二組の答えが見つかる．ここで S は**重なり積分**とよばれ，H^1 と H^2 が互いに無限遠にあって ϕ_1 と ϕ_2 に重なりがないときに 0，逆に完全に重なったときに 1 となり，実際の分子では $0 < S < 1$ の値をとる．

$$c_1 = c_2 = \frac{1}{\sqrt{2(1+S)}} \qquad (5 \cdot 3)$$

$$c_1 = -c_2 = \frac{1}{\sqrt{2(1-S)}} \qquad (5 \cdot 4)$$

これらの係数を (5・1) 式に代入すると次の二つの分子軌道 ψ_1 と ψ_2 が求まる．

$$\psi_1 = \frac{1}{\sqrt{2(1+S)}} (\phi_1 + \phi_2) \qquad (5 \cdot 5)$$

$$\psi_2 = \frac{1}{\sqrt{2(1-S)}} (\phi_1 - \phi_2) \qquad (5 \cdot 6)$$

図 5・1 に，原子軌道 ϕ_1, ϕ_2 と，分子軌道 ψ_1, ψ_2 との関係を示す．原子軌道と **軌道相関図**：orbital correlation diagram 分子軌道の関係を表した図を**軌道相関図**，各軌道のエネルギーをプロットした図を**エネルギー準位図**とよぶ．実際の ψ_1 と ψ_2 は，図の右に示す形をしているが， **エネルギー準位図**：energy level diagram 軌道相関図を描くときは，左のように，結合軸上に原子軌道の構成を示して分子軌道の図とするのが習慣である．

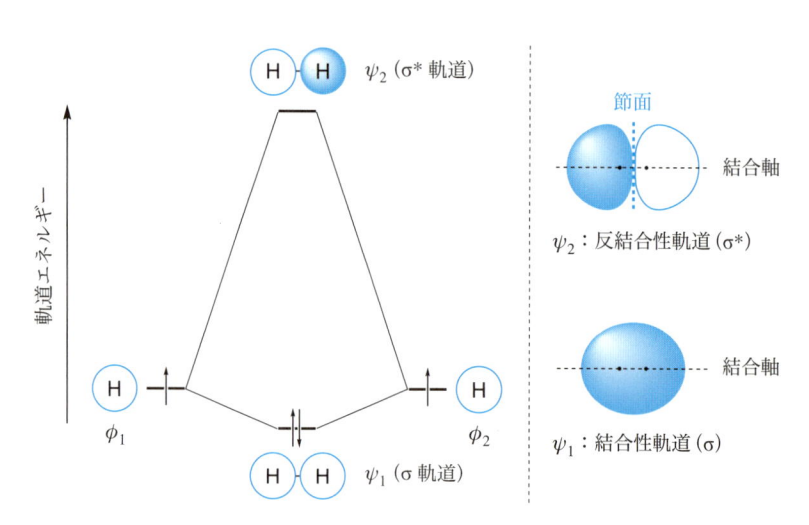

図 5・1 分子軌道法に基づく水素分子の成り立ち（軌道相関図）．

ψ_1 と ψ_2 はいずれも結合軸を中心に回転しても位相が変化しない σ 対称性の軌 **同位相**：in-phase 道である．ψ_1 は ϕ_1 と ϕ_2 が**同位相**で相互作用したもので，これに電子が入ると

二つの原子核を結びつけるように働く [(5・5)式]. このように, 原子間に結合を生じさせる軌道を結合性軌道, σ 対称性をもつ結合性軌道を **σ 軌道**という. 一方, ψ_2 は ϕ_1 と ϕ_2 が逆位相で相互作用したもので, 原子間に節面をもち, これに電子が入ると二つの原子核を引き離すように働く [(5・6)式]. このように原子間の結合に負の効果をもつ軌道を反結合性軌道, σ 対称性をもつ反結合性軌道を **σ* 軌道**という. ここで "*" は反結合性を表す記号である. 原子軌道 ϕ_1 と ϕ_2 が同位相と逆位相で相互作用する確率は等しく, ψ_1 と ψ_2 は同じ確率で生ずる. 同様に, n 個の原子軌道から n 個の分子軌道が生ずる.

分子軌道 ψ_1 と ψ_2 に対して, 拡張ヒュッケル (Hückel) 法[2]とよばれる計算法を用いて求めた軌道エネルギー ε_1 および ε_2 は, (5・7)式と (5・8)式により与えられる. ここで α は**クーロン積分**とよばれ, 水素原子の 1s 軌道 (ϕ_1, ϕ_2) の軌道エネルギー (−13.6 eV) に等しい. また β は**共鳴積分**とよばれ, 二つの 1s 軌道間の相互作用エネルギーに相当する. 原子軌道と同様に, エネルギーが負に大きいほど分子軌道は安定である. 定義により α と β は負の値をとるので, $\varepsilon_1 < \varepsilon_2$ となる (ε_1 が負に大きい). さらに $0 < S < 1$ から $(1+S) > (1-S)$ となるので, 反結合性軌道 ψ_2 の不安定化の度合いは, 結合性軌道 ψ_1 の安定化の度合いよりも大きくなる[3].

$$\varepsilon_1 = \frac{\alpha + \beta}{1 + S} \qquad (5 \cdot 7)$$

$$\varepsilon_2 = \frac{\alpha - \beta}{1 - S} \qquad (5 \cdot 8)$$

図 5・1 の分子軌道には, 1 章で述べた構成原理に従い, エネルギー準位の低い軌道から順に電子が収容される. その際, パウリの排他原理とフントの規則が適用される. すなわち, 水素分子がもつ 2 個の電子は, 結合性軌道 ψ_1 に互いに逆向きのスピンで収容される. これにより 1s 軌道と ψ_1 とのエネルギー差 ($\alpha - \varepsilon_1$) の 2 倍 (電子 2 個分) の安定化エネルギーが得られる. 軌道が 2 個の電子で満されることを**占有**, 占有された分子軌道を**被占軌道**という. これに対して, 電子の入っていない軌道を**空軌道**, 不対電子 (1 電子) の入った軌道を**半占軌道**という. 水素分子の結合性軌道 ψ_1 は被占軌道, 反結合性軌道 ψ_2 は空軌道である.

分子軌道法では, 下の (5・9)式を用いて**結合次数**を求め, 結合の強さの目安とする. この場合, 結合形成に直接関与しない非結合性軌道中の電子は無視する. 結合次数は, 結合の多重度に相当する. 結合性軌道 ψ_1 に 2 電子, 反結合性軌道 ψ_2 に 0 電子をもつ水素分子の結合次数は $(2-0)/2 = 1$ なので, $H^1{-}H^2$ 結合の多重度は 1, すなわち単結合である. 同様に結合次数が 2 であれば二重結合, 結合次数が 3 であれば三重結合となる.

$$結合次数 = \frac{結合性軌道中の電子数 − 反結合性軌道中の電子数}{2} \qquad (5 \cdot 9)$$

前述のように, もとの原子軌道との比較において, 反結合性軌道 ψ_2 の不安定化の度合いは, 結合性軌道 ψ_1 の安定化の度合いよりも大きい. そのため, 2 個の水素原子の代わりに 2 個のヘリウム原子 (価電子数の合計が 4) を結合させよ

σ 軌道：σ-orbital

逆位相：out-of-phase

2) 拡張ヒュッケル (Hückel) 法は, シュレーディンガー方程式を用いて分子の波動関数から軌道エネルギーを求める初歩的な方法の一つで, 1 電子波動関数を用いて計算するので単純分子軌道法ともよばれる. きわめて荒い近似を用いるため計算の精度は低いが, その単純さから分子軌道法について最初に学習する方法として適している. なお, ホフマン (Roald Hoffmann) は, この計算法を用いてウッドワード・ホフマン則とよばれる有機化学反応の法則を発見し, フロンティア軌道理論を提唱した福井謙一とともにノーベル化学賞を受賞した (1981 年).

クーロン積分：Coulomb integral

共鳴積分：resonance integral

3) 重なり積分や共鳴積分の値は H^1 と H^2 の結合距離によって変化し, それに応じて軌道の係数とエネルギーが変化する. 実際の計算では, 結合距離を変化させて最も安定な分子構造を求める. 多原子分子では, 結合角も構造パラメーターとして計算に加え, 分子の最適化構造を見つける.

占有：occupation

被占軌道：occupied molecular orbital

空軌道：unoccupied molecular orbital

半占軌道：singly occupied molecular orbital

結合次数：bond order

うとしても，ψ_1 に加えて ψ_2 にも 2 電子が収容され，不安定化の度合いが勝るため，ヘリウム分子は成立しない．この場合の結合次数は $(2-2)/2 = 0$ である．

5・2   二原子分子の分子軌道

以下の要点を押さえれば，定性的ではあるが，数式を使うことなく分子軌道を構成することができる．

要点 1   分子軌道の数は，もととなる原子軌道の数と一致する．

要点 2   原子軌道の対称性が一致し，有効な重なりをもつ場合に軌道相互作用が起こる．軌道相互作用が同位相で起これば結合性軌道が，逆位相で起これば反結合性軌道が生じ，両者は同じ確率で起こる．

要点 3   通常，反結合性軌道の不安定化の度合いが，結合性軌道の安定化の度合いよりも大きくなる．また，原子軌道の重なりが大きいほど結合性軌道が安定化し，反結合性軌道が不安定化する．

要点 4   軌道エネルギーの異なる原子軌道が相互作用を起こす場合は，エネルギーの低い原子軌道の成分が結合性軌道に多く分布し，エネルギーの高い原子軌道の成分が反結合性軌道に多く分布する．また，両者の軌道エネルギーが近いほど結合性軌道が安定化し，反結合性軌道が不安定化する．

二原子分子については，結合軸に対する対称性をもとに原子軌道を分類し，それらを組合わせて分子軌道を構成することができる．結合軸に対する軌道の対称性には，軸を中心に回転しても軌道の位相が変化しない σ 対称性と，180° 回転するごとに位相が反転する π 対称性とがある．

図 5・2 に，s 軌道と p 軌道について，軌道の対称性と軌道の重なりとの関係を示す．s 軌道は常に σ 対称性であるが，p 軌道には σ 対称性と π 対称性の場合がある．図の (a)～(c) は σ 対称性の軌道どうしの組合わせで，同位相で重なれば結合性軌道が，逆位相で重なれば反結合性軌道がそれぞれ生じる．また (d) は π 対称性の軌道どうしの組合わせで，同位相であれば結合性軌道が，逆位相であれば反結合性軌道が生じる．これに対して (e) と (f) は σ 対称性と π 対称性の軌道の組合わせなので，これらが近づいても同位相と逆位相の重なりが同じ割

有効な重なりを生じる対称性の関係

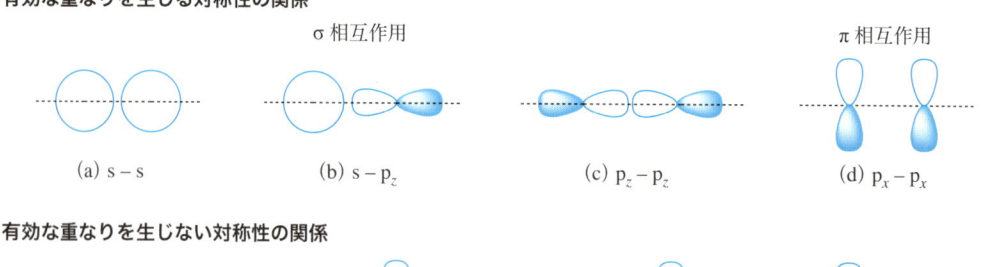

σ 相互作用 　　　　　　　　　　　　　　　　　　π 相互作用

(a) s – s　　　　(b) s – p_z　　　　(c) p_z – p_z　　　　(d) p_x – p_x

有効な重なりを生じない対称性の関係

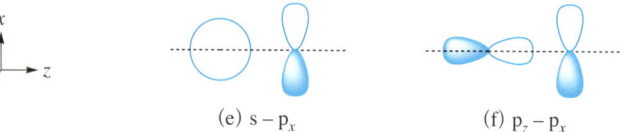

(e) s – p_x　　　　(f) p_z – p_x　　　　(g) p_x – p_y

図 5・2　軌道の対称性と重なりとの関係．

合で生じてしまい，有効な軌道相互作用とはならない．さらに (g) の二つの p
軌道は互いに 90°ねじれた関係にあり，近づいても重なりを生じない．

5・2・1　等核二原子分子の分子軌道

　第 2 周期元素の等核二原子分子では，図 5・3 に示す (a)〜(d) の軌道相互作
用が起こる．

　(a) 2s 軌道どうしの相互作用により，結合性軌道 $1\sigma_g$ と反結合性軌道 $1\sigma_u{}^*$ が
　　生じる．

　(b) $2p_z$ 軌道どうしの相互作用により，結合性軌道 $2\sigma_g$ と反結合性軌道 $2\sigma_u{}^*$ が
　　生じる．

　(c) $2p_x$ 軌道どうしの相互作用により，結合性軌道 $1\pi_u$ と反結合性軌道 $1\pi_g{}^*$ が
　　生じる．

　(d) $2p_y$ 軌道どうしの相互作用により，結合性軌道 $1\pi_u$ と反結合性軌道 $1\pi_g{}^*$ が
　　生じる．

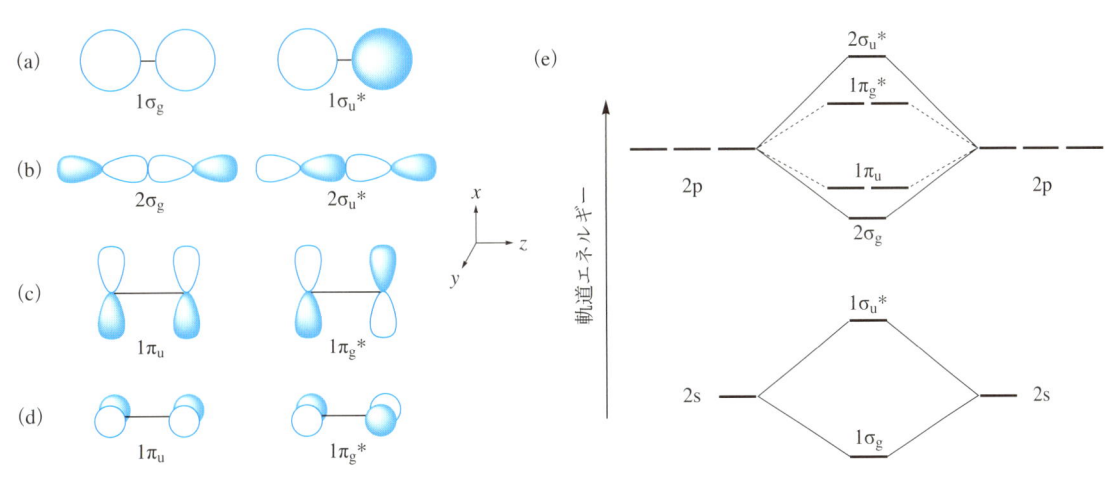

図 5・3　等核二原子分子の分子軌道．軌道の混合は考慮されていない．

　ここで σ_g や π_u などの記号は分子軌道の対称性を表し，"*" は反結合性の軌道
であることを示している．1 と 2 は同じ対称性をもち，エネルギー準位の異なる
軌道を区別するための整理番号で，図 5・3 では $1\sigma_g$ と $2\sigma_g$，$1\sigma_u{}^*$ と $2\sigma_u{}^*$ に対し
て，それぞれエネルギーの低い軌道から順に割り振られている[4]．

　原子軌道の場合と同様，σ と π は結合軸に対する分子軌道の対称性を表す．図
5・3 の (a) と (b) のように，結合軸を中心に回転しても位相が変化しない軌道
を σ と表記する．一方，(c) と (d) のように，結合軸のまわりに 180°回転したと
きに位相が反転する軌道を π と表記する．**π 軌道**には結合軸を含む節面がある．
σ 軌道と π 軌道は，4 章で述べた σ 結合と π 結合にそれぞれ対応する．分子軌道
には他に，結合軸のまわりで 90°回転するごとに位相が反転する δ 軌道がある．

　σ と π に下付きの添字として付けられた g と u は軌道の**パリティ**（偶奇性）を
表す記号で，ドイツ語の gerade（ゲラーデ：偶）と <u>u</u>ngerade（ウンゲラーデ：奇）
にそれぞれ由来している．分子の中心（二原子分子では 2 原子の中点）を対称心
として分子を反転させたとき，軌道の位相が変わらなければ g，位相が反転すれ

4) 二つの π_u 軌道は同じエネルギー
準位で縮退しているので同じ番号を
つける．二つの $\pi_g{}^*$ 軌道についても
同様である．

π 軌道：π-orbital

パリティ：parity

ばuの添字を付ける. σ軌道では結合性軌道がg, 反結合性軌道がuである. π軌道では逆に, 結合性軌道がu, 反結合性軌道がgとなる.

図5・3(e)(前頁)に等核二原子分子の軌道相関図(模式図)を示す. この図のように, 2sと2pの軌道エネルギーに十分な隔たりがあれば, 分子軌道は下から$1\sigma_g, 1\sigma_u^*, 2\sigma_g, 1\pi_u, 1\pi_g^*, 2\sigma_u^*$の順となる. その際, 二つの$1\pi_u$軌道と二つの$1\pi_g^*$軌道はそれぞれ縮退している[5]. また, π対称性の軌道どうしの重なりは, σ対称性の軌道どうしの重なりに比べて小さく, $1\pi_u$と$1\pi_g^*$のエネルギー差は, $2\sigma_g$と$2\sigma_u^*$のエネルギー差に比べて小さくなる(本節冒頭の要点3参照).

図5・4に13族のB_2から17族のF_2までのエネルギー準位図(模式図)を示す. 16族のO_2と17族のF_2にみられる軌道エネルギーの序列は, 図5・3(e)と同じである. O_2の価電子数は12なので, $1\sigma_g$から$1\pi_u$までの五つの軌道に2電子ずつが収容され, さらに縮退している$1\pi_g^*$に1電子ずつが収容される. すなわち, O_2分子には2個の不対電子があり, ビラジカルとなる[6]. §4・2・5で述べたように, ルイス構造式を用いてこの電子構造を記述することはできない. (5・9)式により結合次数は$(8-4)/2 = 2$となるので, 酸素原子間は二重結合である. 一方, F_2の価電子数は14なので, $1\sigma_g$から$1\pi_g^*$までの七つの軌道に2電子ずつが収容される. 結合次数は$(8-6)/2 = 1$となり, フッ素原子間は単結合である.

5) 軌道相関図では, 縮退している軌道を"— —"ではなく"="のように重ねて書くことが多い. 本章では, 電子配置をわかりやすくするため, 前者の様式を用いている.

6) 不対電子をもつ化学種をラジカル(radical)とよび, 不対電子を2個もつラジカル種をビラジカル(biradical)とよぶ. ここで"ビ(bi-)"は2を表す接頭辞である.

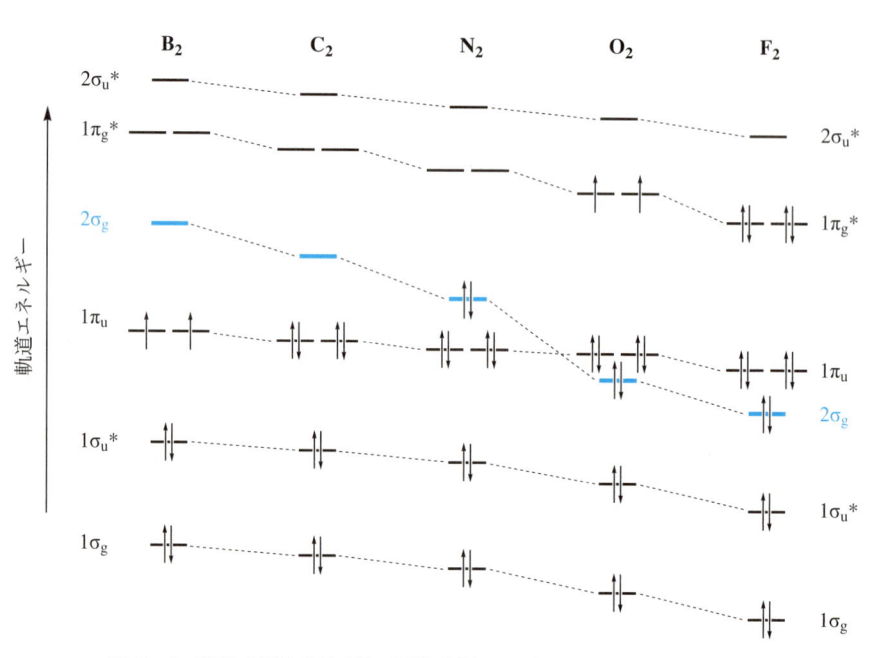

図 5・4 等核二原子分子(第2周期元素)のエネルギー準位図(模式図). 軌道混合を考慮したときの軌道エネルギーの変化と電子配置.

15族のN_2では$2\sigma_g$の軌道エネルギーが上昇し, $1\pi_u$との序列が逆転している. 同じ現象は14族のC_2および13族のB_2でも認められる. このように$2\sigma_g$の軌道エネルギーが上昇するのは, 同じ対称性をもつ$1\sigma_g$との間で**軌道の混合**が起こるためである.

図5・5に"軌道の混合"の概念図を示す. (a), (b)ともに, 左の二つの軌道が

軌道の混合: orbital mixing

混合し，右の二つの軌道に変化する．括弧内はその際に起こる混合の様子を表したもので，同位相（同色）の軌道成分どうしが強め合い，逆位相（異色）の軌道成分どうしが弱め合うと，混合後の軌道に変化する．

(a) σ_g 対称軌道の相互作用

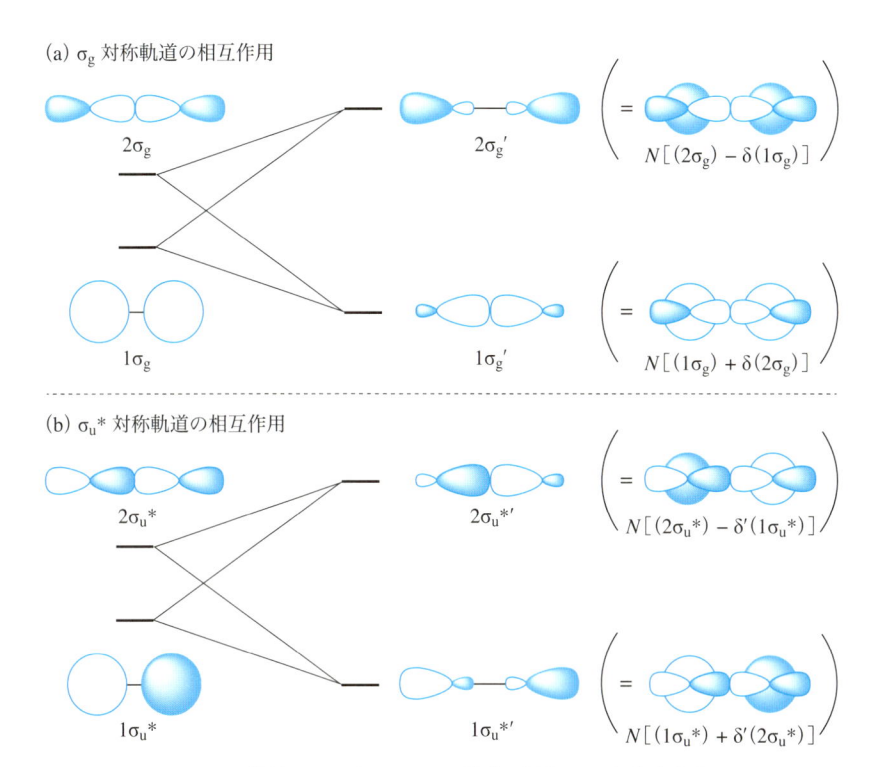

(b) $\sigma_u{}^*$ 対称軌道の相互作用

図 5・5　等核二原子分子における軌道の混合．N は規格化定数．
δ, δ' は混合の割合を表す係数 $[0 < \delta\,(\delta') < 1]$．

図 5・5(a) では，2s 軌道から構成された $1\sigma_g$ に，$2p_z$ 軌道から構成された $2\sigma_g$ の一部が同位相（足し算）で混入して $1\sigma_g{}'$ が生じる．またこれとは逆に，$2\sigma_g$ に $1\sigma_g$ の一部が逆位相（引き算）で混入して $2\sigma_g{}'$ が生じる．その際，$1\sigma_g{}'$ は $1\sigma_g$ に比べて安定化し，$2\sigma_g{}'$ は $2\sigma_g$ に比べて不安定化する．$1\sigma_g{}'$ が安定化するのは，結合軸の方向に張出しをもつ $2p_z$ 軌道の混入により原子間の結合性相互作用が強化されるためである．一方 $2\sigma_g{}'$ では，原子間にある同位相の軌道成分の減少により結合性相互作用が弱くなるため，分子軌道が不安定化する．

軌道の混合は，σ^* 対称性をもつ $1\sigma_u{}^*$ と $2\sigma_u{}^*$ との間でも起こる［図 5・5(b)］．$1\sigma_u{}^*$ が $1\sigma_u{}^{*\prime}$ に変化すると，逆位相の軌道間の反結合性相互作用が緩和されるため，分子軌道が安定化する．一方 $2\sigma_u{}^{*\prime}$ では，逆位相の軌道間の反結合性相互作用が助長されるので，軌道が不安定化する．

表 5・1 に，水素と主族元素の軌道エネルギー（原子価軌道）を示す．第 2 周期元素について，表を左から右に進むと，2s 軌道の安定化が顕著となり，2p 軌道とのエネルギー差が拡大している．これは貫入を伴う 2s 電子が，有効核電荷の増加に伴い，より効果的に安定化されるためである．2s 軌道と 2p 軌道のエネルギー差が拡大すると両者が混合しにくくなるので，O_2 と F_2 では $2\sigma_g$ と $1\pi_u$ の序列に逆転がみられなくなる．

表 5・1   水素と主族元素の軌道エネルギー（単位 eV）†

	H							He
1s	−13.61							−24.59
	Li	Be	B	C	N	O	F	Ne
2s	−5.39	−9.32	−14.04	−19.43	−25.56	−32.37	−40.17	−48.47
2p			−8.30	−10.66	−13.18	−15.84	−18.65	−21.59
	Na	Mg	Al	Si	P	S	Cl	Ar
3s	−5.14	−7.65	−11.32	−14.89	−18.84	−22.71	−25.23	−29.24
3p			−5.98	−7.78	−9.65	−11.61	−13.67	−15.82
	K	Ca	Ga	Ge	As	Se	Br	Kr
4s	−4.34	−6.11	−12.61	−16.05	−18.94	−21.37	−24.37	−27.51
4p			−5.93	−7.54	−9.17	−10.82	−12.49	−14.22
	Rb	Sr	In	Sn	Sb	Te	I	Xe
5s	−4.18	−5.70	−11.89	−14.56	−16.74	−18.71	−20.89	−23.40
5p			−5.60	−7.01	−8.41	−9.79	−11.18	−12.56

† 1 eV = 96.485 kJ mol^{-1}.   出典：米国立標準技術研究所（NIST）のデータベース.

　図5・5にみられるように，軌道の混合で生じた $1\sigma_g'$ などの軌道は，原子価結合法で登場した sp 混成軌道（図4・7）と形が似ている．実際，2s 軌道と $2p_z$ 軌道から sp 混成軌道に類似の軌道を先に発生させ，これを用いて分子軌道を構成しても，最終的には同じ軌道相関図が得られる．一酸化炭素を例に，次項で具体的に説明する．

5・2・2   異核二原子分子の分子軌道

　異核二原子分子では，原子軌道のエネルギー準位が原子間で異なるので，本節の冒頭で示した要点4を考慮して分子軌道を構成する．

　水素化リチウム　　図5・6(a) に LiH の軌道相関図を示す．この分子では，H

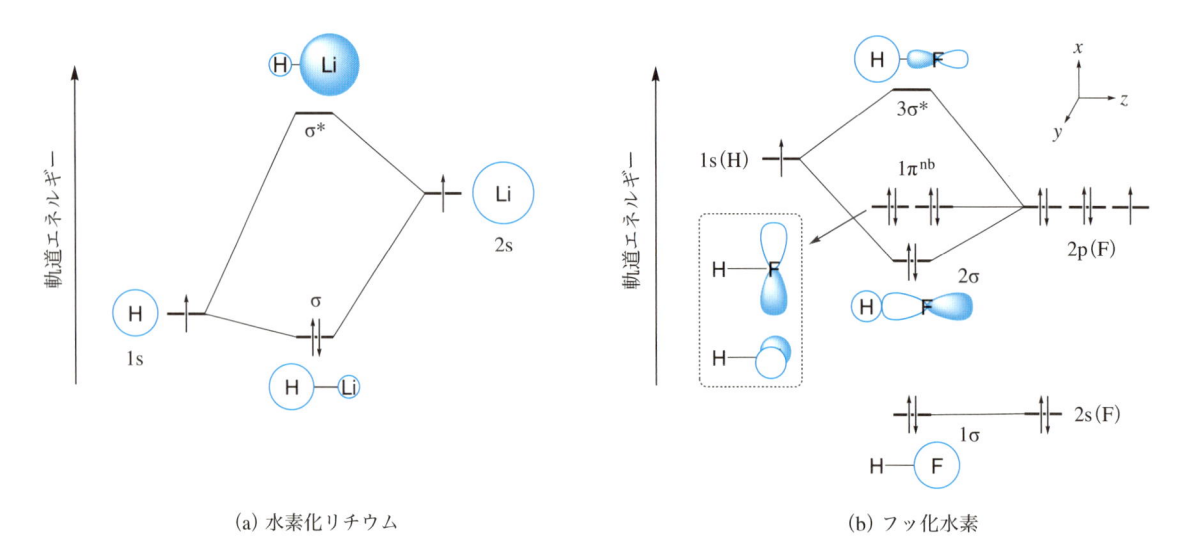

(a) 水素化リチウム　　　　　　　　　　　　　(b) フッ化水素

図 5・6   異核二原子分子の分子軌道.

の 1s 軌道 (−13.6 eV) と Li の 2s 軌道 (−5.39 eV) との相互作用により, 結合性軌道 σ と反結合性軌道 σ* が生成する[7]. その際, σ 軌道にはエネルギーの低い H(1s) の成分が多くなり, σ* 軌道には軌道エネルギーの高い Li(2s) の成分が多くなる. そのため, σ 軌道に電子が収容されると原子間に電子密度の偏りが生じ, Li が正電荷を, H が負電荷を帯びて, 分子は $Li^{\delta+}-H^{\delta-}$ のように分極する.

フッ化水素　図 5・6(b) に HF の軌道相関図を示す. F の 2s 軌道 (−40.2 eV) はエネルギー準位が低く, H 原子との間に有効な軌道相互作用を起こさないため, F 原子に偏った軌道 1σ となる. また, $2p_x$ と $2p_y$ は H 原子の 1s 軌道と対称性が異なり軌道相互作用を起こさないため, 非結合性軌道 $1\pi^{nb}$ となる[8]. 一方, 軌道エネルギーが近く対称性の一致する $2p_z$ 軌道 (−18.7 eV) と H の 1s 軌道 (−13.6 eV) から結合性軌道 2σ と反結合性軌道 3σ* が生じる. この場合, 2σ には $2p_z(F)$ の寄与が大きく, 3σ* には 1s(H) の軌道の寄与が大きくなる. H と F の価電子数の合計は 8 なので, 1σ から $1\pi^{nb}$ までが被占軌道, H 原子の寄与の大きい 3σ* が空軌道となる. その結果, H の電子密度が低下し, 分子は $H^{\delta+}-F^{\delta-}$ のように分極する.

一酸化炭素　図 5・7(a) に CO 分子の軌道相関図を示す. 酸素の 2s 軌道 (−32.4 eV) は他の原子軌道に比べてエネルギー準位が低く, O 原子に偏った 1σ 軌道となる. また, 炭素と酸素の $2p_x$ 軌道間と $2p_y$ 軌道間の相互作用により, それぞれ二重に縮退した π 軌道 (1π) と π* 軌道 (1π*) が生成する. 図 5・7(b) の (iv) に示すように, π 軌道にはエネルギー準位の低い 2p(O) (−15.8 eV) の寄与が大きく, π* 軌道には逆にエネルギー準位の高い 2p(C) (−10.7 eV) の寄与が大きい.

7) Li の 1s 軌道は 2s 軌道に比べてはるかに低いエネルギー準位にあり, 結合形成にはほとんど関与しない.

8) 添字の nb は非結合性 (nonbonding) を意味する.

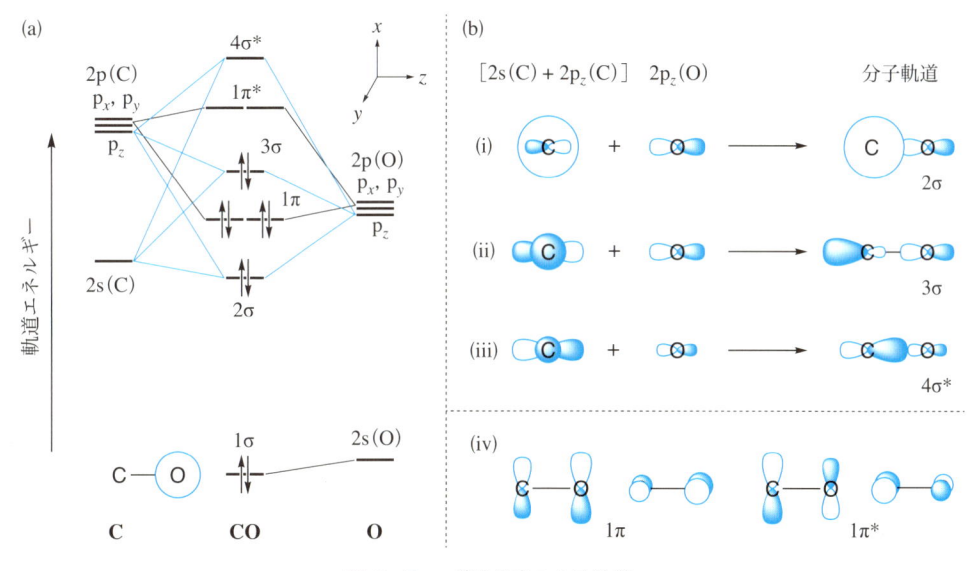

図 5・7　一酸化炭素の分子軌道.

さらに, 結合軸に沿って配向する 2s(C) 軌道 (−19.4 eV) と $2p_z(C)$ 軌道 (−10.7 eV) が $2p_z(O)$ 軌道 (−15.8 eV) と相互作用を起こして三つの σ 軌道 (2σ, 3σ, 4σ*) を生じる (原子軌道の数 = 分子軌道の数). この場合, 最も安定な 2σ ではすべての原子軌道が結合性 (同位相) の組合わせとなり, 逆に最も不安定な 4σ*

では反結合性（逆位相）の組合わせとなる［図 5・7(b) の (i) と (iii)］．2σ はエネルギー準位の近い 2s(C) の寄与の大きな結合性軌道であり，4σ* はエネルギー準位の近い $2p_z(C)$ の寄与の大きな反結合性軌道である．

中程にある分子軌道 3σ は，もととなる原子軌道のうちでエネルギー的に中間にある $2p_z(O)$ に対して，上位にある $2p_z(C)$ が結合性（同位相），下位にある 2s (C) が反結合性（逆位相）の軌道相互作用を起こして生成する［図 5・7(b) の (ii)］．(ii) の位相で 2s(C) と $2p_z(C)$ とを足し合わせると，青が膨らみ，白が縮んで，原子価結合法で登場した sp 混成軌道のような形に変化する．この軌道は O 方向の軌道成分が小さく，$2p_z(O)$ との間に有効な重なりをもつことができないため，3σ は非結合性の軌道となる．

C 原子と O 原子の価電子数の合計は 10 なので，1σ から 3σ までの 5 個の軌道に 2 電子ずつが収容される．1σ と 3σ はそれぞれ O と C に偏った軌道で，ルイス構造 :C≡O: にあらわれる二組の孤立電子対に相当する．この 4 電子を除いて計算すると，CO の結合次数は $(6-0)/2 = 3$ となり，炭素－酸素間は三重結合となる．

図 5・7 は定性的な軌道図であるが，CO の化学的性質を理解するための重要な情報を含んでいる．たとえば，O 原子上の孤立電子対軌道 1σ は s 性が高く（s 軌道の要素が大きく）エネルギー準位が低い．これに対して，C 原子上の孤立電子対軌道 3σ は p 性が高く（p 軌道の要素が大きく），被占軌道の中で最もエネルギー準位の高い最高被占軌道（HOMO）である[9]．軌道の構成に起因する各原子の特性の違いは，たとえば遷移金属との結合様式を考える際に重要な要素となる（§7・2・3 参照）．

9) HOMO は highest occupied molecular orbital の略で，最もエネルギー準位の低い空軌道を最低空軌道（LUMO：lowest unoccupied molecular orbital）という．HOMO と LUMO は分子の反応性を担う軌道で，フロンティア軌道とよばれる．

5・3　分子の対称性

以上のように，二原子分子については結合軸に対する σ と π の対称性をもとに原子軌道を分類し，対称性の一致する軌道を組合わせて分子軌道を構成することができた．しかしこの方法は，CO_2 など一部の例外を除き，多原子分子には適用できない．分子軌道法では分子全体に広がる分子軌道の存在を想定するため，軌道の組立てに用いる対称性も分子全体を包含している必要がある．結合軸を 1 本しかもたない二原子分子では結合軸に対する対称性がこの条件を満たしていた．一方，向きの異なる結合軸を複数もつ多原子分子では，結合軸に対する対称性をもとにすべての原子軌道を統一的に分類し，分子軌道に導くことはできない．そこで必要となるのが**分子の対称性**に関する一般的かつ体系的な概念である．

分子の対称性：molecular symmetry

分子を回転したり，鏡に映したりしたときに現れる像が，もとの分子と重なり等価となるとき，これを**対称操作**とよぶ．またこの分子には"対称性"があるという．分子は何らかの対称性をもち，その対称性をもとに原子軌道を分類し，それらを系統的に組合わせて分子軌道に導くこと可能である．分子の対称性は対称操作の種類と数によって規定され，**群論**とよばれる数学的手法を用いて体系化されている．対称性は化学の基本概念の一つで，その適用範囲は多岐にわたるが，ここでは本章の主題である"分子軌道の組立て"に必要な事項に絞って説明する．

対称操作：symmetry operation

群論：group theory

本節ではまず分子の対称性に関わる 5 種類の対称操作について説明する

（§5・3・1）．続いてそれらを組合わせて対称操作のグループである**点群**がつくられることを述べ、各点群の要点をまとめた**指標表**について説明する（§5・3・2）．以上の内容は、次節（§5・4）で多原子分子の分子軌道を組立てる際に必要となる．

点群：point group
指標表：character table

5・3・1　対称操作と対称要素

　分子に関わる対称操作には、**恒等**（E）、**回転**（C_n）、**鏡映**（σ）、**反転**（i）、**回映**（S_n）の5種類がある（表5・2）[10,11]．また、回転、鏡映、反転、回映の各対称操作には操作の基準となる**対称要素**があり、それぞれ**回転軸**、**対称面**または**鏡面**、**対称心**または**反転中心**、**回映軸**とよばれている．恒等操作とは何もしないことで、対称操作をまとめて点群を構成する際に必要となる．

恒等：identity operation
回転：rotation
鏡映：reflection
反転：inversion
回映：rotatory reflection

10) 分子の対称性の記述に使用されるこれらの記号を、シェーンフリース記号（Schoenflies notation）という．結晶学ではヘルマン・モーガン記号（Hermann–Mauguin notation）とよばれる別の記号が使われる．

11) 恒等操作にIの記号をあてることがある．

対称要素：symmetry element
回転軸：rotation axis
対称面：plane of symmetry
鏡面：mirror plane
対称心：center of symmetry
反転中心：center of inversion
回映軸：rotatory reflection axis

表 5・2　対称要素と対称操作

対称要素	記号	対称操作
恒等要素	E	恒等：何もしない．
回転軸	C_n	回転：軸のまわりに $2\pi/n$ 回転する．
対称面	σ	鏡映：平面に対して鏡像をつくる．
対称心	i	反転：点を中心に反転する．
回映軸	S_n	回映：軸のまわりに $2\pi/n$ 回転し、軸に直交する平面で鏡像をつくる．

　回転軸　（5・10）式に示すように、水分子 **A** を C_2 軸のまわりに180°（π）回転すると **B** に変わる．**B** は水素原子1と2が左右で入れ替わっているが、像としては **A** と区別できない．すなわち **A** と **B** は等価である．このように分子をある軸のまわりに $2\pi/n$ 回転して等価な像に変わるとき、この軸を n 回回転軸とよび、C_n の記号で表す．また分子を $2\pi/n$ 回転して等価な像に移す対称操作を回転とよび、同じく C_n の記号で表す．さらに対称操作 C_n を m 回繰返すことを $C_n{}^m$ と表現する．水分子は C_2 軸を対称要素としてもち、対称操作 C_2 によって **A** から **B** に変わり、対称操作 $C_2{}^2（=C_2\times C_2）$ によって **A** に戻る．ここで $C_2{}^2$ の結果は、分子に何もしなかったとき（恒等操作 E）と同じである．すなわち $C_2{}^2 = E$ である（一般式：$C_n{}^n = E$）．

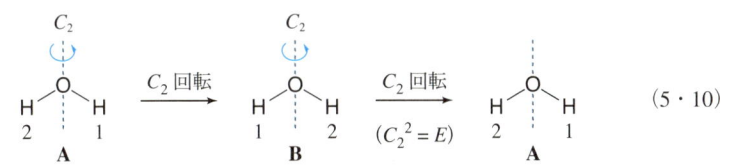

$$(5 \cdot 10)$$

　図5・8に、(a) アンモニア（NH_3）、(b) 三フッ化ホウ素（BF_3）、(c) 四フッ化キセノン（XeF_4）の対称要素を示した．(a) の NH_3 には C_3 軸がある．C_3（120°回転）と $C_3{}^2$（240°回転）の対称操作を行うとそれぞれ等価な像に変わり、$C_3{}^3$（360°回転）で最初の分子に戻る．すなわち $C_3{}^3 = E$ である．

　(b) の BF_3 にも C_3 軸がある．平面構造をもつこの分子にはさらに、B–F 結合を通る3本の C_2 軸がある．次数 n の最も高い回転軸（ここでは C_3）を主軸と

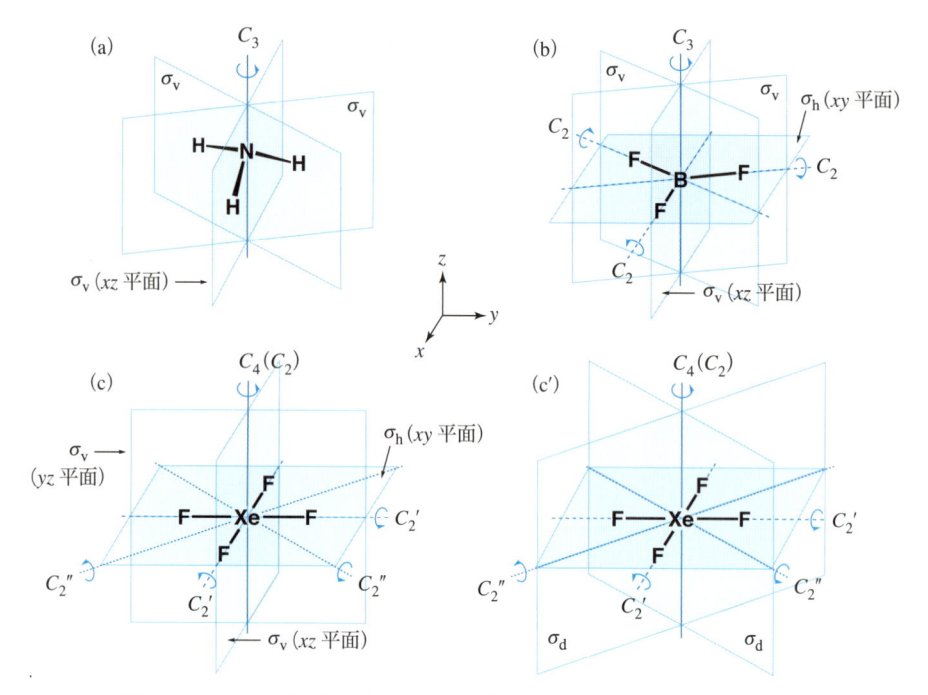

図 5・8 (a) NH$_3$ (C_{3v}), (b) BF$_3$ (D_{3h}), (c および c′) XeF$_4$ (D_{4h}) の対称要素.

よび, z 軸に割り当てる.

(c) の XeF$_4$ も平面構造をもち, 分子面に垂直な C_4 軸をもつ. C_4 軸は C_2 軸でもある ($C_4{}^2 = C_2$). この分子にはさらに, C_4 軸と直交する 2 種類の 2 回回転軸 C_2' と C_2'' がある. より多くの原子 (F−Xe−F) を通る 2 回回転軸を優先して C_2', Xe だけを通る 2 回回転軸を C_2'' と表記して区別する. さらに主軸である C_4 を z 軸に, 2 本の C_2' を x 軸と y 軸にそれぞれ割り当てる. 座標軸のとり方については, 後ほど改めて説明する.

対称面   図 5・8(a) の NH$_3$ には, 主軸 (C_3) と, 3 本の N−H 結合をそれぞれ含む 3 枚の対称面がある. これらの面に映して生じる鏡像はもとの分子と等価である. 対称操作である鏡映と対称要素である対称面に σ の記号をあてる. また主軸を含むこれらの対称面は分子の垂直面 (vertical plane) なので, "v" の添字を付けて σ_v の記号で表す. 鏡映操作を 2 回繰返すともとに戻るので, $\sigma \times \sigma = E$ である.

(b) の BF$_3$ にも主軸 (C_3) とそれぞれの B−F 結合を含む 3 枚の対称面 (σ_v) がある. 平面構造をもつこの分子にはさらに, 主軸と直交する別の対称面 (xy 平面) がある. この面は分子の水平面 (horizontal plane) なので, "h" の添字を付けて σ_h と表す. すなわち主軸を含む対称面が σ_v, 主軸に垂直な対称面が σ_h である.

(c) と (c′) に示すように, XeF$_4$ には主軸 (C_4) を含む対称面が 2 種類ある. この場合は C_2' 軸を含む対称面を優先して σ_v, C_2'' 軸を含む対称面を σ_d と表記して区別する. 添字の d は, 隣り合う C_2' 軸を二分する面 (dihedral plane) であることを意味する. この分子にはさらに主軸に垂直な対称面 σ_h (xy 平面) がある.

対称心   図 5・8(c) の XeF$_4$ は分子中央の対称心 (Xe の位置) に対して点対

称である．対称心に基づく対称操作を反転とよび，対称要素である対称心とともに i の記号で表す．反転を 2 回繰返すと，もとの分子に戻るので，$i \times i = E$ である．

回映軸　ある軸のまわりに $2\pi/n$ 回転し，その軸に垂直な対称面で鏡映操作を施したときに等価となる対称性を回映対称という．またその軸を回映軸とよび，S_n の記号で表す．(5・11)式に示すように，炭素を通る軸でメタン分子 **A** を $90°(2\pi/4)$ 回転し，続いてこの軸に垂直な面で鏡映すると **B** に変わる．**B** は水素原子が入れ替わっているが，像としては **A** と区別できず等価なので，この軸は 4 回回映軸 (S_4) である．ここで S_4 軸が C_4 軸ではないことに注意してほしい．

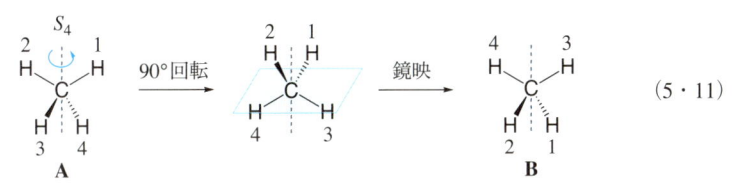

$$(5 \cdot 11)$$

座標軸　原則として右手系の直交座標を使用し，親指，人差し指，中指のさす向きをそれぞれ x 軸，y 軸，z 軸の正の方向とする．回転操作においては，反時計回りを正の方向とする．さらに，いずれの対称操作でも動かない点（不動点）を原点におく．

z 軸：(1) 次数 n が最も高い回転軸（主軸）を z 軸とする．図 5・8 の各分子ではこの規約により z 軸が一義的に決まる．(2) 最高次の回転軸が複数あるときは，最も多くの原子を通る回転軸を z 軸とする．たとえば，(5・12)式に示すジボラン (a) には，各座標軸の方向に 3 本の C_2 軸があるが，二つのホウ素原子を通る C_2 軸を z 軸とする．(b) のエチレンについても同様である．

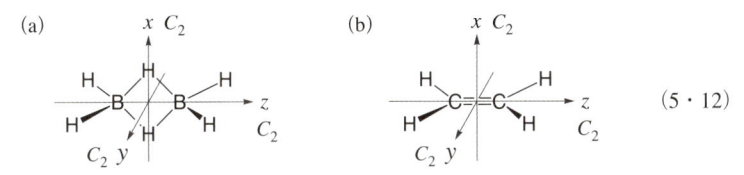

$$(5 \cdot 12)$$

x 軸：(1) 分子が平面形で z 軸が面内にあるときは，この面に対して垂直に x 軸をとる．図 5・9 の水分子がこれにあたる．(2) 分子が平面形で z 軸がこの面に垂直であれば，最も多くの原子を通るように x 軸を選ぶ．たとえば，図 5・8(b) の BF_3 では B-F 結合の 1 本が x 軸となり，図 5・8(c) の XeF_4 では F-Xe-F 結合の 1 本が x 軸となる．

なお，座標軸のとり方には任意性があるので，方位が重要な図には座標軸を書き込むのがよい．次項で説明する指標表に x, y, z の関数が書かれているので，これを利用して基本となる座標軸のとり方を確認することができる．

5・3・2　点群と指標表

点群　図 5・9 の水分子には，$C_2, \sigma_v(xz), \sigma_v{}'(yz)$ に，恒等操作である E を加えた，計 4 種類の対称操作がある．解説 5・1（章末）に示すように，これらの対称操作の中から二つを選んで掛け合わせると，その結果は必ず，いずれか一つの対称操作を単独で行った結果と一致する．すなわち，$E, C_2, \sigma_v(xz), \sigma_v{}'(yz)$ の四つの対称操作は"閉じた集合"をなし，一つの"群（グループ）"をつくってい

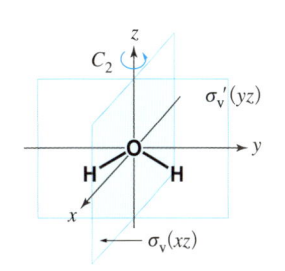

図 5・9 H_2O (C_{2v}) の対称要素.

る．対称操作がつくる群は不動点（水では O 原子の位置）をもつので，"点群"と
よばれる．

　分子は何らかの対称性をもち，それらは E, C_n, σ, i, S_n の 5 種類の対称操作の
組合わせをもとに特定の点群に帰属される．恒等操作 E は，すべての点群に必
ず含まれている．一方，C_n, σ, i, S_n の対称操作は，分子の対称性によって含まれ
たり含まれなかったりする．各点群には，対称操作の構成に基づく名称（記号）
が付けられている．

　表 5・3 に，多原子分子にみられる代表的な点群を示す．点群には，C 群に属
すものと D 群に属すもの，その他の特殊な群 [正四面体群（T_d），正八面体群
（O_h），正十二面体群（I_h）] に属すものとがある．分子が帰属する点群を見つける
ときは，ルイス構造式と VSEPR モデルを使って分子の幾何構造を書き，解説
5・2（章末）に掲げたフローチャートに従って対称要素の有無を確認していく．
その結果，図 5・9 の H_2O は C_{2v} 点群に，図 5・8(a) の NH_3 は C_{3v} 点群に，(b)
の BF_3 は D_{3h} 点群に，(c) の XeF_4 は D_{4h} 点群に，それぞれ帰属される．

　指標表　　分子を特定の点群に帰属できたら，その点群の指標表を確認する．
指標表には点群を構成する対称操作が書かれている．また原子軌道の分類や分子
軌道の組立てに必要な情報が書かれている．表 5・4 に指標表の構成を，表 5・5
に H_2O が帰属する C_{2v} 点群の指標表を，表 5・6 に NH_3 が帰属する C_{3v} 点群の
指標表を示す．表 5・3 中のその他の点群の指標表は章末に掲載した．

　表 5・4 に示すように，指標表の 1 行目には，点群の名称（記号）と，点群を
構成する対称操作が書かれている．その際，表 5・6 の $E, 2C_3, 3\sigma_v$ のように，対
称操作は**類**ごとにまとめて書かれている（章末の解説 5・3 参照）．$2C_3$ は C_3 と
C_3^2 の存在を意味し，$3\sigma_v$ は図 5・8(a) に示した 3 枚の鏡面の存在を意味してい
る．

　群論では行列を用いて対称操作を表す．これを**表現行列**という．たとえば，解
説 5・4（章末）に示すように，C_{2v} 点群に帰属される SO_2 分子から適切な原子軌
道を選択し，点群を構成する各対称操作を施して軌道の位相変化を調べる．続い
てそれらの変化を行列で表現し，必要であれば行列を簡約化してから指標を書き
出すと，表 5・5 の各行に示す 4 通りの指標の組合わせが得られる．これらの組
合わせを C_{2v} 点群の**既約表現**という．指標表は，既約表現の指標をまとめたもの
である．点群がもつ数学的な特性から，既約表現の数は対称操作の類の数に一致
する．

　マリケン記号　　指標表の 1 列目（各既約表現の先頭）に書かれた A_1, B_1, E な
どの文字は**マリケン記号**とよばれ，既約表現の指標の組合わせをもとに記号の文
字列が決められている（表 5・7）．恒等操作 E の下の数字は表現行列の次数を表
す．次数が 1（1 行 1 列）であれば A か B を，2（2 行 2 列）であれば E の記号を
使用する[12]．次数を表す記号には他に 3（T），4（G），5（H）がある．次数が 1（1 行
1 列）の表現行列では行列内の数字がそのまま指標となるので，指標が 1 であれ
ば対称操作に対して対称，−1 であれば反対称となる．なお，次数が 2 以上の表
現行列の指標は対角成分の和なので，そのまま対称，反対称の判断には使えな
い．

　A と B は，主軸（C_n）の回転に対して対称（A，指標 1）か，反対称（B，指標
−1）かにより使い分ける．A と B に付けられた 1 と 2 の添字は，主軸と直交す

類：class

表現行列：representation matrix

既約表現：irreducible representation

マリケン記号：Mulliken symbol

12) 恒等操作 E（斜体）とマリケン
記号 E（立体）を混同しないこと．

表 5・3　代表的な点群と対称要素

点群	対称要素	分子の形と例[†]	点群	対称要素	分子の形と例[†]
C_s	E, σ_h	**NHF$_2$**, SOCl$_2$	D_{2h}	$E, 3C_2, i, 3\sigma$	**C$_2$H$_4$**, N$_2$O$_4$, B$_2$H$_6$
C_{2v}	$E, C_2, \sigma_v, \sigma_v'$	**H$_2$O**, CH$_2$Cl$_2$	D_{3h}	$E, 2C_3, 3C_2, \sigma_h,$ $2S_3, 3\sigma_v$	**PCl$_5$**, BF$_3$
C_{3v}	$E, 2C_3, 3\sigma_v$	**NH$_3$**, PCl$_3$, POCl$_3$	D_{4h}	$E, 2C_4, C_2, 2C_2',$ $2C_2'', i, 2S_4, \sigma_h,$ $2\sigma_v, 2\sigma_d$	**XeF$_4$**
T_d	$E, 8C_3, 3C_2,$ $6S_4, 6\sigma_d$	**CH$_4$**, SiCl$_4$	O_h	$E, 8C_3, 6C_2, 6C_4,$ $3C_2, i, 6S_4, 8S_6,$ $3\sigma_h, 6\sigma_d$	**SF$_6$**

[†] 分子形は太字の化合物に対応する.

表 5・4　指標表の構成

点群の名称	対称操作の類	注　釈	
既約表現	指標 (χ)	既約表現に適合する関数やベクトル, 回転に関する情報	既約表現に適合する二次関数に関する情報

表 5・5　C_{2v} 点群の指標表

C_{2v}	E	C_2	$\sigma_v(xz)$	$\sigma_v'(yz)$		
A$_1$	1	1	1	1	z	x^2, y^2, z^2
A$_2$	1	1	-1	-1	R_z	xy
B$_1$	1	-1	1	-1	x, R_y	xz
B$_2$	1	-1	-1	1	y, R_x	yz

表 5・6　C_{3v} 点群の指標表

C_{3v}	E	$2C_3$	$3\sigma_v$		
A$_1$	1	1	1	z	$x^2 + y^2, z^2$
A$_2$	1	1	-1	R_z	
E	2	-1	0	$(x, y)\,(R_x, R_y)$	$(x^2 - y^2, xy)\,(xz, yz)$

表 5・7　マリケン記号

(a) 表現行列の次数

記　号	次　数
A, B	1
E	2
T	3

(b) 対称性を表す記号

対称要素	C_n	C_2 または $\sigma_v(\sigma_d)$	σ_h	i
対　称	A	1	$'$	g
反対称	B	2	$''$	u

る C_2 軸に対して対称（1, 指標 1）か, 反対称（2, 指標 –1）かを表している. 主軸と直交する C_2 軸がないときは, σ_v（なければ σ_d）に対する対称性をもとに 1 か 2 の添字をつける. たとえば, 表 5・5 の C_{2v} 点群では主軸である C_2 の回転に対して対称であれば A, 反対称であれば B とし, 続いて $\sigma_v(xz)$ に対する対称性をもとに 1 または 2 の添字をつける. 対称面が σ_h の場合には「′」（対称）または「″」（反対称）の添字を用いる. さらに, 対称心 i がある点群では, 反転操作に対する対称性をもとに g と u の添字が追加される（§5・2・1 参照）.

原子軌道の分類　指標表の注釈には既約表現を満足する軌道関数, ベクトル, 回転に関する情報が書かれている. C_{2v} 点群（表 5・5）では, p_z 軌道は z と書かれた A_1 表現に, p_x 軌道は x と書かれた B_1 表現に, p_y 軌道は y と書かれた B_2 表現にそれぞれ従って行動する. s 軌道は全対称なので, 常に A_1 表現である. したがって, 分子が帰属する点群を見つけ, 指標表をもとに原子軌道を分類できれば, 対称性の一致する軌道どうしを組合わせて分子軌道を構成することができる.

分子軌道の記号　§5・2 で説明した二原子分子はすべて σ と π の記号を用いて分子軌道を分類できた. CO_2 など一部の多原子分子についても同じ記号を使うことができる（§5・4・2 参照）[13]. これに対して, 多くの多原子分子については, 分子軌道が帰属する既約表現のマリケン記号を小文字に変えて, 軌道を表す記号とするのが一般的である. たとえば A_1 表現に帰属される分子軌道の記号は $1a_1, 2a_1, 3a_1^*$ などとなる. §5・2・1 で説明したように, 1〜3 の数字は同じ対称性の軌道を区別するための整理番号で, エネルギー準位の低い軌道から順に割り振られている. また "*" は, 反結合性軌道であることを表している.

13) 多原子分子であるエチレンやアセチレンについても, 二つの炭素原子を貫く主軸に対する回転対称をもとに σ 軌道と π 軌道が定義できる. またエチレンと同様, ベンゼンやブタジエンにも分子面に垂直な複数の p 軌道から構成された軌道があり, π 軌道とよばれている. さらに, 多原子分子中の特定の結合に着目して軌道の対称性を表現する際にも, σ と π の記号が使用される.

5・4 多原子分子の分子軌道

§5・3 の冒頭で述べたように, 原子数が 3 以上の多原子分子の分子軌道は, 構成原子の原子価軌道を分子の対称性をもとに分類し, それらを系統的に組合わせて構成する. 水分子（C_{2v} 対称）とアンモニア分子（C_{3v} 対称）を用いて, 以下に具体的に説明する.

5・4・1 対 称 適 合 軌 道

水（C_{2v} 対称）　まず水分子を構成する酸素と水素の原子価軌道を C_{2v} 点群の各既約表現に帰属する. 表 5・8 に結果を示す. 中心原子である酸素の各軌道は, C_{2v} 点群の指標表（表 5・5）の注釈をもとに A_1(2s, 2p$_z$), B_1(2p$_x$), B_2(2p$_y$) にそれぞれ帰属される. 一方, 2 個の水素原子は C_{2v} 点群の対称操作に対して等価な位置にあり互いに入れ替わる（図 5・9）. そのため, それらの 1s(H) 軌道である

表 5・8 水（C_{2v} 対称）の原子価軌道

既約表現	酸素原子	水素原子
A_1	2s, 2p$_z$	$\phi_1 = (1/\sqrt{2})(s_A + s_B)$
B_1	2p$_x$	
B_2	2p$_y$	$\phi_2 = (1/\sqrt{2})(s_A - s_B)$

s_A と s_B についても**対称適合線形結合**（SALC）により組合わせて，C_{2v} 対称に適合する**対称適合軌道** ϕ_1 および ϕ_2 に変換する必要がある．図5・10に示すように，1次の線形結合による2個の軌道の組合わせは足し算と引き算の2種類しかないので，ϕ_1 と ϕ_2 を先に作成し，続いてそれらの対称適合性を検証することにする[14]．

対称適合線形結合：symmetry-adapted linear combination（SALC）

対称適合軌道：symmetry-adapted orbital

14) 軌道 s_A と s_B が同位相と逆位相で出会う確率は等しいので ϕ_1 と ϕ_2 は同じ確率で発生する．

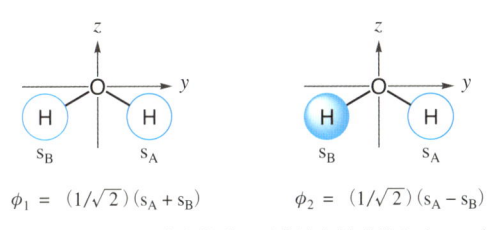

$$\phi_1 = (1/\sqrt{2})(s_A + s_B) \qquad \phi_2 = (1/\sqrt{2})(s_A - s_B)$$

図 5・10　水の 1s（H）軌道の対称適合線形結合（SALC）．

ϕ_1 に $E, C_2, \sigma_v(xz), \sigma_v'(yz)$ の対称操作を施すとそれぞれ次の変化が起こる．青字は各対称操作の表現行列（1行1列）で，数字の1は操作に対して対称であることを表している．1行1列の行列では数字がそのまま指標となり，表5・5の指標表との比較から，ϕ_1 が A_1 表現に帰属されることがわかる．

$$E : (\phi_1)(1) = (\phi_1) \qquad c_2 : (\phi_1)(1) = (\phi_1)$$
$$\sigma_v(xz) : (\phi_1)(1) = (\phi_1) \qquad \sigma_v'(yz) : (\phi_1)(1) = (\phi_1)$$

ϕ_2 についても同様の検討を行い，表5・5との比較から，ϕ_2 が B_2 表現に帰属されることがわかる．

$$E : (\phi_2)(1) = (\phi_2) \qquad c_2 : (\phi_2)(-1) = (-\phi_2)$$
$$\sigma_v(xz) : (\phi_2)(-1) = (\phi_2) \qquad \sigma_v'(yz) : (\phi_2)(1) = (\phi_2)$$

続いて，O の原子価軌道と，ϕ_1 および ϕ_2 を組合わせて分子軌道を構成する（図5・11）．水の二つの H 原子間には隔たりがあり，弱い軌道相互作用しか生

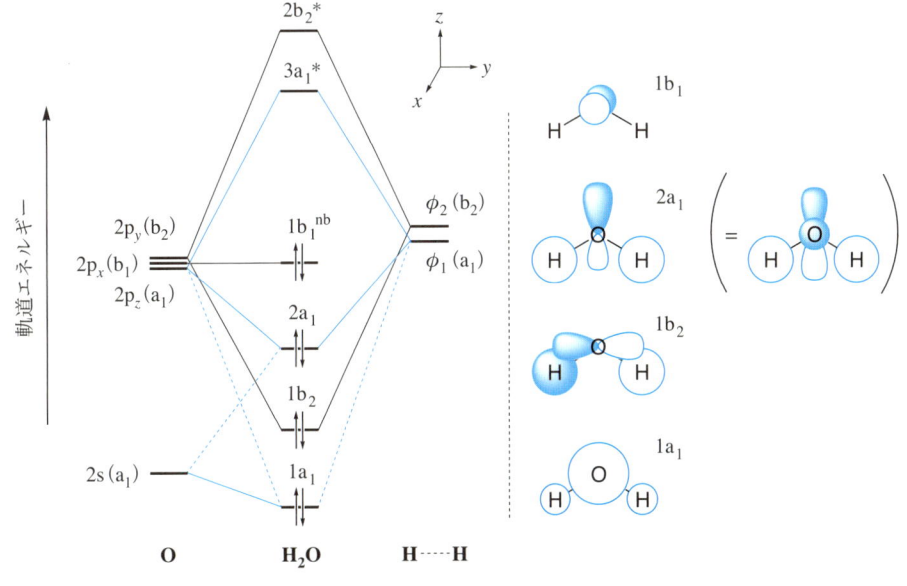

図 5・11　水の分子軌道．

じないので, ϕ_1 と ϕ_2 は 1s(H) 軌道と同程度のエネルギー準位 (–13.6 eV) にあると考えることができる. 表 5・8 から, ϕ_1 と対称性の一致する O の原子価軌道は 2s(O) と $2p_z$(O) である. これらのうち, 2s(O) は ϕ_1 に比べて大幅にエネルギー準位 (–32.4 eV) が低く, 結合性軌道 $1a_1$ は 2s(O) の寄与の大きなものとなる. $2a_1$ は ϕ_1 と $2p_z$(O) から生じる結合性軌道で, これと対をなす反結合性軌道は $3a_1^*$ である[15]. 一方, $1b_2$ と $2b_2^*$ は ϕ_2 と $2p_y$(O) から生じる結合性と反結合性の軌道で, 対称適合軌道のいずれとも対称性の異なる $2p_x$(O) は単独で非結合性軌道 $1b_1^{nb}$ になる.

O と 2 個の H の価電子数の合計は 8 なので, $1a_1$〜$1b_1^{nb}$ までの四つの軌道に 2 電子ずつが収容される. $1b_1^{nb}$ と $2a_1$ にある 4 電子が, ルイス構造 H–Ö–H にみられる孤立電子対に相当する. 原子価結合法ではルイス構造 H–Ö–H にみられる二組の孤立電子対を, sp^3 混成軌道を用いて互いに等価な関係として表現した. 分子軌道法による図 5・11 の描写はこれとは明らかに異なり, 互いに非等価である. 分子軌道法によるこの記述の妥当性は実験的に確認されている.

アンモニア (C_{3v} 対称)　表 5・9 に示すように, アンモニアを構成する窒素と酸素の原子価軌道は 2 種類の既約表現を用いて整理できる. まず C_{3v} 点群の指標表 (表 5・6) をもとに, 窒素原子の各軌道を A_1 表現 (2s, $2p_z$) と E 表現 ($2p_x$, $2p_y$) に帰属する. 続いて三つの 1s(H) 軌道からこれらの既約表現に適合する対称適合軌道を作成する. 解説 5・5 (章末) に示すように, 指標表を用いてこの作業を行うこともできるが, ここでは作図により対称適合軌道を組立ててみる.

表 5・9　アンモニア (C_{3v} 対称) の原子価軌道

既約表現	窒素原子	水素原子
A_1	2s, $2p_z$	$\phi_1 = (1/\sqrt{3})\,(s_A + s_B + s_C)$
E	$2p_x$	$\phi_2 = (1/\sqrt{6})\,(2s_A - s_B - s_C)$
	$2p_y$	$\phi_3 = (1/\sqrt{2})\,(s_B - s_C)$

図 5・12(a) のように, 図 5・8(a) の NH_3 分子を z 軸方向から眺め, x 軸方向の 1s(H) に s_A, それ以外に s_B と s_C の符号をつける. このとき N 原子は直交座標の原点にあり, 三つの H 原子は xy 平面の下方に位置している.

全対称の A_1 表現に帰属される対称適合軌道 ϕ_1 が, すべて同位相の軌道成分から構成されることは容易に理解できるであろう. すなわち, ϕ_1 の SALC は (5・13) 式のように表される ($1/\sqrt{3}$ は規格化定数).

$$\text{A_1 表現} \qquad \phi_1 = \frac{1}{\sqrt{3}}\,(s_A + s_B + s_C) \qquad (5\cdot13)$$

一方, N 原子の $2p_x$ 軌道と $2p_y$ 軌道の既約表現は E である. §5・3・2 で説明したように, 既約表現 E の表現行列の次数は 2 (2 行 2 列) である. 表現行列が 2 行 2 列であるということは, 点群を構成する各対称操作に対して 2 個の軌道 (この場合は $2p_x$ と $2p_y$) が一緒に行動することを意味している. このような 2 個の軌道は同じエネルギー準位にあり, 二重に縮退している.

既約表現 E に適合する対称適合軌道 ϕ_2 と ϕ_3 の構成を見つけるときは, 図 5・12(b) のように, 三つの 1s(H) 軌道を 3 本のベクトル $\vec{s_A}, \vec{s_B}, \vec{s_C}$ に置き換えて考えるとよい. 3 本のベクトルは C_{3v} 対称をもち, それぞれ 1s(H) 軌道の座標情報

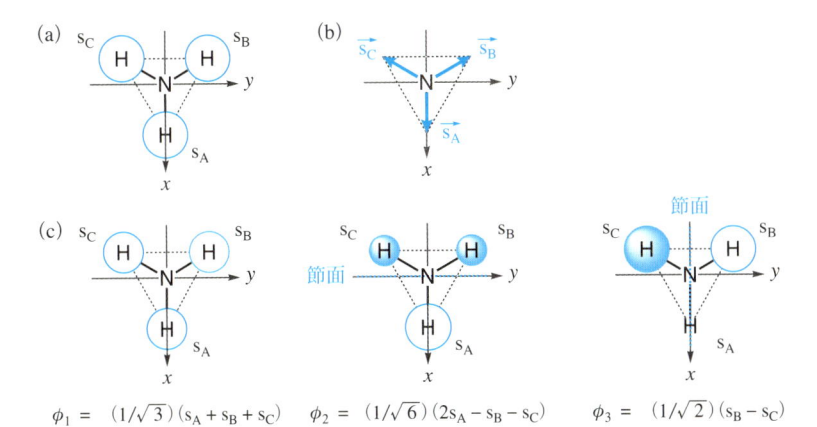

$$\phi_1 = (1/\sqrt{3})(s_A + s_B + s_C) \qquad \phi_2 = (1/\sqrt{6})(2s_A - s_B - s_C) \qquad \phi_3 = (1/\sqrt{2})(s_B - s_C)$$

図 5・12 (a) アンモニアの 1s(H) 軌道と (b) ベクトル表現. (c) 対称適合線形結合 (SALC).

を含んでいる. そのため, 各ベクトルの xy 平面への投影のうち, $2p_x(N)$ の配向と一致する x 成分の和が ϕ_2 の構成を, $2p_y(N)$ の配向と一致する y 成分の和が ϕ_3 の構成を表す.

まず ϕ_2 について考える. $\vec{s_A}$ の投影は x 軸上にある. 一方, $\vec{s_B}$ と $\vec{s_C}$ の投影は x 軸からそれぞれ 60°ずつ左右に傾き, 符号はともに負である. したがって, ベクトル $\vec{s_A}, \vec{s_B}, \vec{s_C}$ の x 成分の比は, 符号も含めて $(2):(-1):(-1)$ となり, ϕ_2 の SALC は (5・14)式のように表される ($1/\sqrt{6}$ は規格化定数). 続いて ϕ_3 について考える. $\vec{s_A}$ は y 軸方向に成分をもたないので 0 である. また, $\vec{s_B}$ と $\vec{s_C}$ の y 成分は大きさが同じで, 符号が逆である. したがって, ϕ_3 の SALC は (5・15)式のように表される ($1/\sqrt{2}$ は規格化定数).

$$\text{E 表現}
\begin{cases}
x \text{軸方向} & \phi_2 = \dfrac{1}{\sqrt{6}}(2s_A - s_B - s_C) & (5 \cdot 14) \\[2ex]
y \text{軸方向} & \phi_3 = \dfrac{1}{\sqrt{2}}(s_B - s_C) & (5 \cdot 15)
\end{cases}$$

以上の結果をもとに $\phi_1 \sim \phi_3$ を図示すると図 5・12(c) のようになる. ϕ_2 と ϕ_3 には x 軸と y 軸をそれぞれ含み, 紙面に垂直な節面がある.

続いて, N の原子価軌道と $\phi_1 \sim \phi_3$ とを組合わせて分子軌道を構成する (図 5・13). まず E 表現に帰属される $2p_x(N)$ と $2p_y(N)$ が, 対称性の一致する ϕ_2 および ϕ_3 と軌道相互作用を起こし, それぞれ二重に縮退した 1e と 2e* を生じる. 一方, A_1 表現に帰属される原子価軌道は $2s(N)$ と $2p_z(N)$, 対称適合軌道の ϕ_1 であり, これらの三つの軌道から三つの分子軌道 $1a_1, 2a_1, 3a_1*$ が生じる. §5・2・2 で述べたように, 三つの原子軌道を組合わせるときは, 最も安定な軌道 ($1a_1$) はすべてが結合性 (同位相) となり, 逆に最も不安定な軌道 ($3a_1*$) はすべてが反結合性 (逆位相) となる. すなわち $1a_1$ は, 図の右下の構成となる.

中間のエネルギー準位にある $2a_1$ では, 対称適合軌道 ϕ_1 に対して上位にある $2p_z(N)$ が結合性 (同位相), 下位にある $2s(N)$ が反結合性 (逆位相) の軌道相互作用を起こす. 図の右上のカッコ内に示すように, この場合, 同位相の青色の軌道間で強め合い, 逆位相の青色と白色の軌道間で弱め合うので, $2a_1$ は N の上方に張り出した軌道になる. N 原子と 3 個の H 原子の価電子数の合計は 8 なので,

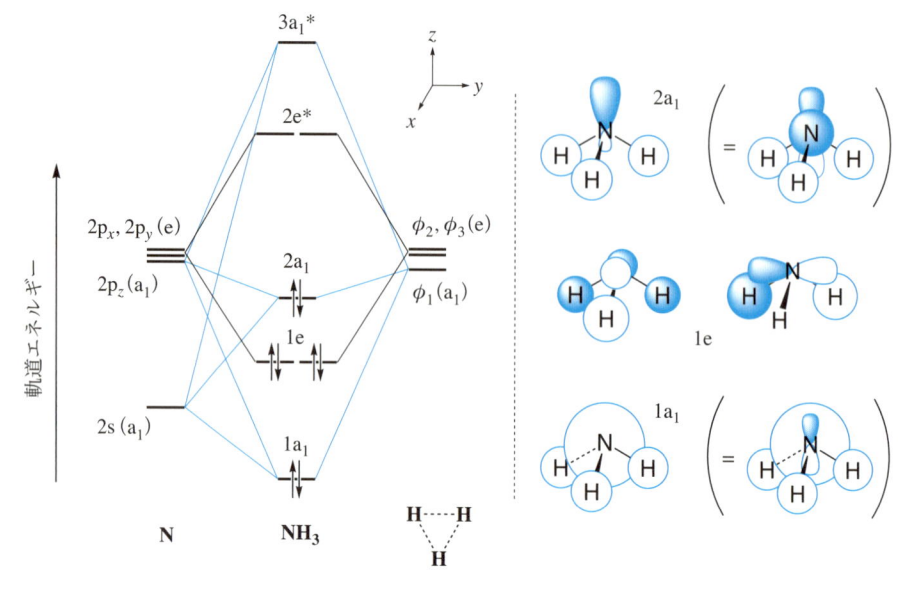

図 5・13 アンモニアの分子軌道.

$1a_1 \sim 2a_1$ までの四つの軌道に 2 電子ずつが収容される. この場合, $2a_1$ 軌道に収容される 2 電子が N 上の孤立電子対に相当する.

5・4・2 多原子分子の π 軌道

不飽和化合物の性質は π 軌道の存在によるところが大きく, その構成を知ることは重要である. π 軌道は, 分子骨格をつくる σ 軌道と配向が異なるので, 少ない数の原子価軌道から比較的容易に組立てることができる. 二酸化炭素 (CO_2) と三フッ化ホウ素 (BF_3) を例として以下に解説する.

二酸化炭素 ($D_{\infty h}$ 対称) 図 5・14 に, 二酸化炭素の π 軌道の構成と軌道相関図を示す. CO_2 は $D_{\infty h}$ という点群に帰属されるが, その指標表は難解である. 幸い直線形をもつこの分子の軌道は, 二原子分子の場合と同様, σ と π の記号を用いて整理することができる.

図右の (i) に示すように, 分子軌道を構成するときはまず, 2 個の O 原子の

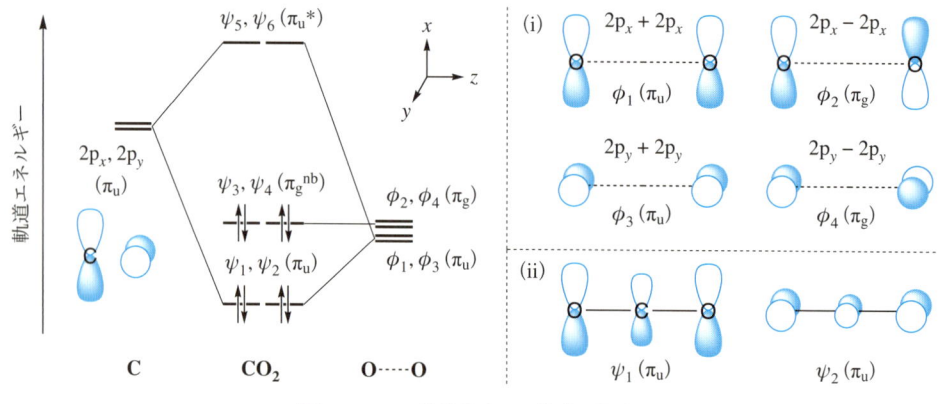

図 5・14 二酸化炭素の π 軌道の構成.

$2p_x$ 軌道の SALC により同位相の $\phi_1(\pi_u)$ と逆位相の $\phi_2(\pi_g)$ を構成する．また同様に，2 個の O 原子の $2p_y$ 軌道から同位相の $\phi_3(\pi_u)$ と逆位相の $\phi_4(\pi_g)$ を構成する．同位相の $\phi_1(\pi_u)$ と $\phi_3(\pi_u)$ は C 原子の $2p_x$ および $2p_y$ 軌道とそれぞれ対称性が一致するので，結合性相互作用により $\psi_1(\pi_u)$ と $\psi_2(\pi_u)$ が，反結合性相互作用により $\psi_5(\pi_u{}^*)$ と $\psi_6(\pi_u)$ がそれぞれ生じる．一方，対称性の合わない $\phi_2(\pi_g)$ と $\phi_4(\pi_g)$ は非結合性の $\psi_3(\pi_g{}^{nb})$ と $\psi_4(\pi_g{}^{nb})$ になる．

　これらの π 対称性軌道に 8 電子が収容される．$\psi_1(\pi_u)$ と $\psi_2(\pi_u)$ に収容される 4 電子により O−C−O 間に 2 本の π 結合が形成される．$\psi_1(\pi_u)$ と $\psi_2(\pi_u)$ はいずれも 3 原子に分布しているので，π 電子は非局在化した状態となる．一方，$\psi_3(\pi_g{}^{nb})$ と $\psi_4(\pi_g{}^{nb})$ に収容される 4 電子は O 原子に局在化して孤立電子対となる．

三フッ化ホウ素（D_{3h} 対称）　図 5・15 に，三フッ化ホウ素の π 軌道の構成と軌道相関図を示す．アンモニアの場合と同様の手順で，D_{3h} 対称に配列した三つの $2p_z(F)$ 軌道から，図右の (i) に示す三つの対称適合軌道 $\phi_1 \sim \phi_3$ を構成することができる[16]．ϕ_1 は (5・13)式と同じく $2p_z(F)$ 軌道がすべて同位相で線形結合した軌道で，主軸（c_3）の回転に対して対称（A），主軸と直交する c_2 軸の回転に対して反対称（2）なので，軌道を表す記号は $a_2{}''$ となる．ここで「″」は，分子面を含む鏡面 σ_h に対して反対称であることを表している［図 5・8 (b) 参照］．一方，ϕ_2 と ϕ_3 は二重に縮退した軌道（e''）で，三つの $2p_z(F)$ 軌道の構成比は（5・14)式および（5・15)式とそれぞれ同じである．

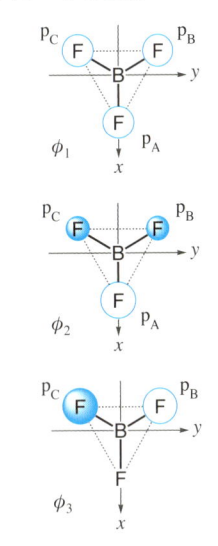

16）図 5・15(i) の $\phi_1 \sim \phi_3$ を z 軸方向から眺めると，図 5・12(c) と等価なイメージになる．

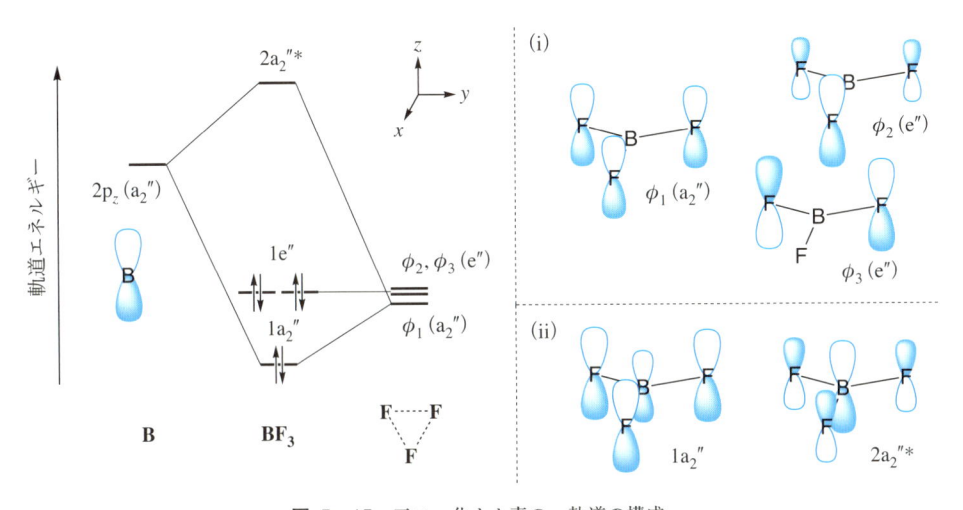

図 5・15　三フッ化ホウ素の π 軌道の構成．

　図 5・15 の左の軌道相関図のように，ϕ_1 はホウ素の $2p_z$ 軌道と対称性が一致するので，軌道相互作用により結合性軌道 $1a_2{}''$ と反結合性軌道 $2a_2{}''{}^*$ を生じる．一方，ϕ_2 と ϕ_3 は非結合性の $1e''$ 軌道となる．ホウ素がもつ 3 個の価電子は B−F 間の σ 結合電子として使われているので，これらの π 型分子軌道に収容される電子は F 原子がもつ価電子のうちの 6 電子であり，$1a_2{}''$ と $1e''$ の三つの軌道に 2 電子ずつが入る．3 本の B−F 結合上に存在する π 電子は 2 個だけで，それらが分子全体に非局在化していることになる．この状況は共鳴構造を用いた BF_3 の結合様式［図 4・1(d)］と一致する．

5・4・3　三中心二電子結合と三中心四電子結合

　分子軌道法は，ルイス構造式では表現の難しい電子不足化合物や超原子価化合物の結合様式の理解に高い有用性を発揮する.

　ジボラン（D_{2h} 対称）　図 5・16 に，二つの BH_2 化学種と二つの H 原子との軌道相互作用によって，ジボラン（B_2H_6）中央の四員環が形成される様子を示す. BH_2 種には，B⋯B 軸に沿って配向する $2p_z$ 軌道（2s 軌道の混入を含む）と，軸に垂直な $2p_x$ 軌道があり，それぞれの組合わせにより ϕ_1 と ϕ_2 が生じる[17]. これに対して ϕ_3 と ϕ_4 は，二つの 1s(H) 軌道が同位相と逆位相で組合わされた対称適合軌道である.

17) 図 5・11 に示した水の O 原子を B 原子に置き換えると BH_2 種の成り立ちがわかる. $2a_1$ が $2p_z$ に，$1b_1$ が $2p_x$ にそれぞれ相当する.

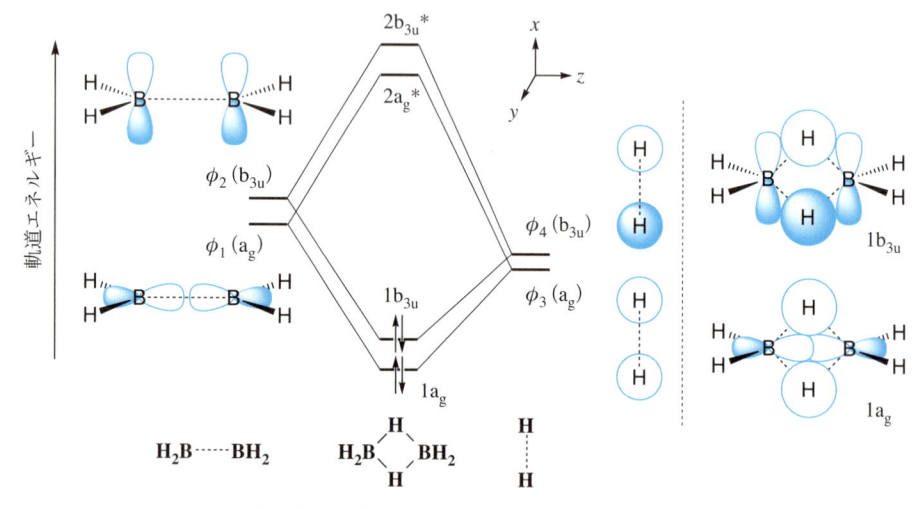

図 5・16　分子軌道法による三中心二電子結合の理解.

　同じ対称性をもつ ϕ_1 と ϕ_3 から結合性軌道 $1a_g$ と反結合性軌道 $2a_g{}^*$ が，ϕ_2 と ϕ_4 から結合性軌道 $1b_{3u}$ と反結合性軌道 $2b_{3u}{}^*$ がそれぞれ生じる. これらの分子軌道に収容される電子は，$H_2B\cdot$（2 個）と $H\cdot$（2 個）からの合計 4 電子である. すなわち，2 個の B と 2 個の H から構成される四員環の各原子を結びつけている電子は 4 電子で，各 B–H–B あたりでは 2 電子となる. このように，3 原子が 2 電子で結びついた結合を**三中心二電子結合（3c-2e）**という. この結合は，通常の共有結合である二中心二電子結合に比べて結合電子数が少なく，弱い結合である. 実際，B–H 距離は 131 pm で，末端の B–H 結合（119 pm）に比べて明らかに長い.

　PH_5（D_{3h} 対称）　PCl_5 に代表される超原子価化合物もルイス構造式では記述しにくい分子で，P とアピカル位の二つの Cl との結合を表現するには，イオン結合の寄与を考える必要があった（§4・2・5 参照）. 3p 軌道をもつ Cl 原子では分子軌道が複雑となるので，ここでは Cl を H に置換して単純化したモデル化合物（PH_5）を用いてアピカル方向の分子軌道の成り立ちを説明する.

　図 5・17 に，PH_3 種とアピカル位にある 2 個の H 原子との軌道相互作用の様子を示す. PH_3 種は平面三角形構造を，PH_5 分子全体としては D_{3h} 対称をもつものとする. 二つの 1s(H) からつくられる対称適合軌道は同位相の ϕ_1 と逆位相の ϕ_2 である. 逆位相の ϕ_2 は $3p_z(P)$ と対称性が一致するので，軌道相互作用によ

三中心二電子結合：three-center two-electron bond（3c-2e）

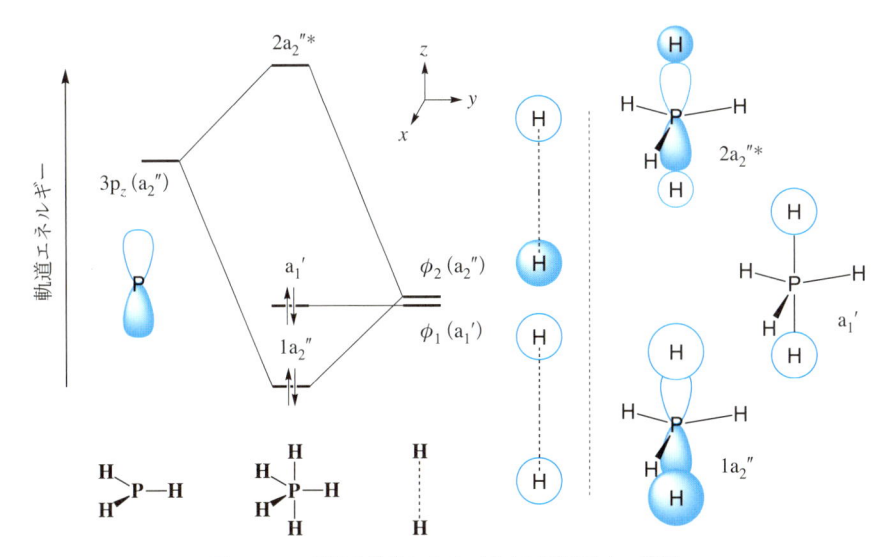

図 5・17　分子軌道法による三中心四電子結合の理解.

り結合性軌道 $1a_2''$ と反結合性軌道 $2a_2''*$ がそれぞれ形成される. 一方, 同位相の ϕ_1 は非結合性軌道 a_1' となる.

　これらの分子軌道に収容される電子は $H_3P:$ の 2 電子 (孤立電子対) と 2 個の $H \cdot$ からの合計 4 電子で, $1a_2''$ と a_1' に 2 電子ずつが入る. このように 3 原子に対して 4 電子が関与する結合を**三中心四電子結合 (3c-4e)** という. H−P−H 間の共有結合に関与する電子は $1a_2''$ 軌道にある 2 電子だけなので, 三中心二電子結合の場合と同様に電子不足の結合である. 他方で, a_1' 軌道の 2 電子が H 原子に局在化するので, $H^{\delta-}-P^{\delta+}-H^{\delta-}$ 型の分極構造の寄与が生じ, H−P 間に静電引力 (イオン結合性) が働く. 以上の結合様式は, 共鳴構造を用いた (4・15) 式の記述内容と一致している (§4・2・5).

三中心四電子結合: three-center four-electron bond (3c-4e)

章 末 問 題

問題 5・1　ヘリウム分子 (He_2) が存在しない理由を述べよ.

問題 5・2　次の化学種の結合次数を答えよ.
(a) C_2^{2-}, (b) N_2^+, (c) O_2^+, (d) O_2^-, (e) O_2^{2-}, (f) NO

問題 5・3　ルイス構造式と VSEPR モデルを用いて次の分子の幾何構造を推定し, 分子が帰属する点群を答えよ.
(a) $POBr_3$, (b) PBr_5, (c) SF_6, (d) SH_2, (e) $CHCl_3$

問題 5・4　BeH_2 分子について以下の問に答えよ.
(a) 分子の幾何構造を答えよ.
(b) 式を用いて, 二つの $1s(H)$ 軌道 (s_A, s_B) から生じる対称適合軌道 (ϕ_1, ϕ_2) の構成 (対称適合線形結合) を示せ.
(c) 軌道相関図を書け. ただし, $2p(Be)$ の軌道エネルギーは −6.08 eV とせよ.

問題 5・5　BH_3 分子について以下の問に答えよ.
(a) 分子の幾何構造と帰属する点群を答えよ.
(b) 式を用いて, 三つの $1s(H)$ 軌道 (s_A, s_B, s_C) から生じる対称適合軌道 (ϕ_1, ϕ_2, ϕ_3) の構成 (対称適合線形結合) を示せ.
(c) 軌道相関図を書け.

📖 解説 5・1　対称操作の掛け算 📖

　図 5・9 の水分子には，$C_2, \sigma_v(xz), \sigma_v'(yz)$ に恒等操作 E を加えた，計 4 種類の対称操作がある．表 5A に示すように，これら操作から二つを選び，II × I のように掛け合わせると，いずれか一つの操作を単独で行った結果と必ず一致する．ここで II × I は，分子に対して上欄の操作 I を作用させ，続いて左欄の操作 II を作用させることを意味している．

　たとえば，図 5A のように，任意の座標 $(+x, +y, +z)$ にある A に C_2 対称操作を行うと B $(-x, -y, +z)$ に重なり，続いて $\sigma_v'(yz)$ を行うと C $(+x, -y, +z)$ に重なる．C の座標は A に $\sigma_v(xz)$ の対称操作を行った結果と一致

し，$\sigma_v'(yz) \times C_2 = \sigma_v(xz)$ の関係が確認される．このように，$E, C_2, \sigma_v(xz), \sigma_v'(yz)$ の四つの対称操作は"閉じた集合"を成し，一つの群（グループ）をつくっている[注]．対称操作がつくる群は不動点（水の O やアンモニアの N の位置）をもつので，**点群**とよばれている．

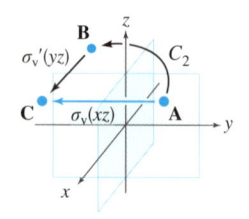

図 5A　対称操作の掛け算．　$\sigma_v'(yz) \times C_2 = \sigma_v(xz)$.

注) 群をなす**元**（element，ここでは対称操作）の集合には以下の性質がある．(a) 単位元：$A \cdot E = E \cdot A = E$ を満足する単位元が存在する．恒等操作 E がこれにあたる．(b) 結合則：$A \cdot (B \cdot C) = (A \cdot B) \cdot C$ が成り立つ．(c) 逆元：$A \cdot A^{-1} = A^{-1} \cdot A = E$ が成立する．A^{-1} を A の逆元という．たとえば，反時計回りの C_2 に対して，時計回りの C_2（すなわち C_2^{-1}）が逆元である．

表 5A　C_{2v} 点群の対称操作の掛算表

II ＼ I	E	C_2	$\sigma_v(xz)$	$\sigma_v'(yz)$
E	E	C_2	$\sigma_v(xz)$	$\sigma_v'(yz)$
C_2	C_2	E	$\sigma_v'(yz)$	$\sigma_v(xz)$
$\sigma_v(xz)$	$\sigma_v(xz)$	$\sigma_v'(yz)$	E	C_2
$\sigma_v'(yz)$	$\sigma_v'(yz)$	$\sigma_v(xz)$	C_2	E

📖 解説 5・2　点群の探し方 📖

　分子が帰属する点群を見つけるときは分子の幾何構造を書き，下の図 5B のフローチャートに従って対称要素の有無を確認していく．たとえば，水，アンモニア，三

フッ化ホウ素，四フッ化キセノンについて点群を探すと，表 5B のようになる．

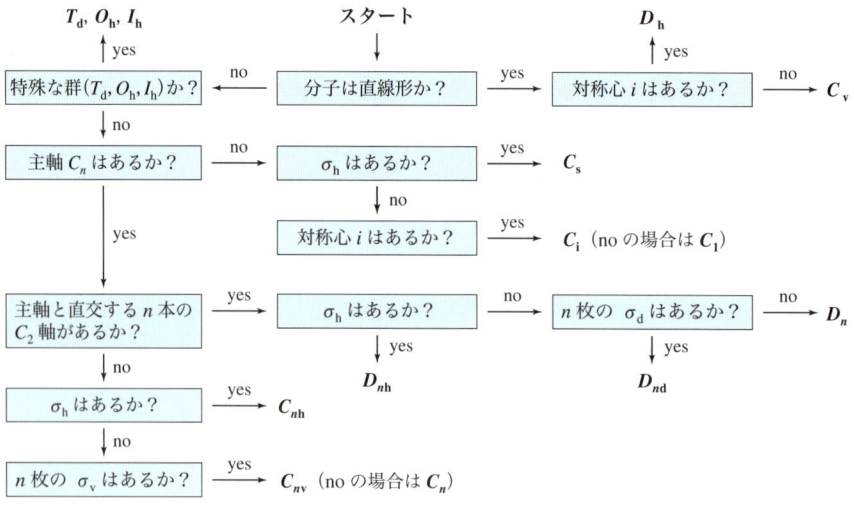

図 5B　分子を点群に帰属する際の手順．

📖 解説 5・3　対称操作の類 📖

　点群に属する元 A と B について，その点群に属する任意の元 X とその逆元 X^{-1} を用いて $X^{-1}AX = B$ の関係が成り立つとき，A と B は**共役**（conjugate）であるという．互いに共役な関係にある元（対称操作）の集合（部分群）を**類**（class）とよび，$2C_3$ や $3\sigma_v$ のように指標表にまとめて記載する．

　表 5C にアンモニア分子が属する C_{3v} 点群の対称操作について類を求めた結果を示す．計算は表 5D に示す C_{3v} 点群の対称操作の掛算表を用いて行う．その一部を示すと，

$$C_3^{-1} \times \sigma_v(1) \times C_3 = C_3^2 \times \sigma_v(1) \times C_3 = C_3^2 \times \sigma_v(2) = \sigma_v(3)$$
$$C_3^{-1} \times \sigma_v(2) \times C_3 = C_3^2 \times \sigma_v(2) \times C_3 = C_3^2 \times \sigma_v(3) = \sigma_v(1)$$
$$C_3^{-1} \times \sigma_v(3) \times C_3 = C_3^2 \times \sigma_v(3) \times C_3 = C_3^2 \times \sigma_v(1) = \sigma_v(2)$$

となる．なお掛け算（II×I）では，上欄の操作 I を先に，左欄の操作 II を後から行う．

　表 5C から，C_{3v} 点群の対称操作が，$[E]$，$[C_3, C_3^2]$，$[\sigma_v(1), \sigma_v(2), \sigma_v(3)]$ の三つの類に分類されることがわかる．

表 5C　C_{3v} 点群の対称操作の類

X	$X^{-1}EX$	$X^{-1}C_3X$	$X^{-1}C_3^2X$	$X^{-1}\sigma_v(1)X$	$X^{-1}\sigma_v(2)X$	$X^{-1}\sigma_v(3)X$
E	E	C_3	C_3^2	$\sigma_v(1)$	$\sigma_v(2)$	$\sigma_v(3)$
C_3	E	C_3	C_3^2	$\sigma_v(3)$	$\sigma_v(1)$	$\sigma_v(2)$
C_3^2	E	C_3	C_3^2	$\sigma_v(2)$	$\sigma_v(3)$	$\sigma_v(1)$
$\sigma_v(1)$	E	C_3^2	C_3	$\sigma_v(1)$	$\sigma_v(3)$	$\sigma_v(2)$
$\sigma_v(2)$	E	C_3^2	C_3	$\sigma_v(3)$	$\sigma_v(2)$	$\sigma_v(1)$
$\sigma_v(3)$	E	C_3^2	C_3	$\sigma_v(2)$	$\sigma_v(1)$	$\sigma_v(3)$
	類 I	類 II		類 III		

表 5D　C_{3v} 点群の対称操作の掛算表（II×I）

II＼I	E	C_3	C_3^2	$\sigma_v(1)$	$\sigma_v(2)$	$\sigma_v(3)$
E	E	C_3	C_3^2	$\sigma_v(1)$	$\sigma_v(2)$	$\sigma_v(3)$
C_3	C_3	C_3^2	E	$\sigma_v(3)$	$\sigma_v(1)$	$\sigma_v(2)$
C_3^2	C_3^2	E	C_3	$\sigma_v(2)$	$\sigma_v(3)$	$\sigma_v(1)$
$\sigma_v(1)$	$\sigma_v(1)$	$\sigma_v(2)$	$\sigma_v(3)$	E	C_3	C_3^2
$\sigma_v(2)$	$\sigma_v(2)$	$\sigma_v(3)$	$\sigma_v(1)$	C_3^2	E	C_3
$\sigma_v(3)$	$\sigma_v(3)$	$\sigma_v(1)$	$\sigma_v(2)$	C_3	C_3^2	E

表 5B　点群の探し方の例

水（H_2O）	
分子は直線形か？	no
特殊な群（T_d, O_h, I_h）か？	no
主軸 C_n はあるか？	yes：C_2
主軸と直交する C_2 が n 本あるか？	no
σ_h はあるか？	no
n 枚の σ_v はあるか？	yes
点　群	C_{2v}

アンモニア（NH_3）	
分子は直線形か？	no
特殊な群（T_d, O_h, I_h）か？	no
主軸 C_n はあるか？	yes：C_3
主軸と直交する C_2 が n 本あるか？	no
σ_h はあるか？	no
n 枚の σ_v はあるか？	yes
点　群	C_{3v}

三フッ化ホウ素（BF_3）	
分子は直線形か？	no
特殊な群（T_d, O_h, I_h）か？	no
主軸 C_n はあるか？	yes：C_3
主軸と直交する C_2 が n 本あるか？	yes
σ_h はあるか？	yes
点　群	D_{3h}

四フッ化キセノン（XeF_4）	
分子は直線形か？	no
特殊な群（T_d, O_h, I_h）か？	no
主軸 C_n はあるか？	yes：C_4
主軸と直交する C_2 が n 本あるか？	yes
σ_h はあるか？	yes
点　群	D_{4h}

📖 解説 5・4　対称操作と表現行列　📖

対称操作は n 次の正方行列（n 行 n 列）を用いて表される．これを表現行列という．指標表は，対称操作の結果を，表現行列の指標（行列の左上隅から右下隅までの対角成分の和）を用いて，点群ごとにまとめたものである．以下に C_{2v} 対称をもつ SO_2 分子を用いて具体的に説明する．

図5C に示すように，SO_2 を yz 平面上におき，硫黄の四つの原子価軌道（3s, 3p$_x$, 3p$_y$, 3p$_z$）が C_{2v} 点群の各対称操作 $[E, C_2, \sigma_v(xz), \sigma_v{}'(yz)]$ によりどのように変化するかを調べる．

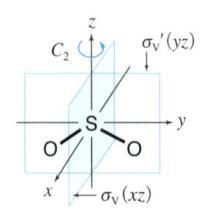

図5C　SO_2 の対称要素．

表5E に結果を示す．たとえば，C_2 操作を施すと 3s と 3p$_z$ はそのままであるが，3p$_x$ と 3p$_y$ は位相が反転し，それぞれ $-3p_x$ と $-3p_y$ に変化する．各対称操作の結果の式は，4 行 4 列の表現行列に変換される．表現行列の各行の数字に s, p$_x$, p$_y$, p$_z$ を掛けて足し合わせると，対称操作の結果と一致することがわかる．

これらの表現行列は対角成分以外がすべて 0 なので，ただちに 1 行 1 列の行列に簡約化される．たとえば，3p$_x$ 軌道に $E, C_2, \sigma_v(xz), \sigma_v{}'(yz)$ の対称操作をそれぞれ施したときの結果は 1 次の行列（青字）を用いて次のように表される．これらは 3p$_x$ 軌道を"基底"としたときの"簡約化された表現行列"の組合わせである．

$$
\begin{aligned}
E &: (p_x)\,(1) = (p_x) \\
C_2 &: (p_x)\,(-1) = (-p_x) \\
\sigma_v(xz) &: (p_x)\,(1) = (p_x) \\
\sigma_v{}'(yz) &: (p_x)\,(-1) = (-p_x)
\end{aligned}
$$

同様に 3p$_y$ 軌道を基底としたときの簡約化された表現行列の組合わせは次のようになる．

$$
\begin{aligned}
E &: (p_y)\,(1) = (p_y) \\
C_2 &: (p_y)\,(-1) = (-p_y) \\
\sigma_v(xz) &: (p_y)\,(-1) = (-p_y) \\
\sigma_v{}'(yz) &: (p_y)\,(1) = (p_y)
\end{aligned}
$$

一方，3s 軌道と 3p$_z$ 軌道を基底とする対称操作の表現行列はすべて (1) なので，C_{2v} 点群のいずれの対称操作を施しても軌道は変化しない．

1 行 1 列の行列では括弧内の数字がそのまま指標となるので，これらをまとめると表5E のようになる．各行に書かれた 1 と -1 の組合わせは，硫黄の 3s, 3p$_x$, 3p$_y$,

表5E　C_{2v} 点群の各対称操作による硫黄の原子価軌道の変化

対称操作の結果	表現行列
$E(s) = (1)(s) + (0)(p_x) + (0)(p_y) + (0)(p_z)$ $E(p_x) = (0)(s) + (1)(p_x) + (0)(p_y) + (0)(p_z)$ $E(p_y) = (0)(s) + (0)(p_x) + (1)(p_y) + (0)(p_z)$ $E(p_z) = (0)(s) + (0)(p_x) + (0)(p_y) + (1)(p_z)$	$\begin{pmatrix} 1 & 0 & 0 & 0 \\ 0 & 1 & 0 & 0 \\ 0 & 0 & 1 & 0 \\ 0 & 0 & 0 & 1 \end{pmatrix} \begin{bmatrix} s \\ p_x \\ p_y \\ p_z \end{bmatrix}$
$C_2(s) = (1)(s) + (0)(p_x) + (0)(p_y) + (0)(p_z)$ $C_2(p_x) = (0)(s) + (-1)(p_x) + (0)(p_y) + (0)(p_z)$ $C_2(p_y) = (0)(s) + (0)(p_x) + (-1)(p_y) + (0)(p_z)$ $C_2(p_z) = (0)(s) + (0)(p_x) + (0)(p_y) + (1)(p_z)$	$\begin{pmatrix} 1 & 0 & 0 & 0 \\ 0 & -1 & 0 & 0 \\ 0 & 0 & -1 & 0 \\ 0 & 0 & 0 & 1 \end{pmatrix} \begin{bmatrix} s \\ p_x \\ p_y \\ p_z \end{bmatrix}$
$\sigma_v(xz)(s) = (1)(s) + (0)(p_x) + (0)(p_y) + (0)(p_z)$ $\sigma_v(xz)(p_x) = (0)(s) + (1)(p_x) + (0)(p_y) + (0)(p_z)$ $\sigma_v(xz)(p_y) = (0)(s) + (0)(p_x) + (-1)(p_y) + (0)(p_z)$ $\sigma_v(xz)(p_z) = (0)(s) + (0)(p_x) + (0)(p_y) + (1)(p_z)$	$\begin{pmatrix} 1 & 0 & 0 & 0 \\ 0 & 1 & 0 & 0 \\ 0 & 0 & -1 & 0 \\ 0 & 0 & 0 & 1 \end{pmatrix} \begin{bmatrix} s \\ p_x \\ p_y \\ p_z \end{bmatrix}$
$\sigma_v{}'(yz)(s) = (1)(s) + (0)(p_x) + (0)(p_y) + (0)(p_z)$ $\sigma_v{}'(yz)(p_x) = (0)(s) + (-1)(p_x) + (0)(p_y) + (0)(p_z)$ $\sigma_v{}'(yz)(p_y) = (0)(s) + (0)(p_x) + (1)(p_y) + (0)(p_z)$ $\sigma_v{}'(yz)(p_z) = (0)(s) + (0)(p_x) + (0)(p_y) + (1)(p_z)$	$\begin{pmatrix} 1 & 0 & 0 & 0 \\ 0 & -1 & 0 & 0 \\ 0 & 0 & 1 & 0 \\ 0 & 0 & 0 & 1 \end{pmatrix} \begin{bmatrix} s \\ p_x \\ p_y \\ p_z \end{bmatrix}$

3p$_z$ 軌道をそれぞれ基底として作成した"簡約化された表現行列の指標"の組合わせで，C_{2v} 点群の既約表現（$\Gamma_1 \sim \Gamma_3$）とよばれる．ここで，3s と 3p$_z$ に対する既約表現はともに Γ_1 である．

　以上の説明では硫黄の四つの原子価軌道を用いて 4 行 4 列の表現行列を作成し，これを簡約化して既約表現に導いた．しかし簡約化の結果からわかるように，個々の軌道を基底とした場合にも同じ 1 行 1 列の表現行列の組合わせが得られる．このように，対称操作の過程で互いに混じり合わない基底を選択できれば，より簡便に既約表現を求めることができる．

　さて，表 5F を C_{2v} 点群の指標表である表 5・5 と比較すると，既約表現 $\Gamma_1, \Gamma_2, \Gamma_3$ がマリケン記号を用いた A_1, B_1, B_2 表現とそれぞれ一致していることがわかる．残る A_2 表現は，二つの酸素原子の 2p$_x$ 軌道（p$_A$, p$_B$）を組合わせた対称適合軌道を利用して求めることができる．p$_A$ と p$_B$ の 1 次の線形結合（足し算と引き算）から得られる対称適合軌道は，次の ϕ_1 と ϕ_2 である（$N = 1/\sqrt{2}$）．これらの図が z 軸方向からの描写，すなわち分子を真上から眺めたときの軌道の様子であることに注意してほしい．

$$\phi_1 = N\,(\mathrm{p_A} + \mathrm{p_B}) \qquad \phi_2 = N\,(\mathrm{p_A} - \mathrm{p_B})$$

　表 5G に，対称適合軌道の指標と既約表現を示す．ϕ_1 に $E, C_2, \sigma_v(xz), \sigma_v{}'(yz)$ の各操作を施すと次の変化が起こる．この指標の組合わせは，表 5・5 の B_1 表現と一致し，ϕ_1 が硫黄の 2p$_x$ 軌道と同じ対称性をもつことがわかる．

$$E : (\phi_1)\,(1) = (\phi_1)$$
$$C_2 : (\phi_1)\,(-1) = (\phi_1)$$
$$\sigma_v(xz) : (\phi_1)\,(1) = (-\phi_1)$$
$$\sigma_v{}'(yz) : (\phi_1)\,(-1) = (-\phi_1)$$

一方，ϕ_2 に $E, C_2, \sigma_v(xz), \sigma_v{}'(yz)$ の各操作を施すと次の変化が起こり，表 5・5 の A_2 表現の指標の組合わせと一致する．

$$E : (\phi_2)\,(1) = (\phi_2)$$
$$C_2 : (\phi_2)\,(1) = (\phi_2)$$
$$\sigma_v(xz) : (\phi_2)\,(-1) = (-\phi_2)$$
$$\sigma_v{}'(yz) : (\phi_2)\,(-1) = (-\phi_2)$$

　ϕ_1 は対称性の一致する硫黄の 2p$_x$ 軌道と相互作用を起こして π 軌道（b$_1$）と π^* 軌道（b$_1{}^*$）を生じる．これに対して，ϕ_2 は硫黄原子に対称性の一致する軌道をもたないので，非結合性軌道（a$_2$）となる．

　実際の分子では b$_1$ と a$_2$ が被占軌道，b$_1{}^*$ が空軌道となる．ルイス構造との対比では，b$_1$ が π 結合，a$_2$ が孤立電子対の一部に相当する．この分子には π 結合の形成に関わる電子が 2 個しかなく，単結合と二重結合が平均化された共鳴構造による描写と一致する．

表 5F　C_{2v} 点群の各対称操作による硫黄の原子価軌道の変化の指標と既約表現

基底	E	C_2	$\sigma_v(xz)$	$\sigma_v{}'(yz)$	既約表現	マリケン記号
3s	1	1	1	1	Γ_1	A_1
3p$_x$	1	−1	1	−1	Γ_2	B_1
3p$_y$	1	−1	−1	1	Γ_3	B_2
3p$_z$	1	1	1	1	Γ_1	A_1

表 5G　SO_2 の二つの酸素原子の 2p$_x$ 軌道から生じる対称適合軌道の既約表現

基底	E	C_2	$\sigma_v(xz)$	$\sigma_v{}'(yz)$	既約表現	マリケン記号
$\phi_1 = N(\mathrm{p_A} + \mathrm{p_B})$	1	−1	1	−1	Γ_2	B_1
$\phi_2 = N(\mathrm{p_A} - \mathrm{p_B})$	1	1	−1	−1	Γ_4	A_2

📖 解説 5・5 対称適合線形結合の求め方 📖

C_{3v} 点群の指標表を用いてアンモニアの 1s(H) 軌道 (s_A, s_B, s_C) から対称適合線形結合 (SALC) を構成する際の手順を示す。ここで C_3 操作を反時計まわりとし、$N-H_A$, $N-H_B$, $N-H_C$ 結合軸を含む鏡面をそれぞれ $\sigma_v(1), \sigma_v(2), \sigma_v(3)$ とする (図 5D)。

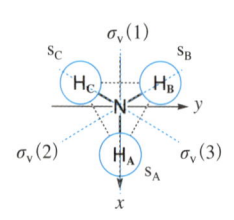

図 5D アンモニアの 1s(H) 軌道と鏡面。

手順1 SALC の基底となる s_A, s_B, s_C の各原子軌道に C_{3v} 点群の各対称操作をそれぞれ施し、結果を表にまとめる。

手順2 表の結果に、対象となる既約表現の各対称操作の指標を掛けて、行 (基底) ごとに足し合わせる。

手順3 足し合わせの結果を点群の位数 (対称操作の数、C_{3v} では 6) で割る。

次表に手順1の結果を示す。

基底	E	C_3	C_3^2	$\sigma_v(1)$	$\sigma_v(2)$	$\sigma_v(3)$
s_A	s_A	s_B	s_C	s_A	s_C	s_B
s_B	s_B	s_C	s_A	s_C	s_B	s_A
s_C	s_C	s_A	s_B	s_B	s_A	s_C

窒素原子の原子価軌道は A_1 表現と E 表現に帰属されるので (表 5・9)、これらに適合する SALC を求める。A_1 表現の指標はすべて 1 なので、各行の足し合わせの結果は、位数を含めていずれも次式になる。

$$基底 (s_A \sim s_C):(1/6)(2s_A + 2s_B + 2s_C) = (1/3)(s_A + s_B + s_C)$$

これを規格化すると次の対称適合軌道が得られる。

$$\phi_1 = (1/\sqrt{3})(s_A + s_B + s_C) \tag{1}$$

一方 E 表現について、各行 (各基底) の足し合わせの結果は (2)～(4) 式のようになる。

$$基底 (s_A):(1/6)(2s_A - s_B - s_C) \tag{2}$$
$$基底 (s_B):(1/6)(2s_B - s_A - s_C) \tag{3}$$
$$基底 (s_C):(1/6)(2s_C - s_A - s_B) \tag{4}$$

(2)式と (3)式を足して −1 を掛けると (4)式が得られる。同様に (3)式と (4)式から (2)式が、(2)式と (4)式から (3)式が得られるので、(2)～(4)式は独立した SALC ではない。そこで (3)式から (4)式を引き、(5)式としてまとめる。

$$基底 (s_B, s_C):(1/2)(s_B - s_C) \tag{5}$$

最後に (2)式と (5)式を規格化すると E 表現に帰属される次の二つの対称適合軌道が得られる。

$$\phi_2 = (1/\sqrt{6})(2s_A - s_B - s_C) \tag{6}$$
$$\phi_3 = (1/\sqrt{2})(s_B - s_C) \tag{7}$$

指 標 表

C_{2v} と C_{3v} は表 5・5 と表 5・6 に記載

C_1	E
A	1

C_s	E	σ_h		
A′	1	1	x, y, R_z	x^2, y^2, z^2, xy
A″	1	−1	z, R_x, R_y	xz, yz

D_{2h}	E	$C_2(z)$	$C_2(y)$	$C_2(x)$	i	$\sigma(xy)$	$\sigma(xz)$	$\sigma(yz)$		
A_g	1	1	1	1	1	1	1	1		x^2, y^2, z^2
B_{1g}	1	1	−1	−1	1	1	−1	−1	R_z	xy
B_{2g}	1	−1	1	−1	1	−1	1	−1	R_y	xz
B_{3g}	1	−1	−1	1	1	−1	−1	1	R_x	yz
A_u	1	1	1	1	−1	−1	−1	−1		
B_{1u}	1	1	−1	−1	−1	−1	1	1	z	
B_{2u}	1	−1	1	−1	−1	1	−1	1	y	
B_{3u}	1	−1	−1	1	−1	1	1	−1	x	

指標表（つづき）

D_{3h}	E	$2C_3$	$3C_2$	σ_h	$2S_3$	$3\sigma_v$		
A_1'	1	1	1	1	1	1		$x^2 + y^2, z^2$
A_2'	1	1	−1	1	1	−1	R_z	
E'	2	−1	0	2	−1	0	(x, y)	$(x^2 - y^2, xy)$
A_1''	1	1	1	−1	−1	−1		
A_2''	1	1	−1	−1	−1	1	z	
E''	2	−1	0	−2	1	0	(R_x, R_y)	(xz, yz)

D_{4h}	E	$2C_4$	C_2	$2C_2'$	$2C_2''$	i	$2S_4$	σ_h	$2\sigma_v$	$2\sigma_d$		
A_{1g}	1	1	1	1	1	1	1	1	1	1		$x^2 + y^2, z^2$
A_{2g}	1	1	1	−1	−1	1	1	1	−1	−1	R_z	
B_{1g}	1	−1	1	1	−1	1	−1	1	1	−1		$x^2 - y^2$
B_{2g}	1	−1	1	−1	1	1	−1	1	−1	1		xy
E_g	2	0	−2	0	0	2	0	−2	0	0	(R_x, R_y)	(xz, yz)
A_{1u}	1	1	1	1	1	−1	−1	−1	−1	−1		
A_{2u}	1	1	1	−1	−1	−1	−1	−1	1	1	z	
B_{1u}	1	−1	1	1	−1	−1	1	−1	−1	1		
B_{2u}	1	−1	1	−1	1	−1	1	−1	1	−1		
E_u	2	0	−2	0	0	−2	0	2	0	0	(x, y)	

T_d	E	$8C_3$	$3C_2$	$6S_4$	$6\sigma_d$		
A_1	1	1	1	1	1		$x^2 + y^2 + z^2$
A_2	1	1	1	−1	−1		
E	2	−1	2	0	0		$(2z^2 - x^2 - y^2, x^2 - y^2)$
T_1	3	0	−1	1	−1	(R_x, R_y, R_z)	
T_2	3	0	−1	−1	1	(x, y, z)	(xy, xz, yz)

O_h	E	$8C_3$	$6C_2$	$6C_4$	$3C_2$ $(=C_4{}^2)$	i	$6S_4$	$8S_6$	$3\sigma_h$	$6\sigma_d$		
A_{1g}	1	1	1	1	1	1	1	1	1	1		$x^2 + y^2 + z^2$
A_{2g}	1	1	−1	−1	1	1	−1	1	1	−1		
E_g	2	−1	0	0	2	2	0	−1	2	0		$(2z^2 - x^2 - y^2, x^2 - y^2)$
T_{1g}	3	0	−1	1	−1	3	1	0	−1	−1	(R_x, R_y, R_z)	
T_{2g}	3	0	1	−1	−1	3	−1	0	−1	1		(xy, xz, yz)
A_{1u}	1	1	1	1	1	−1	−1	−1	−1	−1		
A_{2u}	1	1	−1	−1	1	−1	1	−1	−1	1		
E_u	2	−1	0	0	2	−2	0	1	−2	0		
T_{1u}	3	0	−1	1	−1	−3	−1	0	1	1	(x, y, z)	
T_{2u}	3	0	1	−1	−1	−3	1	0	1	−1		

固体の構造と結合

6

結晶の成り立ちを知る

物質には，固体，液体，気体の三つの状態（物質の三態）がある．固体は，物質を構成する原子やイオン，分子などの粒子が密に詰まった状態にあり，圧縮されにくく，一定の形と体積をもつ．液体中の粒子も互いに接近した状態にあるが，固体に比べて自由度が高い．そのため液体は，ある定まった体積をもつが，流動性を示して形を変える．気体は固体や液体に比べて粒子がはるかに分散した状態にあり，容器に合わせて収縮と膨張を起こし，容易に形と体積を変化させる．本章では，固体の構造と結合について述べる．固体中の粒子は互いの位置を変化しにくいので，粒子に三次元的な一定の配列が生まれる．本章の主眼は，この配列の様式を理解することにある．

6・1 固体の種類
6・2 金属結晶の構造
6・3 金属の電気伝導と半導体
6・4 イオン結晶の構造

6・1 固体の種類

固体には，原子，イオン，分子などの粒子が規則正しく配列した**結晶質固体**と，不規則に分布した**非晶質（アモルファス）固体**がある．ガラスやゴム，プラスチックなどは非晶質である．一方，鉄や銅，塩化ナトリウム（塩）などは結晶を形成する（表6・1）．結晶は，粒子を結びつけている結合や相互作用の種類により，金属結晶，イオン結晶，分子結晶，共有結合結晶の4種類に大別される．

結晶質固体：crystalline solid

非晶質（アモルファス）固体：
amorphous solid

表 6・1 結晶の種類と特徴

	金属結晶	イオン結晶	分子結晶	共有結合結晶
粒子の種類	原子	イオン	分子	原子
粒子間に働く力	金属結合	イオン結合	分子間力	共有結合
物質の例	ナトリウム，鉄，銅	塩化ナトリウム，硫酸銅	二酸化炭素，ヨウ素，水	ダイヤモンド，グラファイト
融点	高低さまざま	高い	一般に低い	非常に高い
電気伝導性 固体	あり	多くはなし	なし	多くはなし
電気伝導性 液体	あり	あり	なし	
機械的性質	展性と延性に富む	硬くてもろい	柔らかく砕けやすい	一般に非常に硬い

金属結晶 金属元素の原子が高い秩序で三次元に配列した固体を金属結晶という（詳細は§6・2）．§2・1・3で述べたように，イオン化エネルギーの小さな金属原子が集合すると，価電子の一部が自由電子となって結晶内を動き回り，価電子を失って正電荷を帯びた金属イオンを結びつける．これを金属結合とい

う．金属結晶は展性と延性に富み，自由電子の存在に起因して電気や熱の導体となり，金属光沢を示す．

イオン結晶　カチオンとアニオンが静電引力で引き合い，規則正しく配列した固体をイオン結晶という（詳細は §6・4）．強い相互作用であるイオン結合で構成されたイオン結晶は融点が高く，硬質なものが多い．その一方で機械的強度は低く，もろくて壊れやすい．これは，外力が加わると同符号のイオンどうしが接近し，互いに反発し合うためである．イオン結晶の多くは固体状態で電気伝導性を示さないが，β アルミナや安定化ジルコニアなどの固体は融点以下の温度で**イオン伝導体**（カチオンあるいはアニオンが電荷キャリアとして働く物質）として機能し，それぞれナトリウム硫黄電池や固体酸化物型燃料電池の電解質として利用されている．

イオン伝導体：ionic conductor

分子結晶　分子性化合物の多くは分子間力（§3・1 参照）で集合し，分子が規則正しく配列した**分子結晶**を形成する．たとえば，ドライアイスは CO_2 の分子結晶である．図6・1(a) は，CO_2 分子の結晶中の配列を示したもので，炭素原子（灰色）と酸素原子（青色）はファンデルワールス半径の大きさに描かれている．CO_2 には弱い分子間力である分散力しか働かないので，分子どうしの相互作用が弱く，結晶は柔らかくて砕けやすい．また高い昇華性を示す．

分子結晶：molecular crystal

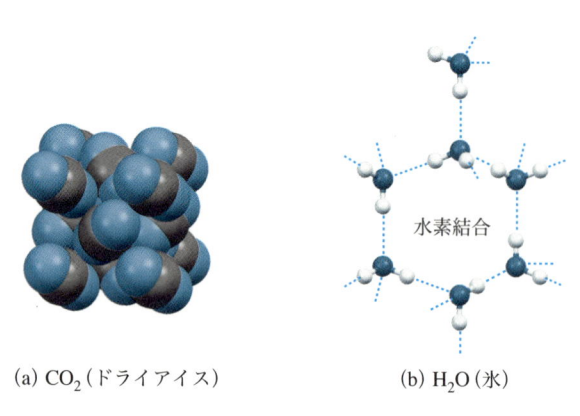

(a) CO_2（ドライアイス）　　　　　(b) H_2O（氷）

図 6・1　分子結晶の例．(b) の青の破線は水素結合を表す．

水素結合結晶：hydrogen-bonded crystal

一方，水素結合をつくる水は，**水素結合結晶**を形成する．図6・1(b) に示すように，各酸素原子は四面体形構造をとり，隣接する四つの水分子と水素結合で結ばれている．この結晶では，水素結合が支柱となって分子どうしを隔てているので，融点以上の温度で水素結合の一部が切断されると，隙間を埋めるように自由になった分子が入り込む．そのため水は，4℃で密度が最大となる．水素結合は特に強い分子間相互作用なので，水の融点（0℃）は，同程度の分子量（16.04）をもつメタンの融点（−182.6℃）に比べて，はるかに高い．

共有結合結晶　貴ガスを除く非金属元素は分子量の定まった分子性の化合物をつくることが多いが，無数の原子が共有結合で連結し，二次元あるいは三次元のネットワーク構造を形成する場合がある．共有結合ネットワークをもつこのような結晶を**共有結合結晶**という．3章で述べたダイヤモンド［図3・9(b)］とグラファイト（図3・10）は，炭素原子だけで構成された共有結合結晶ある．

共有結合結晶：covalent crystal

非晶質固体（ガラス）　ガラスは透明な非晶質固体を表す一般的な用語であるが，その多くは SiO_2 を主成分とするケイ酸塩ガラスである．表6・2に代表的

なガラスを示す. ホウケイ酸ガラスは耐熱性に優れ, パイレックスなどの商品名でガラス製耐熱食器や, 実験用ガラス器具などに使用されている. 窓ガラスやガラス瓶などの汎用ガラス製品には, ソーダ石灰ガラス（ソーダガラス）が用いられる.

表 6・2 代表的なガラスの種類と特徴

名　称	組　成	性質と用途
石英ガラス	100% SiO_2	熱膨張率が低く, 紫外線を含む幅広い波長領域の光を透過する. 光学実験に使用される.
ホウケイ酸ガラス	60〜80% SiO_2 10〜25% B_2O_3 少量の Al_2O_3	熱膨張率が低い. 可視光と赤外線を透過し, 紫外線を透過しない. 耐熱性の調理器具や実験器具に使用される.
ソーダ石灰ガラス	75% SiO_2 15% Na_2O 10% CaO	化学物質と熱に弱い. 可視光を透過し, 紫外線を透過しない. 窓ガラスやガラス瓶に使用される.

6・2 金属結晶の構造

　結晶中の粒子（原子, イオン, 分子）を点で表し, それらを線で結ぶと, **結晶格子**とよばれる格子状の配列があらわれる（図6・2）. 結晶格子は粒子の小さな配列の規則的な繰返しからできている. この繰返し単位を**単位格子**または**単位胞**という[1]. 結晶格子の形は結晶を構成する粒子の形と配列によって変化するが, 同じ大きさの球体から構成された純金属の結晶格子は比較的単純で, 原子に見立てた球を積み重ねてその構造を確認することができる.

結晶格子：crystal lattice

単位格子（単位胞）：unit cell

1) 結晶の繰返し単位は英語で unit cell とよばれ, 単位胞と翻訳されるが, "胞"のイメージがつかみにくいためか, 日本語では単位格子の用語が一般的に使用されている.

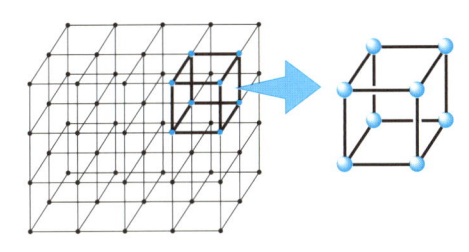

図 6・2　結晶格子と単位格子の概念.

6・2・1 最密充塡構造

　球体を配列するときは, 球体をできるだけ密に詰め込んだ構造が安定となる. このような並べ方を**最密充塡**という. 図6・3（次頁）に示すように. まず, 球体を平面に並べて第一層（A層）をつくる（a）. この場合, 正三角形の頂点にそれぞれ球を置き, 正三角形を上下互い違いに並べていくと最も密な構造になる. ここに第二層（B層）を積むときは, 正三角形の中央のくぼみ（水色で示した部分）に球を置けばよい（b）.

　第三層の積み方には二通りの方法がある. 一つは, 第一層（A層）の球の真上に球を積む方法である（c）. これにより ABA 型の積層構造ができる. 第三層が A 層に戻ったので, 以下 ABABAB… の順で積層されていく. ABA 型の3層構造を六角柱として切り出して斜め上から眺めると, (d) の構造があらわれる. これを**六方最密充塡（hcp）**構造という. (d) は, 菱形の底面をもつ四角柱が三つ組

最密充塡：closest packing

六方最密充塡：hexagonal closest packing（略称 **hcp**）

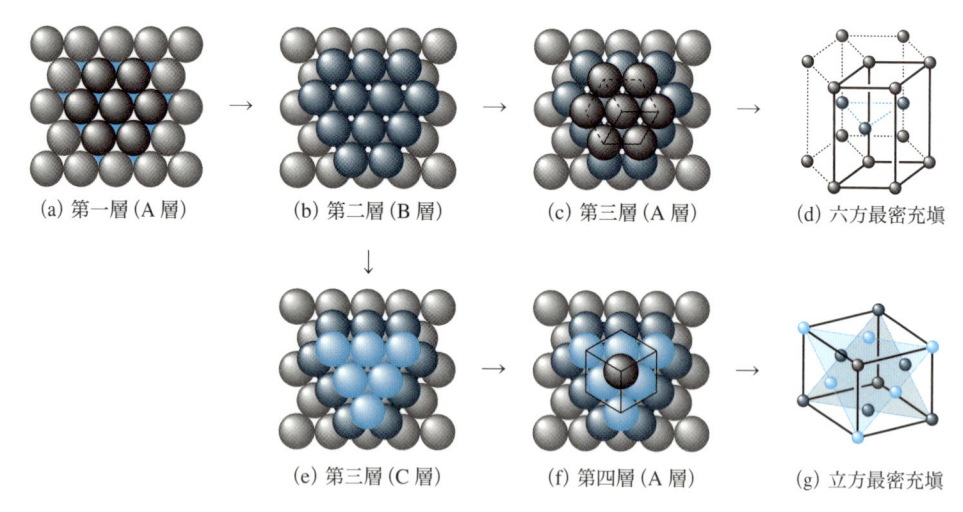

(a) 第一層 (A 層) → (b) 第二層 (B 層) → (c) 第三層 (A 層) → (d) 六方最密充填

↓

(e) 第三層 (C 層) → (f) 第四層 (A 層) → (g) 立方最密充填

図 6・3 最密充填構造の成り立ち.

合わされた六角柱構造となっている. 三つの四角柱は互いに等価なので, その一つが単位格子となる.

一方, 図 6・3 の (e) に示すように, 第一層 (A 層) と異なる位置に球を積み, 第三層 (C 層) をつくることもできる. C 層の中央のくぼみは A 層の球の真上にあるので, ここに球を積むと ABCA 型の 4 層構造ができる (f). すなわち, この方法では, ABCABC… の順で積層されていく. (f) から立方体を切り出すと, (g) の構造があらわれる. これを**立方最密充填 (ccp)** 構造という. この単位格子は, それぞれの面の中央に球をもつので, **面心立方 (fcc)** 格子とよばれる.

立方最密充填：cubic closest packing（略称 **ccp**）

面心立方：face-centered cubic（略称 **fcc**）

最密充填構造の粒子は等価であり, すべてが同じ数の粒子と接している. ある粒子に隣接する粒子の数を配位数という. 図 6・4 に, 六方最密充填の BAB 層の粒子の配置 (a) と, 立方最密充填の CAB 層 (下から) の粒子の配置 (b) を示す. いずれも中心にある粒子が 12 個の粒子と接している. すなわち, 最密充填構造の配位数は 12 である.

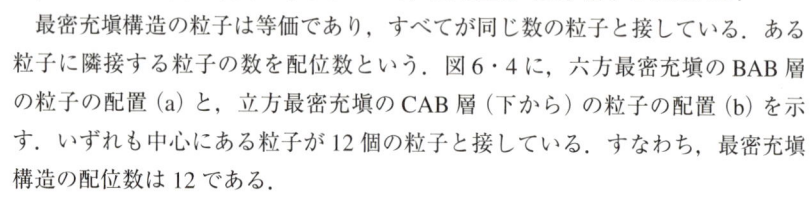

(a) 六方最密充填 (BAB 層)   (b) 立方最密充填 (CAB 層)

図 6・4 最密充填構造の配位数.

単純立方：simple cubic（略称 **sc**）

体心立方：body-centered cubic（略称 **bcc**）

粒子が常に最密充填されるわけではない. 最密充填以外の構造のうち, 立方体の各頂点に粒子をもつものを**単純立方 (sc)** 構造, 立方体の頂点と中心に粒子をもつものを**体心立方 (bcc)** 構造という. それぞれの構造の単位格子である単純立方格子 (a) と体心立方格子 (b) を次に示す. 単純立方構造の配位数は 6, 体心立方構造の配位数は 8 である.

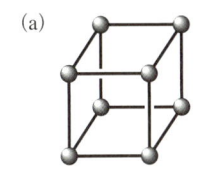

(a) 単純立方格子

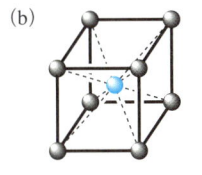

(b) 体心立方格子

　表6・3に，金属結晶で通常みられる3種類の結晶構造をまとめた．図6・3 (d) を用いて説明したように，六方最密充塡構造では，六角柱の1/3が単位格子となる．灰色の原子は，12個または6個の単位格子に共有されているので，各単位格子に含まれる正味の原子数は1となる．水色の原子についても，単位格子に含まれる正味の原子数は1である．すなわち，六方最密充塡構造の単位格子に含まれる原子数の合計は2となる．同様に，立方最密充塡構造と体心立方構造の単位格子に含まれる原子数はそれぞれ4と2である．

表 6・3　金属結晶の構造

結晶構造	六方最密充塡構造	立方最密充塡構造	体心立方構造
単位格子	各1/6　1/12　1/12　二つで1　六方最密格子	1/8　1/2　面心立方格子	1/8　1　体心立方格子
単位格子中の原子数	$(1/12 + 1/6) \times 4 + (1) = 2$	$(1/8) \times 8 + (1/2) \times 6 = 4$	$(1/8) \times 8 + (1) = 2$
充塡率	74%	74%	68%
配位数	12	12	8
金属の例	Mg, Zn, Co	Al, Cu, Fe (γ 相)	Na, K, Fe (α 相)

　単位格子に占める原子の体積比（充塡率）はそれぞれ74, 74, 68%と計算され，体心立方に比べて最密充塡が密な構造であることがわかる（章末問題6・2参照）．各原子の配位数は，最密充塡構造で12，体心立方構造で8である．§2・2で述べたように，金属結晶内で隣接する原子と原子の距離（核間距離）の1/2を金属の原子半径と定義する．基礎6・1に示すように，原子半径は配位数に応じて変化するので，配位数12の原子半径を基準値とする．

　金属結合は方向性に乏しいため，温度や圧力に応じて結晶構造がしばしば変化する．同一物質に複数の結晶形が存在する現象を**多形**という．多形は相転移の一種である．たとえば，常圧下にある鉄は，911 ℃までは体心立方 (bcc) 構造の α 鉄（フェライト），911～1392 ℃までは面心立方 (fcc) 構造の γ 鉄（オーステナイト）として存在し，1392 ℃から融点 (1536 ℃) までの温度範囲で体心立方構造の δ 鉄に変化する[2]．

6・2・2　最密充塡構造の間隙と充塡率

　球体を密に詰め込んでも必ず隙間が残る．たとえば，最密充塡構造の単位格子に占める球体の体積比（充塡率）は74%なので，残りの26%が隙間となってい

多形：polymorphism

2) 多形を示す金属は，各結晶相が安定な温度領域をもとに，温度が低いものから順に α, β, γ, … の記号を用いて区別される．結晶構造解析が未発達だった時代に770～911 ℃の温度領域の鉄は β 鉄とよばれていたが，その後 α 鉄と同じ体心立方構造をもつことがわかり，α 鉄に統一された．そのため α 鉄の次の結晶相は，β 鉄ではなく γ 鉄とよばれている．

📖 基礎 6・1　金属の配位数と原子半径 📖

金属結晶の結晶学データを用いて α 鉄 (bcc) と γ 鉄 (ccp) の原子半径を比較する. 単位格子の各辺の長さ (a, b, c) と, 辺と辺のなす角 (α, β, γ) を**格子定数** (lattice constants) という. 格子定数は X 線回折により求まる. bcc と ccp の単位格子はともに立方体なので, $a = b = c$, $\alpha = \beta = \gamma = 90°$ である.

次の図のように, α 鉄 (bcc) の単位格子を斜め 45° に切ると, 縦 a×横 $\sqrt{2}a$ の長方形があらわれる. 三平方の定理より対角線の長さは $\sqrt{3}a$ で, この長さが球の半径 r の 4 倍に相当するので, $r = (\sqrt{3}/4)a$ となる. ここに格子定数の実測値 $a = 286.7$ pm を代入し, α 鉄の原子半径 $r = 124$ pm が得られる.

長さである $\sqrt{2}a$ が球の半径 r の 4 倍に相当する. すなわち, $r = (\sqrt{2}/4)a$ である. ここに格子定数の実測値 $a = 362.7$ pm を代入すると, γ 鉄の原子半径 $r = 128$ pm が得られる.

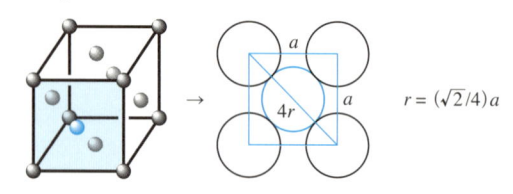

γ鉄の面心立方格子　　単位格子の側面図

以上で求めた α 鉄 (8 配位) と γ 鉄 (12 配位) の原子半径を比べると, 配位数の多い γ 鉄の方が少し大きいことがわかる. 同様の傾向は一般的に観測され, 金属の配位数と原子半径との間には次の関係が認められる.

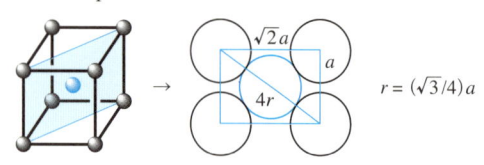

α鉄の体心立方格子　　単位格子の断面図

一方, 次の図のように, γ 鉄 (ccp) の原子は単位格子の側面上で互いに接しているので, 側面の対角線の

金属の配位数と原子半径との関係

配 位 数	12	8	6	4
原子半径 (相対値)	1	0.97	0.96	0.88

間隙 (空隙): hole

八面体間隙: octahedral hole

四面体間隙: tetrahedral hole

る (表 6・3). 結晶中の隙間を**間隙**または**空隙**とよぶ. 図 6・5 に示すように, 最密充填構造には 6 個の球で囲われた**八面体間隙**と, 4 個の球で囲われた**四面体間隙**が存在する. N 個の球から構成された結晶には, N 個の八面体間隙と, $2N$ 個の四面体間隙が存在する. 球の半径 (原子半径) を r とすると, 八面体間隙には $0.414r$ までの, 四面体間隙には $0.225r$ までの大きさの球体を収容することができる (章末問題 6・3 参照).

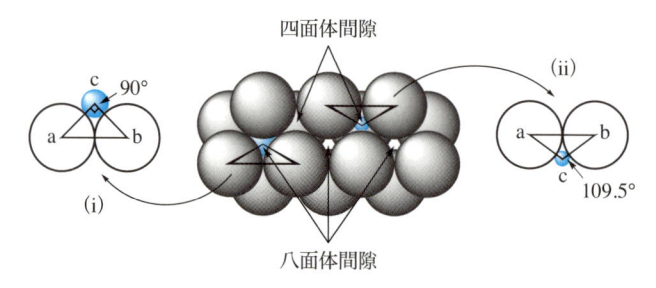

四面体間隙

八面体間隙

図 6・5　最密充填構造の八面体間隙と四面体間隙. (i) と (ii) は二等辺三角形で示した間隙の平面図.

§6・2・3 で述べる侵入型合金では, 金属結晶の間隙にホウ素, 炭素, 窒素などの原子が取込まれている. また §6・4 で述べるように, 単原子イオンからなるイオン結晶の多くでは, 粒子径の大きいイオン (通常はアニオン) がつくる結晶格子の間隙に, 小さいイオン (通常はカチオン) が収容されている.

6・2・3　合金と金属間化合物

　金属に別の金属あるいは非金属を溶かし合わせてつくった固溶体[3]を**合金**という．合金化によって単一の金属では得られない性質が発現し，金属材料の特性を向上させることができる．合金は成分元素を融解して混合し，冷却することによって作製される．溶融混合物を急速に冷却して焼入れした場合は不均一な固体となるが，ゆっくり冷却することによって均一な構造をもつ合金が得られる．

　置換型合金　　金属結晶の格子点にある金属原子の一部が別の原子に置き換わった合金を**置換型合金**という〔図6・6(a)〕．母体となる金属の結晶構造が保持されるためには，溶媒原子と溶質原子が同等の大きさをもつ必要がある．置換型合金の身近な例に，百円硬貨と五十円硬貨に使用されている白銅（Cu 75%，Ni 25%）がある．銅（128 pm）とニッケル（125 pm）は原子半径がほぼ同一で，純金属の結晶構造も同じ立方最密充塡（ccp）であるため，あらゆる混合比で置換型合金を調製することができる．一方，五円硬貨に使用されている黄銅（Cu 60〜70%，Zn 40〜30%）では，銅（128 pm）と亜鉛（137 pm）の原子半径は比較的近いものの，銅の構造が立方最密充塡（ccp），亜鉛の構造が六方最密充塡（hcp）であるため，亜鉛の比率が38%以下の場合に銅と同じ結晶構造をもつ置換型合金が調製される．

3）2種類以上の物質から構成された均一混合物を**溶体**（solution）という．溶体は，固体，液体，気体のいずれかの状態で存在し，固体状態の溶体を**固溶体**（solid solution），液体状態の溶体を**溶液**（liquid solution），気体状態の溶体を**気溶体**（gaseous solution）〔一般的には**混合気体**（mixed gas）〕という．溶体を構成する物質のうち，最も多く存在するものを**溶媒**（solvent），それ以外を**溶質**（solute）という．したがって，合金の主成分となる金属原子は溶媒原子，それ以外の原子は溶質原子である．

合金：alloy

置換型合金：substitutional alloy

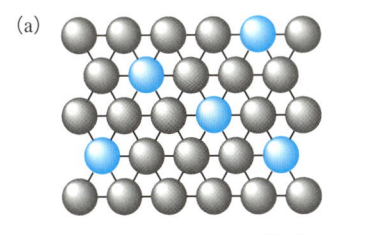
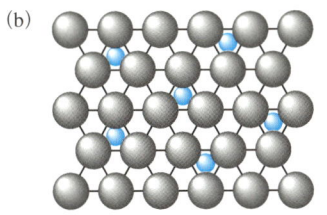

図6・6　(a) 置換型合金と，(b) 侵入型合金の概念図．

　侵入型合金　　金属結晶の間隙に他の原子が取込まれた合金を**侵入型合金**という〔図6・6(b)〕．以下，鉄鋼材料として重要な**炭素鋼**を例として説明する．§6・2・1で述べたように，鉄の結晶構造には体心立方（α鉄）と面心立方（γ鉄）がある．結晶学データから見積もられた間隙の大きさ（収容可能な球体の半径）は，α鉄で36 pm，γ鉄で53 pmであり，炭素の原子半径である77 pmよりも小さい．そのため，結晶構造を維持したまま固溶される炭素の量（質量パーセント濃度）は少なくα鉄で0.022%，γ鉄で2.14%であるが，このように少量であっても，炭素を取込むことによって純鉄とは異なる強靱な材料特性が発現する．

　炭素鋼は，炭素の含有率によって低炭素鋼（C 0.25%以下），中炭素鋼（C 0.25〜0.6%），高炭素鋼（C 0.6%以上）に分類される．低炭素鋼は，鋼板として自動車やスチール容器などの製造に使用される．中炭素鋼は，ボルト，ネジ，機械部品，連結棒，ガードレール，柵などの材料として適している．高炭素鋼は強度が高く，切削や穴あけ用の工具として使用される．

　金属間化合物　　複数の金属を融解しながら混合して冷却すると，成分金属とは異なる結晶構造をもつ相が形成されることがある．このような相を**金属間化合物**とよぶ．上記のように，銅と亜鉛は亜鉛が少ないときに銅と同じ結晶構造（ccp）をもつ置換型合金（α黄銅）を形成するが，亜鉛が増えると体心立方（bcc）

侵入型合金：interstitial alloy

炭素鋼：carbon steel

金属間化合物：intermetallic compound

構造をもつ金属間化合物 (β黄銅) を生成する．図6・7に示すように，β黄銅は Cu：Zn = 1：1 の組成をもち，銅と亜鉛を互いの立方格子内に取込んだ，規則正しい結晶構造をもつ．このように，金属間化合物は成分金属とは別の化学式（組成式）をもつ純物質であり，固溶体である合金（混合物）とは異なる．

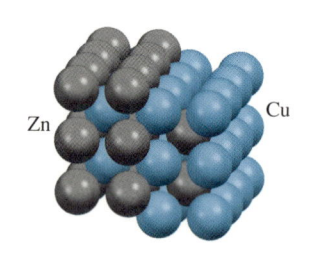

図 6・7 亜鉛と銅の金属間化合物 (β黄銅)．亜鉛の立方体の中央に銅が，銅の立方体の中央に亜鉛が入り，それぞれ体心立方格子を構成している．

6・3 金属の電気伝導と半導体

電気伝導：electrical conduction

物質中の電荷が電場の作用によって移動し，電流が生じる現象を**電気伝導**という．電荷は電子やイオンをキャリア（電荷担体）として移動する．自由電子がキャリアとなる金属は**導体**，キャリアをもたないゴムやプラスチックは**絶縁体**となる．ケイ素やゲルマニウムなどの半金属元素の結晶はこれらの中間の性質をもち，**半導体**とよばれている．半導体では，結晶中の電子あるいは正孔[4]の位置が順次移動して電気伝導が起こる．金属では温度が低下すると電気伝導率が高くなるが，半導体では逆に温度が上昇すると電気伝導率が高くなる．

導体：conductor

絶縁体：insulator

半導体：semiconductor

4) 被占軌道から電子が遷移して生じた電子不足の軌道で，周囲の電荷分布との関係から，正電荷をもつ孔のようにみえるため**正孔**（positive hole）とよばれている．

6・3・1 金属の電気伝導

電子や正孔をキャリアとする電気伝導の機構は，量子論に基づく**バンド理論**を用いて説明される．原子が集合すると多くの原子軌道が結合性と反結合性の相互作用を起こし，軌道エネルギーがきわめて接近した分子軌道の集団が形成される．これを**バンド**という．

バンド理論：band theory

バンド：band

図6・8に示すように，たとえば，Li原子の2s軌道から生じたバンド(a)では，Liの価電子数が1なので，エネルギー準位の低い下半分に2電子ずつが収容されて被占軌道となり，上半分が空軌道となる．電場が加わると電子が励起されて空軌道に遷移するが，軌道が非局在化しているので，電子はLi原子間を容易に移動することができ，電気が流れる．

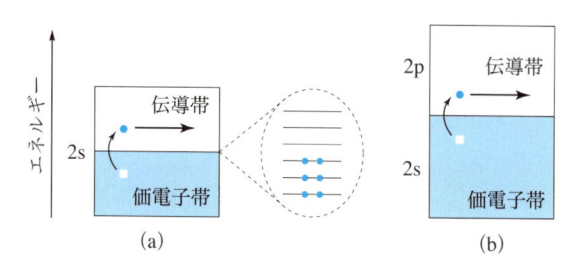

図 6・8 バンド理論に基づく電気伝導の理解．(a) Li, (b) Be. □ は正孔，● は電子．

　価電子が収容されている被占軌道の領域を**価電子帯**（価電子バンド），励起された電子が入り電気伝導が起こる空軌道の領域を**伝導帯**（伝導バンド）という．価電子数が 2 の Be (b) では，2s 軌道から生じる分子軌道はすべて被占軌道となるが，2p 軌道から生じる分子軌道が重なっているので，これが伝導帯となって電子が移動する．金属結晶の価電子帯と伝導帯は連続しているので，原子が秩序だって配列している低温において電気抵抗が小さくなる．一方，温度が上昇して原子が熱振動を起こすと配列が乱れて電気抵抗が大きくなる．したがって，金属の電気伝導率は温度が上がると低下する．

価電子帯（価電子バンド）：valence band

伝導帯（伝導バンド）：conduction band

6・3・2　半 導 体

　図 6・9 に，(a)導体，(b)半導体，(c)絶縁体のバンド構造を比較する．価電子帯の頂上と伝導帯の底とのエネルギー差を**バンドギャップ**という．(a) バンドギャップのない金属は導体となる．一方，(c) のようにバンドギャップが大きいと，価電子帯から伝導帯への電子遷移が困難となり，絶縁体となる．半導体 (b) はこれらの中間の状態にあり，熱励起によって電子が遷移できる程度の，比較的小さなバンドギャップをもっている．

バンドギャップ：band gap

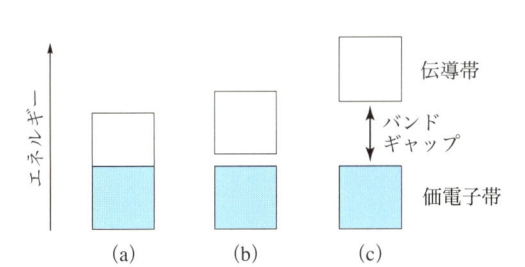

図 6・9　(a) 導体，(b) 半導体，(c) 絶縁体のバンド構造.

　半導体には，純物質で半導体となる**真性半導体**と，真性半導体に**ドーパント**とよばれる微量の不純物を加えて（これを**ドーピング**という）半導体特性を向上した**不純物半導体**とがある．§3・4 で述べたように，ダイヤモンド（炭素），ケイ素，ゲルマニウム，α スズの結晶はいずれもダイヤモンド構造をもつが，バンドギャップがそれぞれ 5.39, 1.10, 0.66, 0.08 eV と異なっている．バンドギャップの大きいダイヤモンドは絶縁体，バンドギャップの小さなケイ素，ゲルマニウム，α スズは真性半導体となる．真性半導体では，温度を上げると価電子帯から伝導帯への電子遷移が起こり，伝導帯に入った電子が電荷のキャリアとなって電流を生じる．したがって，半導体の電気伝導率は温度が上がると高くなる．

　適度なバンドギャップをもつケイ素とゲルマニウムは，不純物半導体の基盤材料として適している．14 族のケイ素 (Si) に，13 族のガリウム (Ga) を微量ドーピングすると，Si の一部が Ga に置換された電子欠損サイトが生じる．図 6・10 の (a)→(b) に示すように，Ga は原子価軌道のエネルギー準位が Si よりも少し高く，価電子が一つ少ないので，この変化は Si の価電子帯のすぐ上に Ga を含むアクセプター準位が追加されたことに相当する．価電子帯とアクセプター準位とのバンドギャップは 0.1 eV 程度と小さく，容易に電子遷移を起こして価電子帯に正孔を生じる．価電子帯では正孔を埋めるように電子が順次移動するので，正孔をキャリアとして電気伝導が起こる．このような半導体を **p 型半導体**とい

真性半導体：intrinsic semiconductor

ドーパント：dopant

ドーピング：doping

不純物半導体：impurity semiconductor

p 型半導体：p-type semiconductor

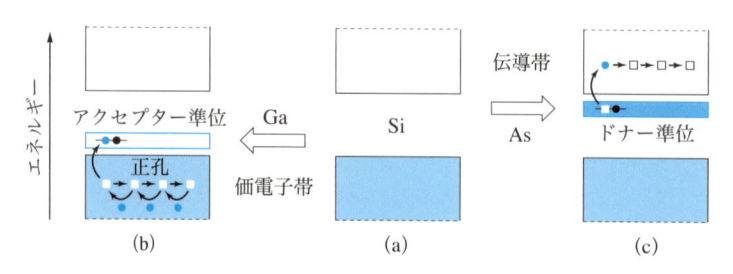

図 6・10　(a) 真性半導体, (b) p 型半導体, (c) n 型半導体のバンド構造.
□ は正孔, ● は電子.

う. Ga の他, 13 族の B や Al も p 型半導体のドーパントとして利用される.

　これに対して, ケイ素に比べて原子価軌道のエネルギー準位が少し低く, 価電子数の多い 15 族のヒ素 (As) をドーピングすると, 図 6・10 の (a)→(c) のように, Si の伝導帯のすぐ下に As を含むドナー準位が生じる. ドナー準位から伝導帯に電子が移ると, 空軌道から空軌道へと電子が移動して電気伝導が起こる. 電子を電荷キャリアとするこのような半導体を **n 型半導体** という. 同じ 15 族のリン (P) をドーパントとして用いることもできる. なお金属結晶とは異なり, 共有結合で構成された半金属元素の結晶は自由電子をもたないので, 電子は空軌道の間を逐次的に移動する.

n 型半導体: n-type semiconductor

6・4　イオン結晶の構造

6・4・1　代表的な構造: 二元系

　それぞれ 1 種類のカチオン (M^{n+}) とアニオン (X^{m-}) からなる二元系イオン化合物の多くは, MX, MX_2 あるいは M_2X の組成をもつ. 表 6・4 に代表的な結晶構造と化合物を示す. 太字は構造名のもととなった化合物である.

表 6・4　二元系イオン結晶の種類

イオン結晶の型	化合物の例
塩化ナトリウム型 (MX)	**NaCl**, KBr, AgCl, AgBr, MgO, CaO, TiO, FeO, NiO, ScN
塩化セシウム型 (MX)	**CsCl**, CaS, TlSb, CsCN, CuZn
閃亜鉛鉱型 (MX)	**ZnS**, CuCl, CdS, HgS, GaP, InAs
ウルツ鉱型 (MX)	**ZnS**, ZnO, BeO, MnS, AgI, AlN, SiC, NH_4F
ヒ化ニッケル型 (MX)	**NiAs**, NiS, FeS, PtSn, CoS
蛍石型 (MX_2)	**CaF_2**, UO_2, $BaCl_2$, HgF_2, PbO_2
逆蛍石型 (M_2X)	K_2O, K_2S, Li_2O, Na_2O, Na_2S
ルチル型 (MX_2)	**TiO_2**, MnO_2, SnO_2, WO_2, MgF_2, NiF_2

　塩化ナトリウム型構造　岩塩型構造ともよばれ, MX 型のイオン化合物に一般的にみられる結晶構造である. イオン結晶では, 粒子径の大きいイオン (多くはアニオン) が最密充填の結晶格子をつくり, その間隙に対イオンが収容されていることが多い. 図 6・11(a) に示す NaCl の結晶では, Cl^- (青色) が面心立方

格子（立方最密充填）をつくり, 6 個の Cl^- で囲われた八面体間隙に Na^+（灰色）が入っている. 単位格子あたりのアニオンとカチオンの数はともに 4, 結晶は全体として電気的に中性である. 結晶格子の中心にある Na^+ は 6 個の Cl^- と接している. §2・2・3 で述べたように, イオン結晶では, 隣接する逆符号のイオンの数を配位数とする. 結晶格子を上下左右に拡張して考えると, すべての Na^+ の配位数が 6 であることがわかる. 同様に, Cl^- の配位数も 6 である.

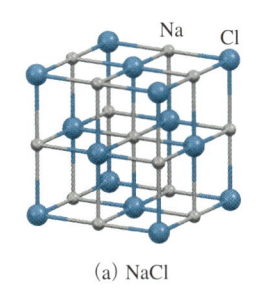 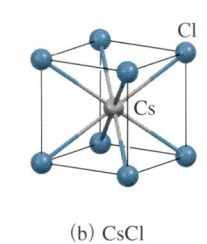 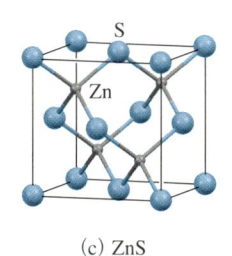

(a) NaCl　　　　　　　　　(b) CsCl　　　　　　　　　(c) ZnS

図 6・11　MX 型化合物の結晶構造.

塩化セシウム型構造　　塩化ナトリウム型に比べて例は少ないが, 粒子径の近いアニオンとカチオンからなる MX 型化合物にみられる結晶構造である. 図 6・11(b) に CsCl 結晶の単位格子を示す. 8 個の Cl^- がつくる単純立方格子の中心に Cs^+ が入り, 全体として体心立方型の配置となっている. 図 6・7 でみたように, このような結晶構造では, 8 個の Cs^+ がつくる単純立方格子の中心に Cl^- が入り, 同様の構造が形成されている. すなわち, Cl^- がつくる単純立方格子と Cs^+ がつくる単純立方格子とが互いに入れ子となっている. Cs^+ と Cl^- の配位数はともに 8 である.

閃亜鉛鉱型構造　　ZnS 鉱物には**閃亜鉛鉱**[5]と**ウルツ鉱**とがあり, 両者は多形の関係にある. 閃亜鉛鉱型構造では, S がつくる面心立方格子の四面体間隙の半分に Zn が収容されている. ウルツ鉱型では逆に, S がつくる六方最密格子の四面体間隙の半分に Zn が収容されている. 図 6・11(c) に閃亜鉛鉱型構造の単位格子を示す. Zn と S はいずれも 4 配位で, 単位格子中の個数はそれぞれ 4 である. Zn$-$S は共有結合性が高く（$\chi^P_{avg} = 2.12$, $\Delta\chi^P = 0.93$, 図 2・9 参照）, Zn と S をすべて C に置き換えるとダイヤモンドと同じ結晶構造になる.

ヒ化ニッケル型構造　　図 6・12 に NiAs の結晶構造を示す. As（青色）がつくる六方最密充填構造 (a) の八面体間隙に Ni（灰色）が入っている (b). 一方 As

閃亜鉛鉱：sphalerite, zinc blende

[5] ニュートリノの検出で有名なスーパーカミオカンデは, 近年まで閃亜鉛鉱を産出していた岐阜県の神岡鉱山の廃坑を利用して建設されたものである.

ウルツ鉱：wurtzite

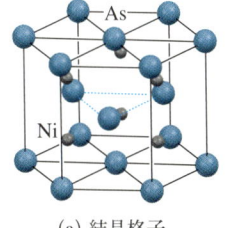 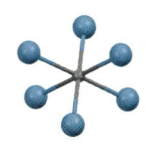 

(a) 結晶格子　　　　　(b) Ni の配位様式　　　　(c) As の配位様式

図 6・12　NiAs の結晶構造.

は，6個の Ni がつくる三角柱の中心にある（c）．Ni と As の配位数はともに6で，NiS や FeS などの MS 型金属硫化物がこの構造を形成する．

蛍 石型構造　　図6・13 の（a）に**蛍石**（CaF_2）の単位格子を示す．Ca^{2+} がつくる面心立方格子の四面体間隙のすべてに F^- が入っている．F の配位数は4である．この結晶は，8個の F^- がつくる単純立方格子の中心（立方体間隙）に Ca^{2+} が収容された構造とみることもできる．図の単位格子を上に1単位拡張するとその構造を確認することができる．Ca^{2+} の配位数はそれぞれ8で，F^- がつくる立方体間隙の半分に Ca^{2+} が収容されている．蛍石型構造の結晶は，典型金属の MX_2 型化合物にみられる．また，その裏返しとなる逆蛍石構造は，K_2O や Li_2O などのアルカリ金属の M_2X 型化合物にみられる．

蛍石：fluorite

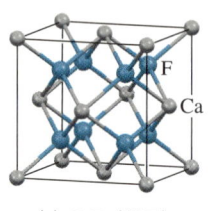 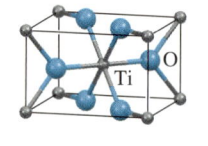

(a) CaF_2（蛍石）　　　　　(b) TiO_2（ルチル）

図 6・13　MX_2 型化合物の結晶構造．

ルチル（金紅石）：rutile
アナタース（鋭錐石）：anatase
ブルッカイト（板チタン石）：brookite

ルチル型構造　　ルチル（金紅石）は TiO_2 鉱物の1種で，**アナタース**（鋭錐石），**ブルッカイト**（板チタン石）と多形の関係にある．図6・13(b) に示すように，ルチル型構造の単位格子は，体心立方を横長にした体心正方格子で，各頂点と中心に Ti^{4+} が配置されている．単位格子あたりの Ti の個数は2，O の個数は4である．格子内にある原子（元素記号を付けた原子）から確認できるように，Ti の配位数は6，O の配位数は3である．同様の結晶構造は，MO_2 型の金属酸化物や MF_2 型の金属フッ化物にみられる．

6・4・2　代表的な構造：三元系

複酸化物：double oxide
ペロブスカイト（灰チタン石）：perovskite
スピネル（尖晶石）：spinel

2種類の金属を含む**複酸化物**にはペロブスカイト構造（ABX_3）とスピネル構造（AB_2X_4）をもつものが多い．前者は**ペロブスカイト**（灰チタン石，$CaTiO_3$）に，後者は**スピネル**（尖晶石，$MgAl_2O_4$）に由来する構造名である．同様の構造をもつ複硫化物や複ハロゲン化物も存在する．ペロブスカイト型の複酸化物には，圧電効果や強誘電性，高温超伝導性などの興味深い電気的特性を示すものがある．また近年，わが国の研究者により，ペロブスカイト型構造をもつ $CH_3NH_3PbI_3$ の薄膜結晶を用いて，高効率なフィルム状太陽電池を作製できることが見いだされ，注目されている．

ペロブスカイト型構造　　図6・14(a) に $CaTiO_3$ の単位格子を示す．立方格子の中心に Ca^{2+}（A カチオン），各頂点に Ti^{4+}（B カチオン），各辺の中央に O^{2-}（X アニオン）がそれぞれ存在している．単位格子あたりのイオンの個数はそれぞれ 1, 1, 3 であり，化合物の組成と一致している．Ca は12個の O と接しているので12配位（a），Ti は6個の O と接しているので6配位である（b）．$BaTiO_3$，$SrTiO_3$, $PbTiO_3$, $PbZrO_3$, $SrSnO_3$ などがペロブスカイト型構造の結晶を形成する．

一般に，A カチオンは電荷が低くサイズの大きなイオン（Ca^{2+}, Ba^{2+}, Pb^{2+} など，イオン半径 >110 pm），B カチオンは電荷が高くサイズの小さなイオン（Ti^{4+}, Zr^{4+}, Sn^{4+} など，イオン半径 <100 pm）である．

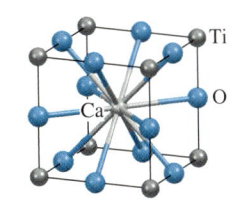 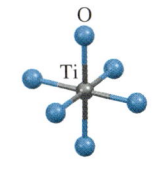

(a) 単位格子と Ca の配位様式　　(b) Ti の配位様式

図 6・14　$CaTiO_3$（ペロブスカイト）の結晶構造．

6・4・3　格子エンタルピー

　特定の原子間に形成される共有結合と異なり，イオン結合は方向性をもたない．すなわち，カチオンは隣接するすべてのアニオンと引き合い，またアニオンは隣接するすべてのカチオンと引き合う．その結果，カチオンとアニオンとの間に静電引力に基づく強いイオン結合ネットワークが生じ，両者は凝集してイオン結晶を形成する．このような物質に対して個別の結合エネルギーのデータはあまり意味をもたず，凝集力を含めてイオン結晶全体の安定性を評価できる熱力学データが必要となる．

　格子エンタルピー $\Delta_L H^\ominus$ はこの要求に沿うもので，固体状態にあるイオン結晶を，相互作用のない気体状態のカチオンとアニオンにまで，完全に解離させるのに必要なエネルギーと定義される．格子エンタルピーは，静電モデルを用いて理論的に見積もることもできるが，ここでは**ボルン・ハーバーサイクル**とよばれる熱化学サイクルを利用して，実験値から求める方法について説明する．

　KCl を例として計算方法を示す（図 6・15）．格子エンタルピー ⑥ を直接測定することはできないので，実験値が報告されている ①〜⑤ の過程に分解する[6]．①〜⑤ の過程と ⑥ は，変化の前後の物質の種類と状態が同じなので，①〜⑤ に伴うエンタルピー変化の総和は，⑥ の反応エンタルピーに一致する（ヘスの法則）．図の上向きの矢印は吸熱過程を，下向きの矢印は発熱過程を表している．

格子エンタルピー：lattice enthalpy

ボルン・ハーバーサイクル：Born–Haber cycle

6) ③ と ⑤ には表 2・1 と表 2・2 の値を，①，②，④ には日本化学会編，“化学便覧 基礎編（改訂 6 版）”，丸善（2021）の値を使用した．

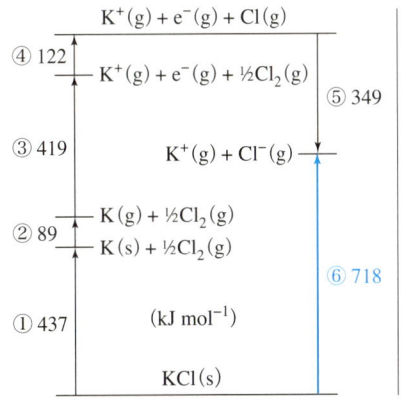

① $KCl(s) \rightarrow K(s) + \frac{1}{2}Cl_2(g)$　　$-\Delta_f H^\ominus = 437$ kJ mol^{-1}

② $K(s) \rightarrow K(g)$　　$\Delta_{atom} H^\ominus(K) = 89$ kJ mol^{-1}

③ $K(g) \rightarrow K^+(g) + e^-(g)$　　$IE = 419$ kJ mol^{-1}

④ $\frac{1}{2}Cl_2(g) \rightarrow Cl(g)$　　$\Delta_{atom} H^\ominus(Cl) = 122$ kJ mol^{-1}

⑤ $Cl(g) + e^- \rightarrow Cl^-(g)$　　$EA = 349$ kJ mol^{-1}

⑥ $KCl(s) \rightarrow K^+(g) + Cl^-(g)$　　$\Delta_L H^\ominus = 718$ kJ mol^{-1}

$$\Delta_L H^\ominus = -\Delta_f H^\ominus + \Delta_{atom} H^\ominus(K) + IE + \Delta_{atom} H^\ominus(Cl) - EA$$

図 6・15　KCl のボルン・ハーバーサイクルと素過程．

① はカリウムと塩素から KCl が生成する反応の逆過程で，これに伴うエンタルピー変化は，KCl の標準生成エンタルピー（$\Delta_f H^{\ominus} = -437 \ \mathrm{kJ \ mol^{-1}}$）の符号を負（発熱）から正（吸熱）に変えたものである．② と ④ はそれぞれの単体が原子に変化する際のエンタルピー変化（標準原子化エンタルピー，$\Delta_{atom} H^{\ominus}$）で，単体が固体の場合は標準昇華エンタルピーに，単体が気体の場合は標準解離エンタルピーにそれぞれ等しい．③ は K のイオン化エネルギー IE である．⑤ は Cl の電子親和力 EA で，ここだけが発熱過程なので，①～④ の合計から ⑤ を引くと，格子エンタルピー $\Delta_L H^{\ominus} = 718 \ \mathrm{kJ \ mol^{-1}}$ が求まる．

表 6・5 に，ボルン・ハーバーサイクルから求めた格子エンタルピー $\Delta_L H^{\ominus}$ を示す．これらの値をカチオンとアニオンのイオン半径の和である $d_0 = r_+ + r_-$ に対してプロットすると，1 族の MX 型化合物，2 族の MX_2 型および MO 型化合物について，それぞれ反比例の関係（$\Delta_L H^{\ominus}$ と $1/d_0$ に比例関係）が得られる（図 6・16）．また $MX < MX_2 < MO$ の順に $\Delta_L H^{\ominus}$ が大きくなる傾向が認められる[7]．すなわち，イオン半径が小さくなり電荷数が増すとカチオンとアニオンとの静電

7) 格子エンタルピー $\Delta_L H^{\ominus}$ はイオン半径の和 d_0 に反比例し，カチオンとアニオンの電荷数の積の絶対値 $|z_A z_B|$ に比例して増加する．格子エンタルピーの推計に用いられるボルン・マイヤー式などの理論式は，これらの関係に基づいてつくられている．

表 6・5　イオン結晶の格子エンタルピー $\Delta_L H^{\ominus}$（$\mathrm{kJ \ mol^{-1}}$）

化合物	結晶構造の型	$\Delta_L H^{\ominus}$	化合物	結晶構造の型	$\Delta_L H^{\ominus}$
LiF	塩化ナトリウム型	1046	MgF_2	ルチル型	2960
LiCl	塩化ナトリウム型	861	$MgCl_2$	ルチル型	2524
LiBr	塩化ナトリウム型	818	CaF_2	蛍石型	2634
LiI	塩化ナトリウム型	762	$SrCl_2$	蛍石型	2150
NaCl	塩化ナトリウム型	788	$BaCl_2$	蛍石型	2052
KCl	塩化ナトリウム型	718	Li_2O	逆蛍石型	2809
RbCl	塩化ナトリウム型	692	BeO	ウルツ鉱型	4442
CsF	塩化ナトリウム型	756	MgO	塩化ナトリウム型	3790
CsCl	塩化セシウム型	668	CaO	塩化ナトリウム型	3401
CsBr	塩化セシウム型	645	BaO	塩化ナトリウム型	3047
CsI	塩化セシウム型	612	TiO_2	ルチル型	11915

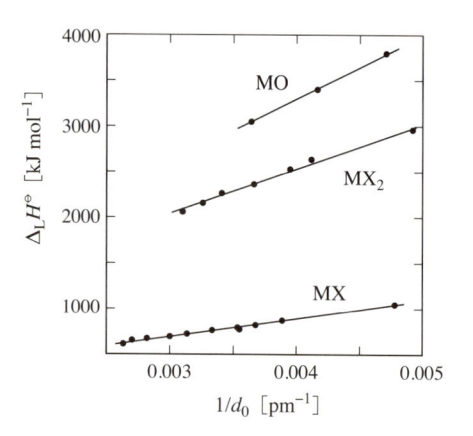

図 6・16　イオン結晶の格子エンタルピー（$\Delta_L H^{\ominus}$）とイオン半径の和（$d_0 = r_+ + r^-$）との関係.

引力が強くなって格子エンタルピーが増加する．さらに，イオン半径の小さなリチウムの塩ではハロゲン化物イオンの大きさに応じて格子エンタルピーが大きく変化するのに対して，イオン半径の大きなセシウムの塩では相対的に変化の幅が小さくなる．

章 末 問 題

問題 6・1   次の単体または化合物がつくる結晶質固体の種類を書け．また構成粒子を結びつけているおもな結合または分子間力を示せ．
(a) Cu, (b) CaCl₂, (c) I₂, (d) NH₃, (e) SiO₂（石英）

問題 6・2   (a) 面心立方格子，(b) 体心立方格子，(c) 単純立方格子の充填率を求めよ．

問題 6・3   図6・5をもとに，半径 r の球からなる最密充填構造の八面体間隙と四面体間隙に収容可能な球体の最大半径 r_h を求めよ．

問題 6・4   表6・4を参照し，次のイオン結晶の型と単位格子に含まれるカチオンとアニオンの数を表にまとめよ．
(a) MgO, (b) CsCl, (c) CuCl, (d) ZnO, (e) FeS, (f) BaCl₂, (g) NiF₂

問題 6・5   (a) NaCl の結晶［図6・11(a)］の格子定数（立方体の一辺の長さ）は $a = 564.0$ pm である．単位格子の質量 (w) と体積 (v) を求めよ．また NaCl 結晶の密度 (ρ) を求めよ．解答は有効数字3桁で答えよ．
(b) CsCl の結晶［図6・11(b)］の格子定数（立方体の一辺の長さ）は $a = 412.3$ pm である．単位格子の質量 (w) と体積 (v) を求めよ．また CsCl 結晶の密度 (ρ) を求めよ．解答は有効数字3桁で答えよ．

問題 6・6   表2・1と表2・2および以下の値を用いて，(a) NaBr, (b) CaCl₂, (c) SrO のイオン結晶の格子エンタルピーを求めよ．
$\Delta_f H^{\ominus}(\text{NaBr}) = -361$ kJ mol^{-1}, $\Delta_f H^{\ominus}(\text{CaCl}_2) = -796$ kJ mol^{-1}, $\Delta_f H^{\ominus}(\text{SrO}) = -593$ kJ mol^{-1}. $\Delta_{\text{atom}} H^{\ominus}(\text{Na}) = 108$ kJ mol^{-1}, $\Delta_{\text{atom}} H^{\ominus}(\text{Ca}) = 178$ kJ mol^{-1}, $\Delta_{\text{atom}} H^{\ominus}(\text{Sr}) = 161$ kJ mol^{-1}, $\Delta_{\text{atom}} H^{\ominus}(\text{Cl}) = 122$ kJ mol^{-1}, $\Delta_{\text{atom}} H^{\ominus}(\text{Br}) = 112$ kJ mol^{-1}, $\Delta_{\text{atom}} H^{\ominus}(\text{O}) = 249$ kJ mol^{-1}. $EA_2(\text{O}) = -744$ kJ mol^{-1}.

酸 と 塩 基

7

酸と塩基の基礎を学ぶ

7・1　ブレンステッド・
　　　ローリーの酸塩基
7・2　ルイスの酸塩基

　英語の acid（酸）はラテン語の *acidus*（酸っぱい）が語源で，base（塩基）はもともと灰汁などに含まれる "塩の基" となる物質を表す言葉だそうである．このように，酸と塩基の存在は古くから人々に認識されていたが，現在の酸塩基理論の基盤となる考え方が登場したのは 19 世紀の後半になってからである．1884 年，スウェーデンの化学者アレニウス（Svante Arrhenius）は，水溶液中で水素イオン（H^+）を生じる物質を酸，水酸化物イオン（OH^-）を生じる物質を塩基と定義した．しかしこの定義では，気相中で NH_3 と HCl から NH_4Cl の固体が生じるなど，水溶液中以外で起こる現象を説明できなかった．

　1923 年，デンマークの化学者ブレンステッド（Johannes Brønsted）と英国の化学者ローリー（Martin Lowry）はそれぞれ独立に，他の物質にプロトン（H^+，すなわち水素イオン）を与える物質を酸（**ブレンステッド酸**），他の物質からプロトンを受取る物質を塩基（**ブレンステッド塩基**）とする新たな定義を提出した．このブレンステッド・ローリーの酸塩基理論の登場により，プロトンが関与する酸塩基反応を包括的に理解できるようになった．

ブレンステッド**酸**：Brønsted acid
ブレンステッド**塩基**：Brønsted base

　さらに同年，共有結合の概念で知られるアメリカの化学者ルイスは，電子対を受容する物質を酸（**ルイス酸**），電子対を供与する物質を塩基（**ルイス塩基**）とする別の定義を提出した．このルイスの定義は，プロトンの授受を必要としないため，非プロトン性溶媒中の反応を含む，ほとんどすべての酸塩基反応に適用することができる．

ルイス酸：Lewis acid

ルイス塩基：Lewis base

酸と塩基の定義	酸	塩　基
ブレンステッド・ローリーの定義	H^+ 供与体	H^+ 受容体
ルイスの定義	電子対受容体	電子対供与体

7・1　ブレンステッド・ローリーの酸塩基

7・1・1　水溶液中での酸解離平衡

　HF を水に溶かすと H_2O がブレンステッド塩基として働き，H^+ を受取って**オキソニウムイオン**（H_3O^+）とフッ化物イオン（F^-）が生じる ［(7・1)式］[1]．反応は可逆であり，瞬時に平衡に達する．

$$HF(aq) + H_2O(l) \rightleftharpoons H_3O^+(aq) + F^-(aq) \qquad (7・1)$$
　　　　酸　　　　塩基　　　　　　　共役酸　　　　共役塩基

オキソニウムイオン：oxonium ion

1) H_3O^+ はヒドロニウムイオンやヒドロキソニウムイオンともよばれていたが，現在は，オキソニウムイオンに統一されている．また H_3O^+ を母体化合物として，メチルオキソニウム（$CH_3OH_2^+$）やジメチルオキソニウム ［$(CH_3)_2OH^+$］ などの置換体の名称がつくられる．

水酸化物イオン：hydroxide ion

一方，NH_3 を水に溶かすと H_2O がブレンステッド酸として働き，NH_3 に H^+ を供与してアンモニウムイオン（NH_4^+）と**水酸化物イオン**（OH^-）が生じる [(7・2)式].（7・1）式と同様，反応は瞬時に平衡に達する.

$$H_2O(l) + NH_3(aq) \rightleftharpoons NH_4^+(aq) + OH^-(aq) \qquad (7 \cdot 2)$$
$$\text{酸} \qquad \text{塩基} \qquad \text{共役酸} \qquad \text{共役塩基}$$

共役塩基：conjugate base
共役酸：conjugate acid

ブレンステッド酸 HA から H^+ が解離して生じる A^- を HA の**共役塩基**という. 逆に，ブレンステッド塩基 B に H^+ が付加して生じる HB^+ を B の**共役酸**という.（7・1）式では，F^- が HF の共役塩基，H_3O^+ が H_2O の共役酸である. また（7・2）式では，OH^- が H_2O の共役塩基，NH_4^+ が NH_3 の共役酸である.

両性物質：amphoteric substance
両性溶媒：amphiprotic solvent

（7・1）式と（7・2）式からわかるように，水は酸としても塩基としても働く**両性物質**で，プロトン授受を起こす**両性溶媒**として働く. 実際，溶質を含まない純

📖 解説 7・1　化学平衡とエネルギー 📖

（a）反応座標　化学反応 A → B に伴うエネルギー変化は**反応座標**（reaction coordinate）を用いて図示される. 標準状態における始原系（反応物 A）と生成系（生成物 B）とのエネルギー差 $\Delta_r G^{\ominus}$ を標準反応**ギブズエネルギー**（Gibbs energy），始原系と遷移状態 $X^{\ddagger}$ とのエネルギー差 $\Delta^{\ddagger} G^{\ominus}$ を反応 A → B の活性化ギブズエネルギーという. 定義により，発熱過程のエネルギー変化を負，吸熱過程のエネルギー変化を正にとる. $\Delta^{\ddagger} G^{\ominus}$ が大きすぎると反応は起こらないが，小さければ（あるいは触媒を使って $\Delta^{\ddagger} G^{\ominus}$ を低下させると）$\Delta_r G^{\ominus}$ が減少する方向（図では A → B）に反応が進み，やがて平衡（A ⇌

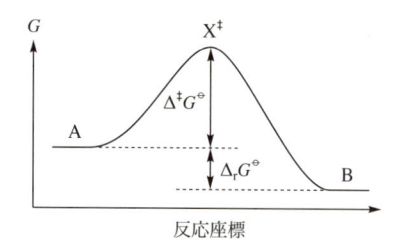

B）に達する. $\Delta_r G^{\ominus}$ が負（発熱的）であれば平衡は生成系に傾き（平衡定数 $K > 1$），逆に正（吸熱的）であれば平衡は始原系に傾く（$K < 1$）.

（b）平衡定数　平衡状態にある物質の量的関係は熱力学（化学ポテンシャル）により規定され，実在溶液における平衡定数 K は物質 X の実効濃度を表す活量 $a(X)$ を用いて定義される. 実在溶液では分子間力の存在に起因して理想溶液からのずれが生じる. 活量はこのずれを熱力学に基づき補正するために導入されたもので，$a(X) = \gamma_x x_x$ によって与えられる. ここで γ_x は活量係数とよばれる補正項，x_x はモル分率である. 活量はモル分率と同じく 0〜1 の値をとる無次元数である.

（7・4）式の酸解離定数 K_a は活量を用いて，

$$K_a = \frac{a(H_3O^+)a(A^-)}{a(HA)a(H_2O)} = \frac{a(H_3O^+)a(A^-)}{a(HA)}$$

と表される. ここで活量は無次元数なので，K_a も単位をもたない. また，純物質の活量は 1 なので，希薄溶液では溶媒（水）の活量が $a(H_2O) \approx 1$ と近似され，分母から省略される.

希薄溶液中の溶質 X の活量は $a(X) = \gamma_x m_x / m^{\ominus}$ と近似

される. ここで m_x は溶質の質量モル濃度（$mol\ kg^{-1}$），γ_x は活量係数，$m^{\ominus}$ は標準質量モル濃度（$1\ mol\ kg^{-1}$）である[注]. 溶媒が水（比重 ≈ 1）の場合は質量モル濃度（$mol\ kg^{-1}$）と体積モル濃度（$mol\ dm^{-3}$）がほぼ一致するので，希薄溶液に対して $\gamma_x \approx 1$ が成り立てば，体積モル濃度を用いた（7・5）式の近似式が成立する.

同様に，水の自己プロトリシス定数 K_w は，

$$K_w = \frac{a(H_3O^+)a(OH^-)}{\{a(H_2O)\}^2} = a(H_3O^+)a(OH^-)$$

と表され，分母 [$a(H_2O) = 1$] は省略される. また H_3O^+ と OH^- に対して希薄溶液を仮定できるので，活量の代わりに体積モル濃度を用いた（7・8）式の近似式が成立する.

注）溶液の質量は，溶液を構成する各成分の質量の和と必ず一致するので，活量は質量モル濃度に比例する. 一方，溶液の体積は通常，構成成分の体積の和とはならないので，厳密には，体積モル濃度を用いて物質の熱力学的平衡定数を表すことはできない.

水中でも水の分子間で H^+ の授受が起こり，ごく少量ではあるが H_3O^+ と OH^- が生成する [(7・3)式]．この現象を水の**自己プロトリシス**または**自己イオン化**という．

$$2H_2O(l) \xrightarrow{K_w} H_3O^+(aq) + OH^-(aq) \qquad (7\cdot3)$$

酸 HA を水に溶かしたときに起こる (7・4)式の酸解離平衡に対して，(7・5)式のように**酸解離定数** K_a を定義する[2]．モル濃度を用いたこの化学平衡の関係式は希薄溶液に対して成立し，温度が一定であれば HA の濃度によらずほぼ同じ値を与える [解説 7・1(b) 参照]．そのため K_a は，物質の酸性度をはかる指標として利用され，その際には K_a の逆数の対数値（$-\log K_a$）である pK_a を用いるのが一般的である[3]．図 7・1 に示すように，pK_a が正に大きければ酸性度が低く，小さければ（あるいは負に大きければ）酸性度が高い．

$$HA(aq) + H_2O(l) \xrightarrow{K_a} H_3O^+(aq) + A^-(aq) \qquad (7\cdot4)$$

$$K_a = \frac{[H_3O^+][A^-]}{[HA]} \qquad pK_a = -\log K_a \qquad (7\cdot5)$$

同様に，塩基 B を水に溶かした際に起こる (7・6)式の平衡反応に対して，(7・7)式により**塩基解離定数** K_b を定義する[2]．

$$B(aq) + H_2O(l) \xrightarrow{K_b} HB^+(aq) + OH^-(aq) \qquad (7\cdot6)$$

$$K_b = \frac{[HB^+][OH^-]}{[B]} \qquad pK_b = -\log K_b \qquad (7\cdot7)$$

自己プロトリシス：autoprotolysis

自己イオン化：self-ionization

2) 酸解離定数と塩基解離定数はそれぞれ，**酸性度定数**（acidity constant），**塩基性度定数**（basicity constant）ともよばれる．

3) log は常用対数（底は 10）を，ln は自然対数（底は e = 2.718）を表す記号である．

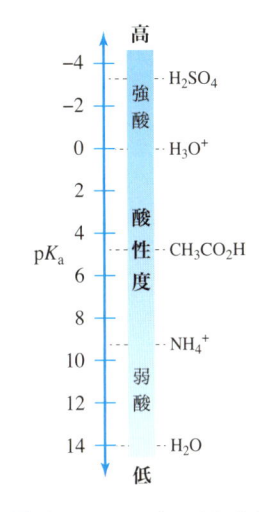

図 7・1 pK_a スケールによる代表的な酸の比較．

(c) 平衡とエネルギー　平衡定数 K と $\Delta_r G^{\ominus}$ は次式で結ばれる．

$$\Delta_r G^{\ominus} = -RT \ln K \qquad (R \text{ は気体定数})$$

また $\Delta_r G^{\ominus}$ は，標準反応エンタルピー（$\Delta_r H^{\ominus}$）と標準反応エントロピー（$\Delta_r S^{\ominus}$）を用いて次のように表される．

$$\Delta_r G^{\ominus} = \Delta_r H^{\ominus} - T\Delta_r S^{\ominus}$$

$\Delta_r H^{\ominus}$ は始原系と生成系を構成する物質の標準生成エンタルピーの差で与えられる．一方 $\Delta_r S^{\ominus}$ は系の微視的な乱雑さの指標となる状態関数で，生成系の秩序が始原系より高くなると負，低くなると正になる．エントロピーはエネルギーを絶対温度 T で割った量で，$T\Delta_r S^{\ominus}$ は $\Delta_r H^{\ominus}$ と同じ次元の状態量である．

25 ℃ の水溶液中におけるハロゲン化水素（HX）の酸解離平衡に対して次の熱力学パラメーターが報告されている．HF の $\Delta_r G^{\ominus}$ が正（$K_a < 1$），それ以外の HX の $\Delta_r G^{\ominus}$ が大きな負の値（$K_a \gg 1$）を示している．その内訳をみると，HF では酸解離に伴う $\Delta_r H^{\ominus}$ のゲインが目

ハロゲン化水素の酸解離平衡に対する熱力学パラメーター

単位（$kJ\ mol^{-1}$）	HF	HCl	HBr	HI
$\Delta_r H^{\ominus}$	−12.6	−57.3	−63.6	−59.0
$T\Delta_r S^{\ominus}$	−25.9	−16.7	−11.4	−4.0
$\Delta_r G^{\ominus}$	+13.4	−40.6	−52.2	−55.0
pK_a（計算値）	+2.3	−7.1	−9.1	−9.6
pK_a（実験値）	+3.17	(−7)	(−9)	(−10)

出典：J. C. McCoubrey, *Trans. Faraday Soc.*, **51**, 743 (1955).

立って少なく，$\Delta_r G^{\ominus}$ が正の値をとる要因となっている．また $T\Delta_r S^{\ominus}$ が HI > HBr > HCl > HI の順に低下し（負に大きな値となり），$\Delta_r G^{\ominus} = \Delta_r H^{\ominus} - T\Delta_r S^{\ominus}$ なので，$\Delta_r G^{\ominus}$ をさらに押し上げる原因となっている．

HF から解離する F^- は水素結合により強く水和され，比較的大きな水和エンタルピーを生じるが，強い結合である H−F の結合解離エンタルピーがこれに勝るため $\Delta_r H^{\ominus}$ が小さくなる．さらに F^- と水との会合により $T\Delta_r S^{\ominus}$ が負に大きくなる．

さらに，水の自己プロトリシス [(7・3)式] に対して，**自己プロトリシス定数** K_w を定義する [(7・8)式]．化学熱力学における標準状態である 25 ℃ (298.15 K) における値は，$K_w = 1.00 \times 10^{-14}$, $pK_w = 14.00$ である．

酸解離定数：acid dissociation constant

$$K_w = [H_3O^+][OH^-] \qquad pK_w = -\log K_w \qquad (7 \cdot 8)$$

塩基解離定数：base dissociation constant

自己プロトリシス定数：autoprotolysis constant

塩基 B の共役酸である HB^+ の K_a は (7・9)式により表される．

$$HB^+(aq) + H_2O(l) \; \underset{}{\overset{K_a}{\rightleftharpoons}} \; H_3O^+(aq) + B(aq)$$

$$K_a = \frac{[H_3O^+][B]}{[HB^+]} \qquad (7 \cdot 9)$$

(7・9)式の K_a と (7・7)式の K_b の積をとると，

$$K_a K_b = \frac{[H_3O^+][B]}{[HB^+]} \times \frac{[HB^+][OH^-]}{[B]} = [H_3O^+][OH^-] = K_w$$

となり，(7・8)式の K_w と一致する．すなわち，

$$pK_a + pK_b = pK_w = 14.00 \qquad (25 ℃) \qquad (7 \cdot 10)$$

となるので，共役酸 HB^+ の pK_a から塩基 B の pK_b を求めることができる．物質の酸解離定数を求めることは塩基解離定数を求めるよりも容易なので，アミンなどの多くの塩基性化合物に対して共役酸の pK_a 値が報告されている．

7・1・2 強酸と弱酸

　表7・1に代表的なブレンステッド酸とそれらの pK_a 値を示す．無機化合物の酸である**無機酸**は，酸素を含まない**水素酸** [(a)群] と，酸素を含む**オキソ酸** [(b)群] とに大別される．(c)群は有機化合物の酸である**有機酸**，(d)群はアンモニアとアミンの共役酸である．§7・1・5で述べるように，(b)群のオキソ酸は，鉱物に含まれる酸性酸化物が水と反応して生じるもので，古くから"酸っぱいもの"として人々に認識されていた．そのため，化合物名（慣用名）に"酸"がついている．一方，(a)群の水素酸は，化合物名に"酸"をもたず，それらの酸性水溶液の名称として"化合物名＋酸"が使用される（基礎7・1参照）．

無機酸：inorganic acid

水素酸：hydracid

オキソ酸：oxoacid

有機酸：organic acid

　強酸　　水溶液中で，ほぼ完全に H^+ を H_2O の供与し，H_3O^+ と共役塩基 A^- に変化する化合物 HA を**強酸**という．ただし，いかなる強酸でも HA は依然として溶液中に残るので，一般には $pK_a < 0$ ($K_a > 1$) が強酸の目安とされている．このときの HA の変化率を表す解離度 α は，(7・5)式をもとに $\alpha > 0.62$ と計算される．一方，$pK_a = -2$ における HA の解離度は $\alpha = 0.99$ と計算され，ほぼ完全なイオン解離が起こっている．表7・1では HI, HBr, HCl, $HClO_4$, H_2SO_4 がこの条件を満たしている．これらの化合物を水に溶かすと，ほぼすべての H^+ が HA から H_2O に移動してしまうので，溶液のプロトン供与能，すなわち酸性度が H_3O^+ のレベルを超えられなくなる[4]．その結果，たとえば HI と HBr のいずれが強い酸であるかを知ることができなくなる．このように強い酸を加えてもその強さが溶媒によって規制され，酸性度の差が隠される現象を**水平化効果**という．HA の酸解離平衡は，溶媒をブレンステッド塩基とする反応なので，水よりも塩基性の低い溶媒に用いると強酸を区別できるようになる．これにより

強酸：strong acid

4) 水の酸解離定数は $pK_a = pK_w = 14.00$，共役酸である H_3O^+ の酸解離定数は $pK_a = 0.00$ である [P. T. Silverstein, S. T. Heller, *J. Chem. Educ.*, **94**, 690 (2017)]．教科書などに時おり記載されている水の $pK_a = 15.74$ は，水の活量 [$a(H_2O) = 1$] ではなく体積モル濃度を使って計算され値であり誤りである [解説7・1(b) 参照]．

水平化効果：leveling effect

表 7・1 水溶液中における種々の化学種の pK_a (25 ℃)[†1]

	酸	HA	A⁻	pK_a
(a)	ヨウ化水素酸	HI	I^-	< −4
	臭化水素酸	HBr	Br^-	< −4
	塩化水素酸（塩酸）	HCl	Cl^-	< −4
	フッ化水素酸	HF	F^-	3.17
	硫化水素	H_2S	HS^-	7.02
	シアン化水素酸	HCN	CN^-	9.21
(b)	過塩素酸	$HClO_4$	ClO_4^-	< −4
	塩素酸	$HClO_3$	ClO_3^-	−1.0
	亜塩素酸	$HClO_2$	ClO_2^-	1.96
	次亜塩素酸	HClO	ClO^-	7.53
	硫酸	H_2SO_4	HSO_4^-	−3.29 (pK_{a1})
	硫酸水素イオン	HSO_4^-	SO_4^{2-}	1.99 (pK_{a2})
	硝酸	HNO_3	NO_3^-	−1.43
	リン酸	H_3PO_4	$H_2PO_4^-$	2.15 (pK_{a1})
	リン酸二水素イオン	$H_2PO_4^-$	HPO_4^{2-}	7.20 (pK_{a2})
	リン酸水素イオン	HPO_4^{2-}	PO_4^{3-}	12.38 (pK_{a3})
	ホスホン酸（亜リン酸）	H_2PO_3	HPO_3^-	1.80
	炭酸	H_2CO_3	HCO_3^-	6.35 (pK_{a1})
	炭酸水素イオン	HCO_3^-	CO_3^{2-}	10.33 (pK_{a2})
	ホウ酸[†2]	$B(OH)_3$	$B(OH)_4^-$	9.24
(c)	ギ酸	HCO_2H	HCO_2^-	3.75
	酢酸	CH_3CO_2H	$CH_3CO_2^-$	4.76
	安息香酸	$C_6H_5CO_2H$	$C_6H_5CO_2^-$	4.20
(d)	アンモニウムイオン	NH_4^+	NH_3	9.24
	メチルアンモニウムイオン	$CH_3NH_3^+$	CH_2NH_2	10.64
	ジメチルアンモニウムイオン	$(CH_3)_2NH_2^+$	$(CH_3)_2NH$	10.73
	ピリジニウムイオン	$C_5H_5NH^+$	C_5H_5N	5.25

†1 強酸の値は，日本化学会 編，"化学便覧基礎編（改訂6版）"，丸善（2021）から収録．弱酸の値は，S. J. Hawkes, *J. Chem. Educ.*, **71**, 747（1994）および国立天文台 編，"理科年表2019"，丸善（2018）から収録．
†2 解離平衡は $B(OH)_3(aq) + 2H_2O(l) \rightleftharpoons H_3O^+ + B(OH)_4^-(aq)$ である．ホウ酸はルイス酸として働き，水の酸性度を高めている（§7・2参照）．

$H_2SO_4 <$ HCl < HBr < HI < $HClO_4$ の順で酸性度が高くなる（pK_a が負に大きくなる）ことが確かめられている．

　弱酸　水溶液中で $pK_a > 0$（$K_a < 1$）である酸を**弱酸**という．ハロゲン化水素の酸性度は HI > HBr > HCl ≫ HF の順に低下し，表7・1にみられるように，HF だけが弱酸である．結合のイオン性が最も高い HF（2章の章末問題2・4参　　**弱酸**：weak acid

5) 解説 7・1(c) の最後に，熱力学データに基づく解説を記載した．なお，HF の希薄水溶液は弱酸であるが，無水 HF は硫酸と同程度の強酸である（解説 7・2 参照）．

一塩基酸：monoprotic acid

二塩基酸：diprotic acid

三塩基酸：triprotic acid

多塩基酸：polyprotic acid

6) 高校の教科書に記載されている"酸の価数" は IUPAC では認められていない．

照）の酸性度が最も低くなる理由は複合的であるが，H−F が強い結合であることが要因の一つとなっている．また HF の酸解離平衡がエントロピー的に不利なことも酸性度が低下する原因となる[5]．

オキソ酸の構造と酸性度　表 7・2 に代表的なオキソ酸のルイス構造を示す．簡略化のため孤立電子対は中心原子にだけ記入している．塩素を中心原子とする 4 種類のオキソ酸と硝酸は，プロトン源となる水素原子を一つだけもつ**一塩基酸**である．これに対して，硫酸とホスホン酸は 2 個のプロトン源をもつ**二塩基酸**，リン酸は 3 個のプロトン源をもつ**三塩基酸**である．このようにプロトン源を複数個もつ酸を総称して**多塩基酸**という[6]．

表 7・2　オキソ酸の構造と pK_a （25 ℃）[†]

$p = 3$	$p = 2$	$p = 1$	$p = 0$
〔構造式〕（−10） 過塩素酸	〔構造式〕（−1.0） 塩素酸	〔構造式〕（2.0） 亜塩素酸	〔構造式〕（7.5） 次亜塩素酸
	〔構造式〕（−3.3） 硫酸	〔構造式〕（2.2） リン酸	
	〔構造式〕（−1.4） 硝酸	〔構造式〕（1.8） ホスホン酸	

† p はオキシド基 (O) の数．多塩基酸の pK_a は pK_{a1}．

多塩基酸は多段階の酸解離平衡を起こす．硫酸の解離平衡は以下のように表される．

$$H_2SO_4(aq) + H_2O(l) \underset{}{\overset{K_{a1}}{\rightleftharpoons}} H_3O^+(aq) + HSO_4^-(aq) \qquad K_{a1} = \frac{[H_3O^+][HSO_4^-]}{[H_2SO_4]}$$

$$HSO_4^-(aq) + H_2O(l) \underset{}{\overset{K_{a2}}{\rightleftharpoons}} H_3O^+(aq) + SO_4^{2-}(aq) \qquad K_{a2} = \frac{[H_3O^+][SO_4^{2-}]}{[HSO_4^-]}$$

表 7・1 から，$K_{a1} = 1.95 \times 10^3$ （p$K_{a1} = -3.29$），$K_{a2} = 1.02 \times 10^{-2}$ （p$K_{a2} = 1.99$）であり，$K_{a1} > K_{a2}$ となっている．このように，多塩基酸の酸解離定数は，1 段階目よりも 2 段階目，2 段階目よりも 3 段階目が小さくなる．その理由は酸の静電モデルを用いて理解できる．すなわち，プロトンの解離によって酸の負電荷が増えると，残りのプロトンがより強く引きつけられて解離しにくくなるためである．

一般式 $O_pE(OH)_q$ で表されるオキソ酸の pK_a に対して，**ポーリングの規則**とよばれる次の二つの経験則が成立する[7]．

ポーリングの規則：Pauling's rule

7) 規則 1 と同じ経験則がイギリスのベル（Ronald Bell）によって提出され，ベルの法則（Bell's rule）とよばれている．

規則 1　オキシド基 (O) の数 p と pK_a との間に次の関係がある：p$K_a \approx 8 - 5p$．

規則 2　多塩基酸（$q > 1$）では酸解離が 1 回起こるごとに pK_a が 5 単位ずつ増える．

表7・2から，pK_a が中心原子の種類ではなく，p の数に応じて大きく変化していることがわかる．規則1の計算値は，$p=3$ で $pK_a \approx -7$，$p=2$ で $pK_a \approx -2$，$p=1$ で $pK_a \approx 3$，$p=0$ で $pK_a \approx 8$ であり，実測値をよく再現している．さらに，表7・1中の硫酸とリン酸の値を規則2に照らしてみると，確かに $pK_{a1} \rightarrow pK_{a2} \rightarrow pK_{a3}$ の順に数値が5ずつ大きくなっている．

pK_a の実測値がポーリングの規則と大きく異なる場合はオキソ酸の構造や酸解離平衡に何らかの異常がある．たとえば，炭酸（$p=1$）の pK_{a1} の実測値は6.35であり（表7・1），規則1から想定される $pK_a \approx 3$ に比べて明らかに酸性度が低下している．これは，水に溶解した CO_2 の大部分が炭酸（H_2CO_3）に変化せず，そのまま残るためである．すなわち，CO_2 と水から H_3O^+ と HCO_3^- が生成する過程を（7・11）式と（7・12）式の2段階に分けて書くと，1段階目〔（7・11）式〕の平衡定数が $K_h = 1.7 \times 10^{-3}$ と小さく，見かけの酸性度が低下する要因となっている．実際，$-\log K_h = 2.77$ なので，実測値である $pK_{a1} = 6.35$ からこの値を引く

📖 基礎 7・1　オキソ酸の名称　📖

多くの場合に，オキソ酸の名称には慣用名が使われる．次表に代表例を示す．中心原子となる各元素に対して，古くから知られているオキソ酸を"○○酸"とよんで基準とし，これよりも酸素原子が一つ多いものを"過○○酸"，一つ少ないものを"亜○○酸"，二つ少ないものを"次亜○○酸"と命名する．これらの慣用名は組成や構造に関して明確な情報を含まない．一方，IUPAC

が推奨する体系名には中心原子と結合する原子や原子団が示されているので，オキソ酸の構造を把握することができる．表には付加命名法による体系名を示した．たとえば，リン酸の体系名〔トリ（ヒドロキシド）（オキシド）リン〕から，P原子に3個のヒドロキシド基（OH）と1個のオキシド基（O）が結合した化合物〔$PO(OH)_3$〕であることがわかる．

代表的なオキソ酸の名称

化学式	慣用名	体系名[1]
$H_3BO_3 = [B(OH)_3]$	ホウ酸 (boric acid)	トリヒドロキシドホウ素
$H_2CO_3 = [CO(OH)_2]$	炭酸 (carbonic acid)	ジヒドロキシドオキシド炭素
$H_4SiO_4 = [Si(OH)_4]$	ケイ酸 (silicic acid)	テトラヒドロキシドケイ素
$HNO_3 = [NO_2(OH)]$	硝酸 (nitric acid)	ヒドロキシドジオキシド窒素
$HNO_2 = [NO(OH)]$	亜硝酸 (nitrous acid)	ヒドロキシドオキシド窒素
$H_3PO_4 = [PO(OH)_3]$	リン酸 (phosphoric acid)	トリヒドロキシドオキシドリン
$H_3PO_3 = [P(OH)_3]$	亜リン酸 (phosphorous acid)	トリヒドロキシドリン
$H_3PO_3 = [PH(O)(OH)_2]$	ホスホン酸 (phosphonic acid)	ヒドリドジヒドロキシドオキシドリン
$H_2SO_4 = [SO_2(OH)_2]$	硫酸 (sulfuric acid)	ジヒドロキシドジオキシド硫黄
$H_2SO_3 = [SO(OH)_2]$	亜硫酸 (sulfurous acid)	ジヒドロキシドオキシド硫黄
$HClO_4 = [ClO_3(OH)]$	過塩素酸 (perchloric acid)	ヒドロキシドトリオキシド塩素
$HClO_3 = [ClO_2(OH)]$	塩素酸 (chloric acid)	ヒドロキシドジオキシド塩素
$HClO_2 = [ClO(OH)]$	亜塩素酸 (chlorous acid)	ヒドロキシドオキシド塩素
$HClO = [O(H)Cl]$	次亜塩素酸 (hypochlorous acid)	クロリドヒドリド酸素[2]

[1] 付加命名法に基づく名称.
[2] 次亜塩素酸の中心原子は Cl ではなく O である（HOCl）.

と，2段階目［(7・12)式］に対してポーリングの規則と整合性のある値（pK_{a1}' = 3.58）が得られる．

$$CO_2(aq) + H_2O(l) \underset{}{\overset{K_h}{\rightleftharpoons}} H_2CO_3(aq) \tag{7・11}$$

$$H_3CO_3(aq) + H_2O(l) \underset{}{\overset{K_{a1}'}{\rightleftharpoons}} H_3O^+(aq) + HCO_3^-(aq) \tag{7・12}$$

六酸化四リン（P_4O_6）を水に溶かすと H_3PO_3 の分子式をもつオキソ酸が生じる．(7・13)式に示すように，この分子には $P(OH)_3$ と $HP(O)(OH)_2$ の構造をもつ2種類の**互変異性体**が存在する[8]．前者は亜リン酸とよばれる酸化数 +3 のリン化合物，後者はホスホン酸とよばれる酸化数 +5 のリン化合物である．pK_a の実測値は1.80なので（表7・1），ポーリングの規則から，オキシド基 (O) を一つもつホスホン酸（$p=1$）側に平衡が大きく傾いているものと考えられる．

互変異性体：tautomer

8) 構造異性体のうち異性体間の相互変換が速く，平衡混合物として存在するものを互変異性体という．互変異性体は互いに骨格構造が異なるので共鳴構造ではない．

$$\tag{7・13}$$

亜リン酸   ホスホン酸

7・1・3 強塩基と弱塩基

水溶液中で水から H^+ を受取り，共役酸 BH^+ と OH^- イオンにほぼ完全に変化する化合物 B を**強塩基**という．水溶液中で強塩基として働く金属水酸化物は少なく，1族元素の水酸化物［LiOH, NaOH, KOH, RbOH, CsOH］と，2族元素のうち Ca, Sr, Ba の水酸化物［$Ca(OH)_2$, $Sr(OH)_2$, $Ba(OH)_2$］だけである．その他の $Mg(OH)_2$ や，遷移元素の水酸化物［$Cu(OH)_2$, $Fe(OH)_3$ など］は**弱塩基**として働く．またアンモニアやアミン，弱酸と強塩基から生じる酢酸ナトリウム（pK_b = 9.24）などの塩は，水溶液中で弱塩基性を示す．一方，強酸と弱塩基から生じる硫酸マグネシウムや硫酸銅などの塩は弱酸性を示す．

強塩基：strong base

弱塩基：weak base

7・1・4 pH

pH と pK_a　水溶液の酸性度をはかるための尺度として**水素イオン指数 pH** が使用される．pH は H_3O^+ 濃度を用いて (7・14)式のように定義される[9]．pK_a が "物質の酸性度" の指標であったのに対して，pH は "水溶液の酸性度" をはかるための尺度である．25 ℃ の中性水溶液では $[H_3O^+] = [OH^-] = 1.00 \times 10^{-7}$ mol dm^{-3} なので，pH = 7 となり，これよりも pH の小さい水溶液を酸性水溶液，pH の大きい水溶液を塩基性水溶液とよんでいる．

水素イオン指数：potential of hydrogen

9) 酸解離定数と同様，正しくは活量を用いて $pH = -\log a(H_3O^+)$ と定義され，希薄水溶液に対して (7・14)式の近似式が成立する［解説7・1(b) 参照］．なお，濃厚溶液や純物質に対しては，pH の代わりに酸度関数が用いられる（解説7・2参照）．

$$pH = -\log[H_3O^+] \tag{7・14}$$

なお，(7・14)式は希薄水溶液に対して成立し，水以外の溶媒を用いた溶液や純物質の液体に pH を適用することはできない．そのような場合には，pH の代わりに**酸度関数** H_0 が使用される（解説7・2参照）．

酸度関数：acidity function

強酸は希薄水溶液中でほぼ完全にイオン解離するので，溶液濃度からオキソニウムイオン濃度と pH を見積もることができる．これに対して，解離度の低い弱酸の水溶液については，溶液濃度と pK_a から以下のように pH が計算される．

酸 HA の酸解離平衡に対して，各成分の平衡濃度を (7・15)式のように表すこ

とができる．ここで C_0 は HA の初濃度，α は HA の解離度である．

$$HA(aq) + H_2O(l) \rightleftharpoons H_3O^+(aq) + A^-(aq) \qquad (7 \cdot 15)$$
$$C_0(1-\alpha) \qquad\qquad\qquad C_0\alpha \qquad C_0\alpha$$

これらの平衡濃度を (7・5) 式に代入すると次の (7・16) 式が得られる．

$$K_a = \frac{[H_3O^+][A^-]}{[HA]} = \frac{C_0\alpha^2}{1-\alpha} \qquad (7 \cdot 16)$$

酢酸など，解離度の小さな弱酸に対して $\alpha \ll 1$ が成立するとき，$1-\alpha \fallingdotseq 1$ と近似できるので，解離度は (7・17) 式にように表される．

$$\alpha = \sqrt{\frac{K_a}{C_0}} \qquad (7 \cdot 17)$$

さらに，$[H_3O^+] = C_0\alpha = \sqrt{K_a \cdot C_0}$ となるので，次の (7・18) 式から水溶液の pH を求めることができる．

$$pH = -\log[H_3O^+] = -\log(\sqrt{K_a \cdot C_0}) \qquad (7 \cdot 18)$$

たとえば，酢酸は $pK_a = 4.76$（$K_a = 1.74\times10^{-5}$，25 ℃）なので，濃度 0.100 mol dm^{-3} の酢酸水溶液の pH は次のように計算される．

$$pH = -\log\sqrt{(1.74\times10^{-5})\times0.100} = 2.88$$

緩衝液　純水に強酸や強塩基を加えると，ほんの少量でも pH が大きく変動する．**緩衝液**は，このような外部からの酸や塩基の添加による急激な変化を緩和し，pH をほぼ一定に保つ働きをもつ水溶液で，弱酸とその共役塩基，あるいは

緩衝液：buffer solution

📖 解説 7・2 酸度関数 📖

　強酸の酸性度をはかる際の尺度としてハメットの酸度関数 H_0 が使用される．酸性の液体にニトロアニリンなどの誘導体を塩基として加えるとプロトン化されて発色するので，発色強度をもとに液体のブレンステッド酸性を評価する．なお H_0 の添字 "0" は対象となる物質が中性であることを表し，電荷をもつ物質には H_+ や H_- の記号を用いる．

　酸度関数 H_0 は pH に似ているが，pH が希薄な水溶液を対象とした値であったのに対して，H_0 は非水溶媒系の溶液や，溶媒を含まない純物質の液体にも適用することができる．次表に代表的な物質の酸度関数を示す．100％硫酸（$H_0 = -11.93$）よりも酸性度の高い物質を超酸あるいは超強酸とよぶ．pH と同様，H_0 は対数スケールで表されている．

代表的な物質の酸度関数 H_0

純物質の液体	H_0	ルイス酸を含む液体	H_0
HNO$_3$	−6.3	HF+SbF$_5$（1 mol％）	−20.5
H$_2$SO$_4$	−11.93	HF+SbF$_5$（50 mol％）	−30 程度
H$_2$S$_2$O$_7$（H$_2$SO$_4$+SO$_3$）[†2]	−14.44	FSO$_3$H+SbF$_5$（1 mol％）	−16.5
HClO$_4$	−13.0	FSO$_3$H+SbF$_5$（10 mol％）	−18.94
HF	−11.03	FSO$_3$H+SbF$_5$（90 mol％）	−26.5
FSO$_3$H	−15.07	CF$_3$SO$_3$H+SbF$_5$（2 mol dm^{-3}）	−18
CF$_3$SO$_3$H	−14.1	C$_2$F$_5$SO$_3$H+SbF$_5$（2 mol dm^{-3}）	−18.95

†1 出典：日本化学会 編，"化学便覧基礎編（改訂6版）"，丸善（2021）．
†2 発煙硫酸．

弱塩基とその共役酸を緩衝剤として調製される. たとえば, 濃度 $0.100 \mathrm{~mol~dm^{-3}}$ の酢酸水溶液と, 濃度 $0.100 \mathrm{~mol~dm^{-3}}$ の酢酸ナトリウム水溶液を適切な比率で混合して, pH = 3.6〜5.6 の範囲で pH の定まった緩衝液を調製することができる.

酢酸 CH_3CO_2H は水溶液中で次の化学平衡にある.

$$CH_3CO_2H(aq) + H_2O(l) \rightleftharpoons H_3O^+(aq) + CH_3CO_2^-(aq)$$

(7・5)式の HA を CH_3CO_2H, A^- を $CH_3CO_2^-$ として両辺の対数をとると次式のようになる.

$$\log K_a = \log\left(\frac{[H_3O^+][CH_3CO_2^-]}{[CH_3CO_2H]}\right) = \log[H_3O^+] + \log\left(\frac{[CH_3CO_2^-]}{[CH_3CO_2H]}\right)$$

$\log K_a = -pK_a$, $\log[H_3O^+] = -pH$ なので, これらを代入して整理すると次の (7・19)式が得られる.

$$pH = pK_a + \log\left(\frac{[CH_3CO_2^-]}{[CH_3CO_2H]}\right) \tag{7・19}$$

酢酸ナトリウム CH_3CO_2Na は, 水溶液中で $CH_3CO_2^-$ と Na^+ にほぼ完全にイオン解離する. また $CH_3CO_2^-$ が添加された水溶液中において, 弱酸である酢酸の酸解離平衡はルシャトリエの原理により酢酸側に傾く. そのため, 緩衝液中の CH_3CO_2H と $CH_3CO_2^-$ の濃度は, 緩衝剤として加えた酢酸と酢酸ナトリウムの濃度にほぼ等しいと考えることができる. すなわち, 酢酸水溶液 ($0.100 \mathrm{~mol~dm^{-3}}$) と酢酸ナトリウム水溶液 ($0.100 \mathrm{~mol~dm^{-3}}$) を 50:50 で混合すると, (7・19)式から, pH = pK_a = 4.76 の緩衝液になることがわかる. 同様に, 酢酸水溶液と酢酸ナトリウム水溶液を 90:10 で混合すると pH = 3.8 の, 15:85 で混合すると pH = 5.5 の緩衝液がそれぞれ調製される.

緩衝液には強酸を中和する弱塩基と, 強塩基を中和する弱酸とが含まれている. 酢酸/酢酸ナトリウム緩衝液に強酸を加えると, 酢酸イオンとの間で次の中和反応が起こる.

$$H_3O^+(aq) + CH_3CO_2^-(aq) \longrightarrow CH_3CO_2H(aq) + H_2O(l)$$

また強塩基を加えると, 酢酸との間で次の中和反応が起こる.

$$OH^-(aq) + CH_3CO_2H(aq) \longrightarrow CH_3CO_2^-(aq) + H_2O(l)$$

すなわち, 緩衝液中では強酸が弱酸に, 強塩基が弱塩基にそれぞれ変換されるため, 溶液の pH の変化が小さくなる. これらの緩衝作用が有効に働くためには, 添加される酸や塩基に対して十分な量の緩衝剤が存在する必要がある.

7・1・5 酸 化 物 の 性 質

酸素は反応性に富み, ほとんどの元素と化合して酸化物をつくる. 金属元素の酸化物である Na_2O や BaO の固体を水に溶かすと, H^+ を受取って金属水酸化物に変化する. また酸と中和反応を起こして塩と水を生じる. このように塩基として働く酸化物を**塩基性酸化物**という.

塩基性酸化物: basic oxide

$$Na_2O(s) + 2H_2O(l) \longrightarrow 2NaOH(aq)$$

$$BaO(s) + 2HCl(aq) \longrightarrow BaCl_2(aq) + H_2O$$

一方，SO_3 や CO_2 などの非金属元素の酸化物は水と化合して酸（オキソ酸）を生じ，また塩基と中和反応を起こして塩と水を生成する．このように酸として働く酸化物を**酸性酸化物**という．

酸性酸化物：acidic oxide

$$SO_3(g) + H_2O(l) \longrightarrow H_2SO_4(aq)$$

$$CO_2(g) + 2NaOH(aq) \longrightarrow Na_2CO_3(aq) + H_2O$$

酸化物にはさらに，酸とも塩基とも反応する**両性酸化物**があり，BeO, Al_2O_3, Ga_2O_3 などがよく知られた例である．Al_2O_3 は酸および塩基とそれぞれ次のように反応する．

両性酸化物：amphoteric oxide

$$Al_2O_3(s) + 6H_3O^+(aq) + 3H_2O(l) \longrightarrow 2[Al(OH_2)_6]^{3+}(aq)$$

$$Al_2O_3(s) + 2OH^-(aq) + 3H_2O(l) \longrightarrow 2[Al(OH)_4]^-(aq)$$

図 7・2 に示すように，周期表左側の金属元素の酸化物が塩基性を，周期表右側の非金属元素と一部の半金属元素の酸化物が酸性を示す．また，これらの境界に位置する Be, Al, Ga, In, Ge, Sn, Pb, As, Sb, Bi が両性酸化物を与える．このように，酸化物の性質は，元素が金属性か非金属性かをはかる重要な目安となる．なお 15 族の As, Sb, Bi については，最大酸化数 (+5) のときに酸性酸化物，これよりも酸化数が小さいときは両性酸化物となる．

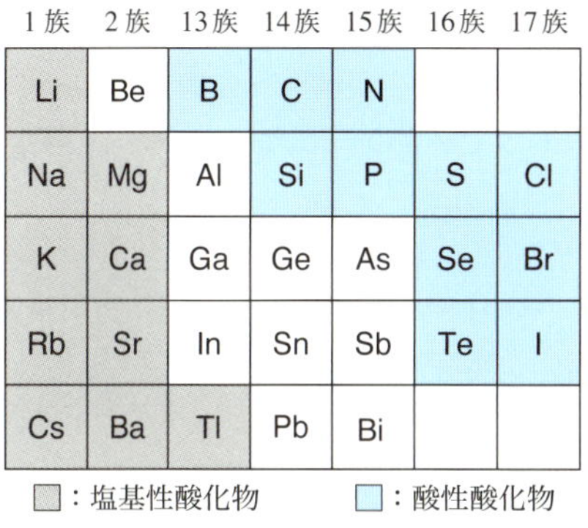

1族	2族	13族	14族	15族	16族	17族
Li	Be	B	C	N		
Na	Mg	Al	Si	P	S	Cl
K	Ca	Ga	Ge	As	Se	Br
Rb	Sr	In	Sn	Sb	Te	I
Cs	Ba	Tl	Pb	Bi		

□：塩基性酸化物　　□：酸性酸化物

図 7・2 元素と酸化物の性質との関係．白枠の元素は両性酸化物を与えるが，15 族の As, Sb, Bi は酸化数 +5 のときに酸性酸化物となる．

7・2 ルイスの酸塩基

ブレンステッド・ローリーの酸塩基理論ではプロトンの授受をもとに酸と塩基を定義した．これに対して，ルイスの酸塩基理論では電子対を受容する物質を酸（ルイス酸），電子対を供与する物質を塩基（ルイス塩基）と定義する．一般式ではルイス酸を A，ルイス塩基を B: と表し，結合線を用いて両者の付加体（酸塩基付加体）を A−B と表記する．また A ←:B や B:→ A のように，矢印を使って電子対の供与を強調することもある．

ルイスの酸塩基の定義は一般性が高く，典型的なブレンステッド・ローリーの酸塩基反応に対しても適用可能である．すなわち，プロトン（H^+）は H_2O や NH_3 から電子対の供与を受けて結合するのでルイス酸である．逆に H_2O と NH_3 はルイス塩基である．

$$\overset{H}{\underset{H}{O}}: \rightarrow H^+ \;=\; \overset{H}{\underset{H}{O^+}}-H \qquad\qquad H-\overset{H}{\underset{H}{N}}: \rightarrow H^+ \;=\; H-\overset{H}{\underset{H}{N^+}}-H$$

OH 基を有するホウ酸 [$B(OH)_3$] はブレンステッド酸のようにみえるが，実際にはルイス酸として働き，水を活性化して酸解離を促進している [(7・20)式].

$$(HO)_3B \;\xrightleftharpoons{\;H_2O\;}\; \overset{HO}{\underset{HO}{HO-B}}\leftarrow :OH_2 \;\xrightleftharpoons{\;H_2O\;}\; B(OH)_4^- + H_3O^+ \tag{7・20}$$

7・2・1 HSAB 則

プロトンの授受を前提とするブレンステッド・ローリーの酸塩基に対して，ルイスの酸塩基では結合相手がさまざまに変わるので，酸性度と塩基性度を一義的に規定することはできない．代わって，中心原子の分極のしやすさをもとにルイス酸を硬い酸と軟らかい酸に，またルイス塩基を硬い塩基と軟らかい塩基に分類し，酸塩基付加体の生成しやすさの目安とする．これは HSAB 則とよばれる経験則で，酸と塩基は表7・3のように分類される．たとえば，Al^{3+} はハロゲン化物イオンに対して，$I^- < Br^- < Cl^- < F^-$ の順に結合しやすくなる．Hg^{2+} は逆に，$F^- < Cl^- < Br^- < I^-$ の順に結合しやすくなる．すなわち，硬い酸である Al^{3+} は硬い塩基である F^- と最も強く結合し，軟らかい酸である Hg^{2+} は軟らかい塩基である I^- と最も強く結合する．

HSAB 則：hard and soft acids and bases principle

表 7・3　HSAB 則に基づくルイス酸とルイス塩基の分類

	硬　い	中　間	軟らかい
酸	$H^+, Li^+, Na^+, K^+, Be^{2+},$ $Mg^{2+}, Ca^{2+}, Al^{3+}, Cr^{3+},$ $Fe^{3+}, Co^{3+}, BF_3, CO_2,$ SO_3	$Fe^{2+}, Co^{2+}, Ni^{2+}, Cu^{2+},$ $Zn^{2+}, Pb^{2+}, B(CH_3)_3,$ SO_2	$Pd^{2+}, Pt^{2+}, Cu^+, Ag^+,$ $Au^+, Cd^{2+}, Hg^{2+}, Tl^+,$ BH_3
塩基	$F^-, Cl^-, OH^-, H_2O,$ $NH_3, CO_3^{2-}, NO_3^-,$ $PO_4^{3-}, O^{2-}, SO_4^{2-},$ $ClO_4^-, CH_3CO_2^-$	$Br^-, N_3^-, NO_2^-, SO_3^{2-},$ $SCN^-,$ ピリジン	$I^-, H^-, CH_3^-, CN^-, CO,$ $NCS^-, S^{2-}, CH_3S^-,$ ホスフィン

ルイス酸とルイス塩基は静電相互作用と軌道相互作用により結合する．酸塩基付加体の形成にどちらか一方の相互作用だけが関与することは稀であるが，硬い酸と硬い塩基の組合わせでは静電相互作用が主体的となり，柔らかい酸と柔らかい塩基との組合わせでは軌道相互作用が主体的となる傾向がある．静電相互作用としてはイオン–イオン相互作用（イオン結合）とイオン–双極子相互作用（§7・2・2参照）が重要である．一方，軌道相互作用により配位結合が生じる．

　図7・3に，ルイス酸Aとルイス塩基B:との軌道相互作用の概念図を示す．AとB:が電荷をもつイオンの場合も同様である．Aの空軌道とB:の被占軌道が重なり結合性軌道が生じる．その際A−B結合をつくる電子対はすべてB:から提供されるので，結合前に比べてBの電子密度は低下し，Aの電子密度は上昇する．この現象を**電子供与**という．ルイス塩基からルイス酸への電子供与によって形成される結合を**配位結合**または**供与結合**，配位結合によって生じる付加体を**配位化合物**または**錯体**という．図からわかるように，A−B間に電子対が共有されているので配位結合は共有結合である．

電子供与：electron donation

配位結合：coordinate bond

供与結合：dative bond

配位化合物：coordination compound

錯体：complex

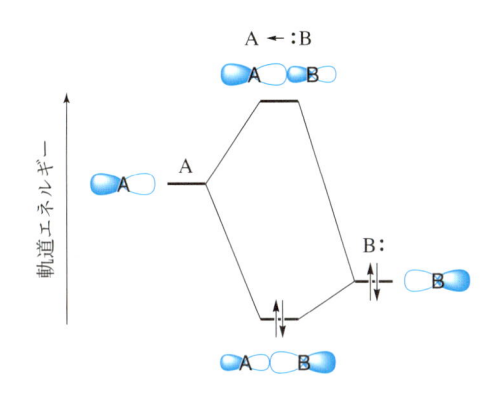

図 7・3　配位結合（σ供与）の軌道相関図（概念図）.

　硬い酸である Al^{3+} の空軌道はエネルギー準位が高く，硬い塩基である F^- の被占軌道はエネルギー準位が低い．このような隔たりの大きな軌道間では図7・3の軌道相互作用が有効に働かない．その一方で，Al^{3+} はイオン半径が 40 pm 程度の小さなカチオンである．また F^- もアニオンとしては小ぶりで，電子が原子核に強く束縛されている．正負の電荷間に働く静電引力は距離の二乗に反比例するので，小さく引き締まったカチオンとアニオンが短い核間距離で近づくと，両者に効果的な静電相互作用が働いて強く引き合う．

　これに対して，柔らかい酸である Hg^{2+} と柔らかい塩基である I^- はいずれもイオン半径が大きく，両者の静電相互作用は弱いものとなるが，その一方で，原子価軌道（空軌道と被占軌道）のエネルギー準位が近く，両者の間に効果的な軌道相互作用が働いて配位結合により安定化する．

7・2・2　水和金属イオンの酸性度

　(7・20)式に示したホウ酸の酸解離平衡では，ルイス酸性をもつホウ素中心に水が配位して酸性度が高くなった．同様に，ルイス酸性をもつ金属イオン M^{n+} を水に溶かすと水和金属イオン $[M(OH_2)_m]^{n+}$ が生じ，水溶液は酸性を呈する．水和金属イオンの酸性度は，M^{n+} がもつ正電荷の数とイオン半径，さらには M^{n+} と水との結合様式に応じて変化する．

　水和金属イオンには，図7・4に示す2種類の結合様式がある．様式 (a) では，M^{n+} と H_2O が**イオン–双極子相互作用**とよばれる静電相互作用で結ばれている．水は O ($\chi^{AL} = 3.61$) と H ($\chi^{AL} = 2.30$) の電気陰性度の差を反映して $O^{\delta-} - H^{\delta+}$ 型に分極しているので，負電荷を帯びた酸素原子が正電荷をもつ金属イオンと静電

イオン–双極子相互作用：ion-dipole interaction

気力で引き合い，水和イオンが形成される．1族と2族の金属イオンや，13族の Al^{3+} などの硬いルイス酸ではこの結合様式が支配的となる．一方，様式 (b) では M^{n+} と H_2O が配位結合で結ばれている．柔らかいルイス酸である d ブロック元素の金属イオンや，高周期 p ブロック元素の金属イオンがこの結合様式をとりやすい．

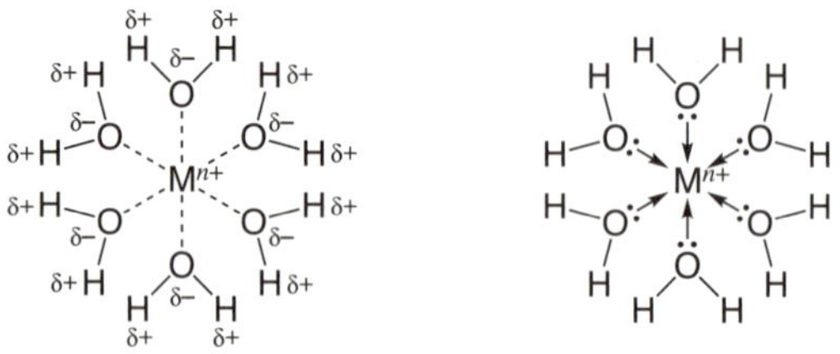

(a) イオン-双極子相互作用 　　　　(b) 配位結合

図 7・4 　水和金属イオン $[M(OH_2)_6]^{n+}$ の結合様式.

　図 7・5 に，種々の水和金属イオンの pK_a 値をプロットした．図の横軸は金属イオンの静電パラメーター (ξ) とよばれる値で，$ξ = z^2/r$ により与えられる．ここで z は金属イオンの電荷数，r はイオン半径である[10]．静電パラメーターは図 7・4(a) の結合様式に対応し，M^{n+} と水がイオン-双極子相互作用で引き合う力の目安となるものである．図 7・5 に青色で示した1族と2族の金属イオンでは，静電パラメーターと pK_a との間に良好な直線関係が認められ，この静電モデルによく適合していることがわかる．このモデルでは金属イオンの電荷数が増えてイオン半径が小さくなると静電引力が強まり，水の分極 ($O^{δ-}-H^{δ+}$) が助長されるので酸性度が上がる．13族の Al^{3+} も青色の直線上にあり，この結合モデルに一致している．

　一方，遷移金属イオンの pK_a 値はすべて直線よりも上方にあり，図 7・4(a) の静電相互作用に基づく想定値よりも酸性度が高くなっている．これは，図 7・

10) 静電パラメーター (ξ) は，"シュライバー・アトキンス無機化学 (上)，東京化学同人 (2008)" の記述をもとに，次の配位数のイオン半径を用いて計算した：4 (Li^+, Cu^{2+})，8 (Ba^{2+}, Sr^{2+})，6 (その他の M^{n+})．またその際，$Mn^{2+}(d^5)$，$Fe^{2+}(d^6)$，$Fe^{3+}(d^5)$，$Co^{3+}(d^6)$ は高スピン状態とした．

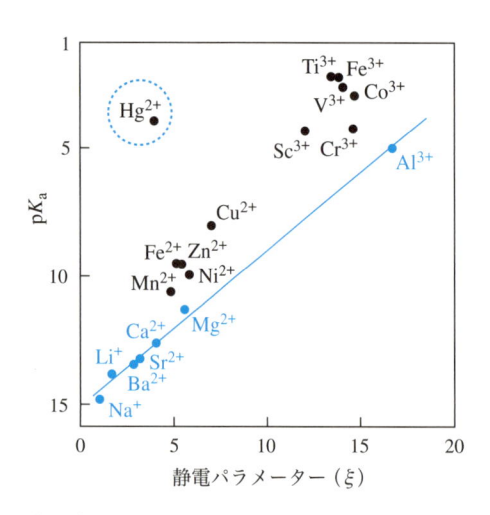

図 7・5 　水和金属イオン $[M(OH_2)_m]^{n+}$ の pK_a と静電パラメーター ($ξ = z^2/r$) との関係. 回帰直線は青色の金属イオンの値から最小二乗法により求めた.

4(b) の配位結合の寄与によるものである．特に Hg^{2+} は電荷数が +2 であるにも関わらず，電荷数 +3 の金属イオンに匹敵する高い酸性度を示している．12 族の第 6 周期元素である水銀は，原子価軌道（空軌道）のエネルギー準位が低く，水の酸素原子との間に共有性の高い結合を形成する．図 7・4(a) の静電相互作用では，$O^{\delta-}-H^{\delta+}$ 型の分極は助長されるものの，水分子そのものの電子密度に大きな変化は生じない．一方，図 7・4(b) の配位結合が支配的になると，金属中心への電子供与によって水の電子密度が低下するので，H^+ の解離がより効果的に促進され，酸性度が高くなる[11]．

11) 同様の現象は p ブロックの金属元素でも認められ，第 6 周期の $[Tl(OH_2)_6]^{3+}$ は高い酸性度（$pK_a = 1.9$）を示す．

7・2・3　p ブロック元素のルイス酸

§4・1・3 で述べたように，価電子数がオクテットに満たない 13 族元素の電子不足化合物はルイス酸として働く．たとえば，BX_3（X = F, Cl, Br）を THF（テトラヒドロフラン）に溶かすと，THF がルイス塩基となって酸素上の孤立電子対をホウ素に供与し，B–O 結合をもつ付加体が生成する［(7・21)式］．

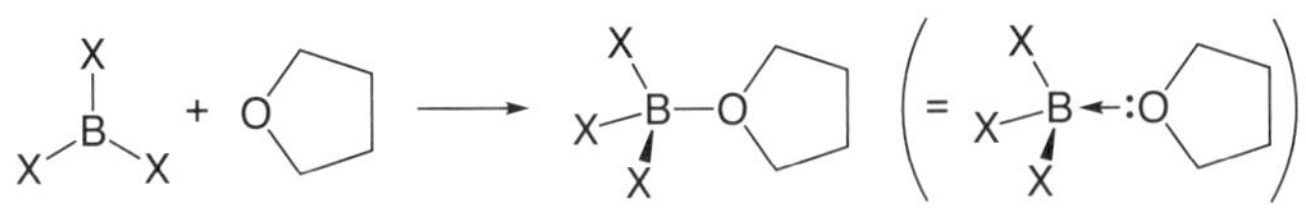

$$\text{(7・21)}$$

X = F, Cl, Br　　THF

高周期の 14 族元素であるケイ素，ゲルマニウム，スズの EX_4 型ハロゲン化物（X = F, Cl, Br）はオクテット則を満たす化合物であるが，ルイス酸として働く．たとえば，SiF_4 はルイス塩基である F^- と結合して超原子価化合物である SiF_5^- や SiF_6^{2-} を生成する［(7・22)式］．直線状に配列した F–Si–F 間は三中心四電子結合で結ばれている（§5・4・3 参照）．

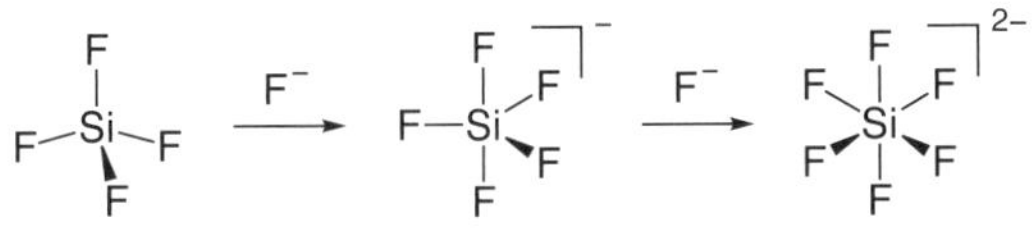

$$\text{(7・22)}$$

§4・1・3 で述べたように，BX_3 のルイス酸性は X = F < Cl < Br の順に強くなり，X の電気陰性度からの予測とは逆の特異な傾向を示す．これに対して SiX_4 のルイス酸性は X の電気陰性度が高くなるほど，すなわち X = Br < Cl < F の順に強くなる．

高周期の 15 族元素であるリン，ヒ素，アンチモンのハロゲン化物も強いルイス酸性を示す．五フッ化アンチモン（SbF_5）は特に強力なルイス酸で，HA から共役塩基 A^- を引き抜き，**超酸**または**超強酸**とよばれるきわめて強いブレンステッド酸を発生する．たとえば，SbF_5 を無水のフッ化水素（HF の液体）に溶かすと SbF_6^- と H_2F^+ が生じる［(7・23)式］．HF の酸度関数 H_0（解説 7・2 参照）は –11.0 であるが，わずかに 1 mol% の SbF_6 を加えるだけで HF 溶液の H_0 が –20.5 にまで変化し，10^{10} 倍ほど酸性度が高くなる．

超酸（超強酸）：superacid

$$\text{(7・23)}$$

マジック酸：magic acid

同様に，SbF_5 を FSO_3H に溶かすと**マジック酸**とよばれる超酸が生成する
[$H_0 = -26.5$ (90 mol% SbF_5)]．オラー（George Olah）が開発したこれらの超酸
を用いると，きわめて塩基性の弱いメタンなどの炭化水素に対してプロトン（H^+）
を付加することができる．

16 族の硫黄を中心原子とする二酸化硫黄（SO_2）や三酸化硫黄（SO_3）もルイス
酸として働く．特に SO_3 は強いルイス酸で，濃硫酸に溶かすと硫酸分子がルイ
ス塩基となって結合する [(7・24)式]．生成した溶液は発煙硫酸とよばれている．

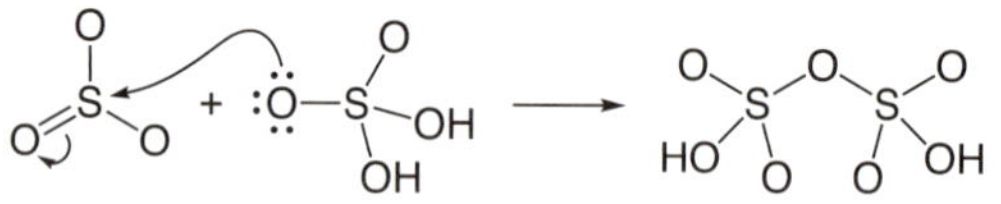

$$(7・24)$$

17 族元素についても高周期の I_2 と Br_2 がルイス酸性を示す．たとえば，I_2（ル
イス酸）と I^-（ルイス塩基）との反応によりポリヨウ化物イオンが生成する
[§3・4 の (3・12)式]．

7・2・4　d ブロック元素の錯体

遷移金属錯体：transition metal
complex

配位子：ligand

d ブロック元素である遷移金属の配位化合物を**遷移金属錯体**という．遷移金属
錯体は，中心原子である遷移金属に，**配位子**とよばれる原子あるいは原子団が結
合した分子性化合物である．表7・4 に代表例を示す．いずれも中心金属が一つ
の単核錯体であり，配位子の構成も単純であるが，さまざまな幾何構造をしてい
る．また以下に述べるように，金属と配位子との結合も，狭義の配位結合の概念
を超えて多様である．

　金属錯体の構造　　遷移金属錯体の幾何構造は，中心金属の配位数と酸化数に
応じて変化する．配位数（解説7・3）は，金属と配位子との間にある σ 結合の数

表 7・4　遷移金属錯体の例（青字は配位原子）[†]

6 配位	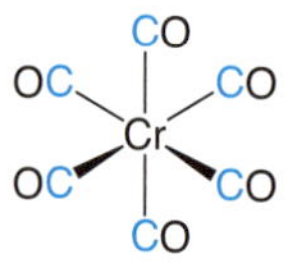 (a) d^6, 八面体形	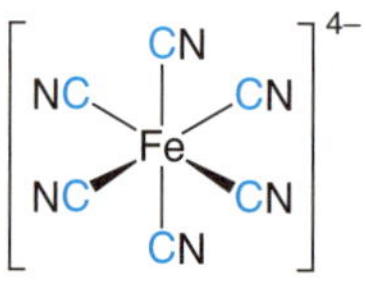 (b) d^6, 八面体形	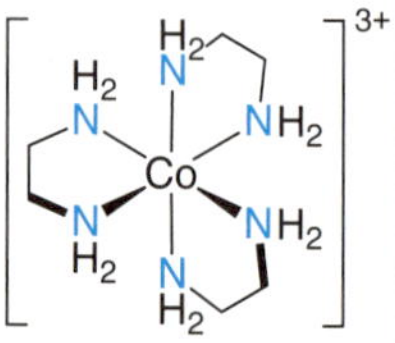 (c) d^6, 八面体形	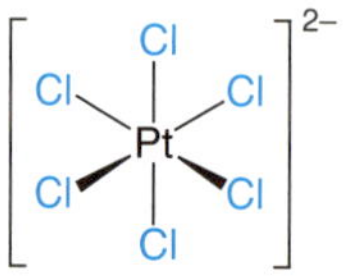 (d) d^6, 八面体形
5 配位 / 4 配位	(e) d^6, 四角錐形	(f) d^8, 三方両錐形	(g) d^8, 平面四角形	(h) d^{10}, 四面体形
3 配位 / 2 配位	(i) d^8, T字形	(j) d^{10}, 平面三角形	(k) d^{10}, 直線形	(l) d^{10}, 直線形

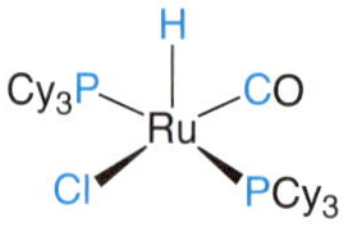

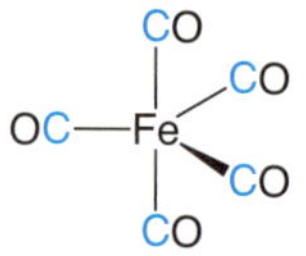

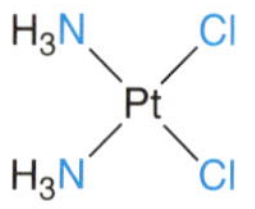

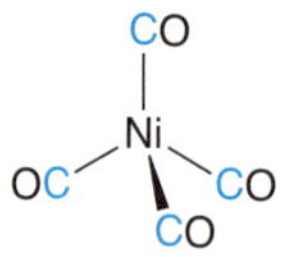

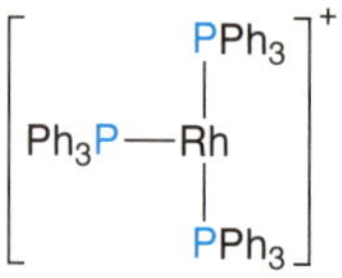

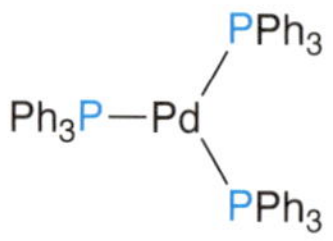

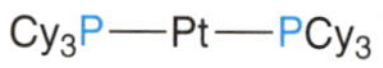

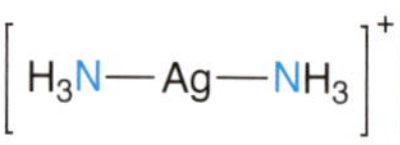

† 錯体 (f) と (k) の PCy_3 はトリシクロヘキシルホスフィン．錯体 (i) と (j) の PPh_3 はトリフェニルホ
スフィン．

を用いて定義され，多くの場合に金属と結合する**配位原子**の数に一致する．次の
白金錯体の配位数は 4 である．

Pt(II) (d^8)	8e
2 NH$_3$	4e (2e × 2)
2 Cl$^-$	4e (2e × 2)
合計	16e

配位原子：donor atom

　酸化数は，§2・4 で述べた方法により判定される．白金との共有電子対をすべて配位子側に割振ると，Pt に +2 の電荷が現れるので白金の酸化数は +2，この錯体は Pt(II) 錯体である．10 族の白金は 10 個の価電子をもち，そのうちの 2 電子は Cl との結合に使われているので，これを差し引いた 8 電子が Pt(II) 中心に局在化した d 軌道に存在することになる[12]．これを d^8 と表記し，"この錯体は d^8 錯体である"などという．Pt(II) の d 電子数 (8) と，四つの配位子からの供与電子数 (8) の合計は 16 である．この合計数を錯体の価電子数とよび，"この錯体は 16 電子錯体である"などという．

12) 遊離白金原子の価電子配置は 6s^{1}5d^9 であるが（表 1・5），錯体に変わると 6s 軌道が不安定化し，すべての価電子が 5d 軌道に収容される．

　表 7・4 の (a)〜(d) にみられるように，6 配位錯体の多くは八面体形構造をとる．一方，配位数が 5 以下の錯体では，d 電子数と d 電子配置によって幾何構造が変化する．後ほど説明するように，d 電子配置には低スピン型と高スピン型とがある．表の錯体はすべて低スピン型で，d^6 の 5 配位錯体は四角錐形構造 (e) をもつ．d^8 錯体では，5 配位のときに三方両錐形 (f)，4 配位のときに平面四角形 (g)，3 配位のときに T 字形 (i) の幾何構造をとる．さらに d^{10} の 4 配位錯体は四面体形 (h)，3 配位錯体は平面三角形 (j)，2 配位錯体は直線形 (k, l) の構造をもつ．

　配位子の種類　　表 7・5 に代表的な配位子を示す．金属-配位子間の共有電子対を配位子側に配分した際，電荷を生じない配位子を**中性配位子**，負電荷を生じる配位子を**アニオン性配位子**という．中性配位子の多くは分子名でよばれるが，アクア (H_2O)，アンミン (NH_3)，カルボニル (CO) のように特別な名称をもつものがある．アニオン性配位子は，対応するアニオンの英語名の語尾を -e から -o に変えて配位子名を作成する．hydride (H$^-$) は hydrido (ヒドリド)，fluoride (F$^-$) は fluorido (フルオリド) となる．

　配位子のうちで，配位原子が 1 個のものを**単座配位子**，2 個のものを**二座配位**

中性配位子：neutral ligand
アニオン性配位子：anionic ligand

単座配位子：monodentate ligand
二座配位子：bidentate ligand

📖 解説 7・3　配　位　数　📖

　"配位数"は配位化合物，特に金属錯体を想起させる用語であるが，実際には幅広く使用されている．すなわち配位数は，金属結晶やイオン結晶の構造パラメーターとして重要であり，前者では金属原子に最近接する金属原子の数を，後者ではイオンに隣接する逆符号のイオンの数を配位数と定義する (§6・2，§6・4)．また金属錯体では，中心金属と配位子との間にある σ 結合の数を配位数と定義する (§7・2・4)．

　配位数の概念は主族元素の分子にも適用される．たとえば SiF$_2$，SiF$_4$，[SiF$_5$]$^-$ は，中心原子がもつ σ 結合の数をもとに，それぞれ 2 配位，4 配位，5 配位のケイ素化合物とよばれる．主族元素には，元素ごとに基準となる配位数（標準結合数という）がある．その数は古典的な原子価（いわゆる手の数）と一致し，ケイ素では 4 が基準となる配位数である．SiF$_2$ は配位数がこの基準よりも少ないので**低配位化合物** (low-coordinate compound)，[SiF$_5$]$^-$ は配位数がこの基準よりも多いので**高配位化合物** (high-coordinate compound) とよばれる．高配位化合物には，中心原子のみかけの価電子数がオクテットを超える超原子価化合物が多い (§4・1・4 参照)．

三座配位子：tridentate ligand

多座配位子：polydentate ligand

子，3個のものを**三座配位子**とよび，配位原子が2個以上のものを**多座配位子**と総称する．多座配位子には略号がつけられている．エチレンジアミンは en, 2,2′-ビピリジンは bpy，金属イオンの分析に用いられるエチレンジアミンテトラアセタト（六座配位子）は edta と略される．

表 7・5　代表的な配位子（青は配位原子）

単座配位子（中性）			単座配位子（アニオン性）		
日本語名	英語名	構造	日本語名	英語名	構造
アクア	aqua	H_2O	ヒドリド	hydrido	H^-
アンミン	ammine	H_3N	フルオリド	fluorido	F^-
ピリジン（py）	pyridine	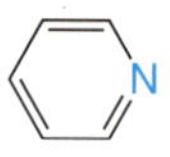	クロリド	chlorido	Cl^-
			ヒドロキシド	hydroxido	HO^-
ホスフィン[†2]	phosphine	R_3P	シアニド	cyanido	NC^-
カルボニル	carbonyl	OC	チオシアナト	thiocyanato	NCS^-

多座配位子（中性）			多座配位子（アニオン性）		
名称	略号	構造	名称	略号	構造
エチレンジアミン ethylenediamine	en	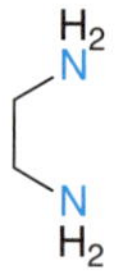	アセタト acetato	OAc	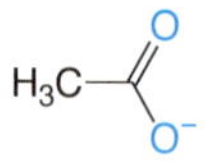
2,2′-ビピリジン 2,2′-bipyridine	bpy	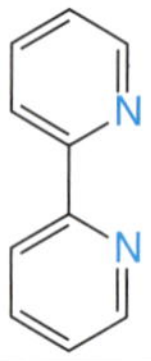	アセチルアセトナト acetylacetonato	acac	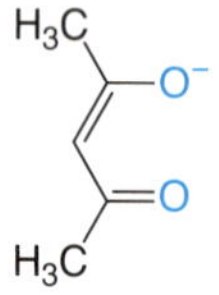
1,10-フェナントロリン 1,10-phenanthroline	phen	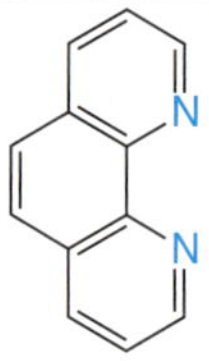	オキサラト oxalato	ox	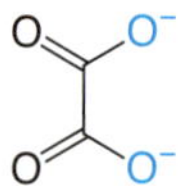
ジエチレントリアミン diethylenetriamine	dien	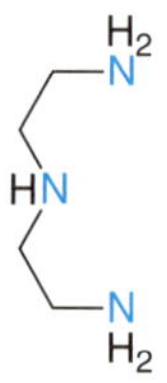	エチレンジアミンテトラアセタト ethylenediamine-tetraacetato	edta	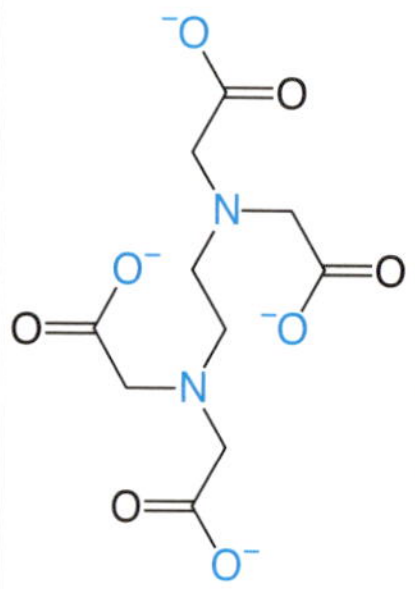

†1 Br^- はブロミド（bromido），I^- はヨージド（iodido）.
†2 IUPAC 名はホスファン（phosphane）.
†3 R はメチル基（CH_3）やフェニル基（C_6H_5）などの有機基.
†4 配位原子が N の場合（SCN^-）はイソチオシアナト（isothiocyanato）.

多座配位子が2個以上の配位原子で同じ金属に配位することを**キレート配位**という[13]. 表7・4の錯体 (c) では, 3個の en がコバルトにキレート配位している. これに対して, 次の二核錯体の en は2個のコバルトに橋かけしているので, キレート配位子ではなく**架橋配位子**である.

キレート配位：chelation

13) キレート (chelate) はカニのはさみを意味し, カニが二つのはさみで獲物をもつように, 配位子が中心金属に配位するようすを表している.

架橋配位子：bridging ligand

$$
\left[\begin{array}{c} \mathrm{NH_3} \\ \mathrm{H_3N} \text{—} \underset{\mathrm{NH_3}}{\overset{\mathrm{NH_3}}{\mathrm{Co}}} \text{—} \mathrm{N} \text{—} \mathrm{N} \text{—} \underset{\mathrm{NH_3}}{\overset{\mathrm{NH_3}}{\mathrm{Co}}} \text{—} \mathrm{NH_3} \end{array}\right]^{6+}
$$

アニオン性のアセタト配位子 (OAc) にも, 単座, 二座, 架橋の配位様式がある.

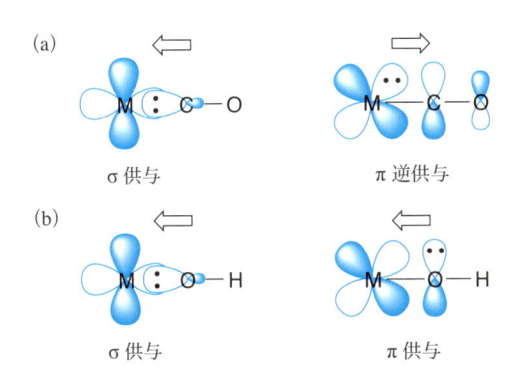

単座配位　　　　　二座配位　　　　　架橋配位

金属錯体の結合　　配位結合では σ 対称性の軌道を通して配位子から金属への電子供与が起こる. これを **σ 供与**という. 図7・6(a) に示すように, カルボニル配位子 (CO) の配位では, σ 供与に加えて π 対称性の軌道間で **π 逆供与**が起こる. 遷移金属に CO が配位すると, 炭素原子側に分布の大きな π* 軌道が金属の dπ 軌道と重なる. これに伴い, 金属から配位子への, 通常とは逆向きの電子供与が起こる. これを π 逆供与とよぶ. π 逆供与により反結合性軌道である CO の π* 軌道に電子が入るので, CO の結合次数が低下する[14]. シアニド配位子 (CN⁻) も π 逆供与を起こす. さらにエチレンなどの不飽和炭化水素も π 逆供与を伴って遷移金属に配位する. π 逆供与を起こす配位子を **π 受容性配位子**という.

σ 供与：σ-donation

π 逆供与：π-back donation

14) 配位に伴う結合次数の変化は赤外吸収スペクトルを用いて観察することができる. 遊離の一酸化炭素は C≡O 伸縮振動に基づく吸収を 2143 cm⁻¹ に示すが, 結合次数の低下に伴い中性錯体で 2000〜2100 cm⁻¹, アニオン性の [V(CO)₆]⁻ や [Fe(CO)₄]²⁻ では 1800 cm⁻¹ 付近まで吸収位置がシフトする.

π 受容性配位子：π-acceptor ligand

(a)

σ 供与　　　　　　　　π 逆供与

(b)

σ 供与　　　　　　　　π 供与

図 7・6　(a) CO と (b) OH⁻ の配位様式. π 対称性の軌道相互作用は, 紙面に垂直な軌道の間でも起こる.

一方, 図7・6(b) に示すように, π 対称性の軌道に孤立電子対をもつヒドロキシド (HO⁻) やアミド (NH₂⁻) などは遷移金属に対して **π 供与**とよばれる電子供与を起こすので, **π 供与性配位子**とよばれている. d 電子数が少なく, 空の dπ 軌道をもつ3族〜5族の遷移金属が, π 供与を受けやすい.

d 電子配置　　遷移金属が錯体をつくると d 軌道の縮退が解けていくつかのエネルギー準位に分裂する. この現象について, 分子軌道法に基づく**配位子場理論**

π 供与：π-donation

π 供与性配位子：π-donor ligand

配位子場理論：ligan-field theory

(a) 金属と配位子の軌道

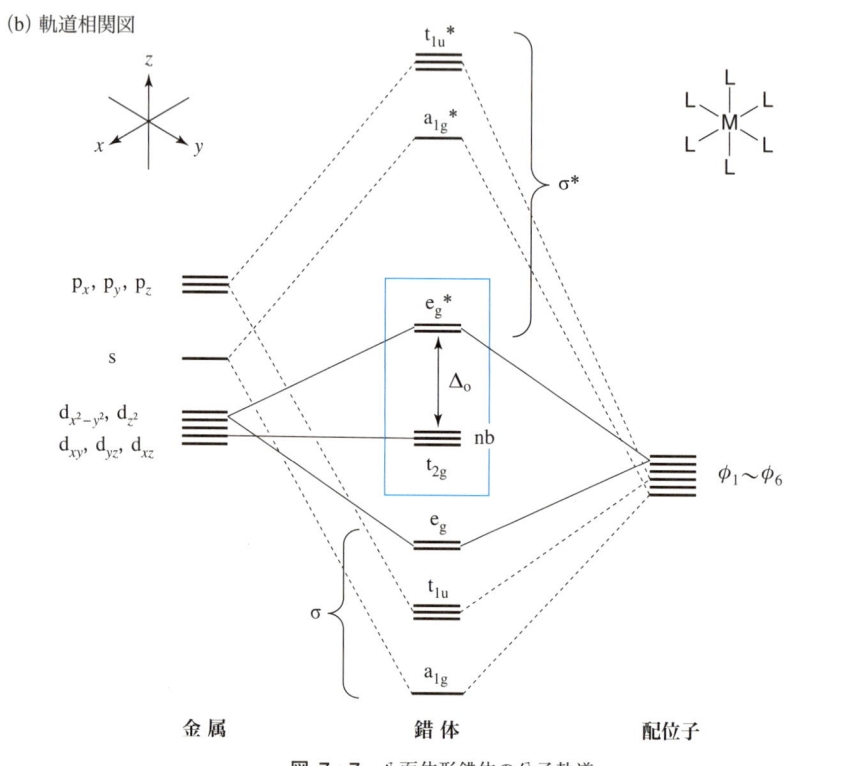

(b) 軌道相関図

配位子側に対称性
の一致する軌道は
存在しない.

図 7・7 八面体形錯体の分子軌道.

を用いて説明する.

図7・7に, 八面体形錯体 ML_6 の分子軌道を示す. 単純化のため, 各配位子は金属との結合に必要な σ 軌道を一つだけもつものとする. 分子軌道を組立てるには, ML_6 錯体が帰属する O_h 点群の指標表 (5章の章末) をもとに, M の原子価軌道を図7・7(a) に示す4種類の軌道群 (a_{1g}, t_{1u}, e_g, t_{2g}) に分類する. また配位子軌道の線形結合により六つの対称適合軌道 $\phi_1 \sim \phi_6$ を作成する.

続いて, 同じ対称性をもつ金属と配位子の軌道を組合わせて分子軌道を発生する. 図7・7(b) からわかるように, 低エネルギー側から a_{1g}, t_{1u}, e_g の対称性をもつ六つの結合性軌道 (σ軌道) が形成され, これらに対応する反結合性の σ* 軌道 (e_g*, a_{1g}*, t_{1u}*) が高エネルギー側に認められる. またその中間には, 配位子との結合をもたない三つの d 軌道 (t_{2g}) が三重縮退の非結合性軌道 (nb) として存在している. t_{2g} と e_g* は金属に局在化した d 軌道で, 両者のエネルギー差を**配位子場分裂パラメーター**という. 八面体形錯体のパラメーターに Δ_o の記号をあてる. 添え字の "o" は <u>o</u>ctahedral (八面体形) を表す.

配位子場分裂パラメーター：ligand-field splitting parameter

d^3 錯体までは, フントの規則に従い, エネルギー準位の低い三つの t_{2g} 軌道に電子が順番に収容される. 図7・8に, 4〜6番目の電子の入り方について, 二通りの可能性を示す. Δ_o が対エネルギー (同じの軌道中で電子対を形成するのに必要なエネルギー) よりも大きいときは, (a) のように, t_{2g} 軌道に電子が収容される. これを**低スピン**型の電子配置という. これに対して Δ_o が対エネルギーより小さいときには, (b) のように, 4番目, 5番目の電子が t_{2g} 軌道に収容されるよりも e_g* 軌道に収容される方がエネルギー的に有利となるので, $(t_{2g})^3(e_g^*)^n$ ($n = 1, 2$) の電子配置をとる. これを**高スピン**型の電子配置という. さらにd電子数が増えると t_{2g} 軌道, 続いて e_g* 軌道に電子が収容される. すなわち, Δ_o が対エネルギーより大きいときは低スピン錯体が, 逆に Δ_o が対エネルギーより小さいときは高スピン錯体がそれぞれ形成される[15].

低スピン：low spin

高スピン：high spin

15) 超伝導量子干渉計 (SQUID) を用いて錯体の磁気モーメントを測定し, d電子配置を決定することができる.

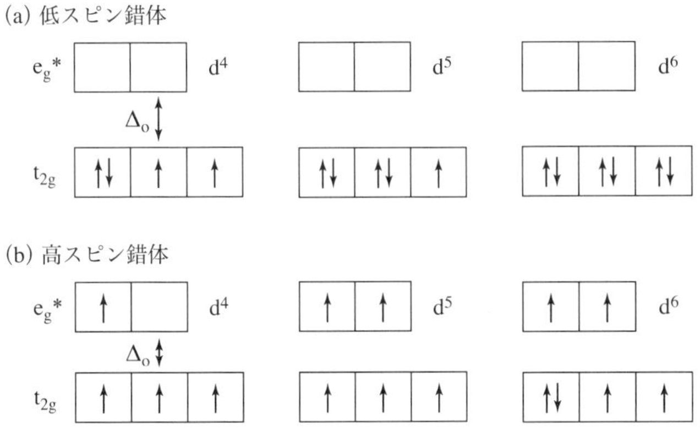

図7・8 八面体形錯体の d 電子配置 ($d^4 \sim d^6$).

Δ_o の大きさは金属と配位子の性質に依存し, 以下の傾向が認められる. (1) 金属が同じであれば, M–L 結合の短い高酸化状態の錯体の Δ_o が大きい. (2) 同族の金属では 3d < 4d < 5d の順に Δ_o が大きくなる. たとえば, 中心金属が Cr から Mo に, また Co から Rh に変わると Δ_o が約50%増大する. そのため周期表の下の金属ほど低スピン状態をとりやすい. (3) 金属が同じであれば, 配位子によっ

(a) 金属と配位子の軌道

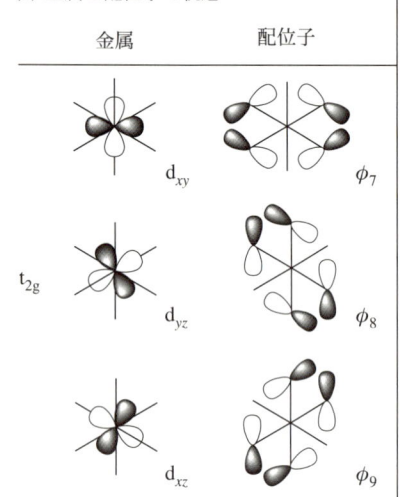

(b) π受容性配位子との相互作用

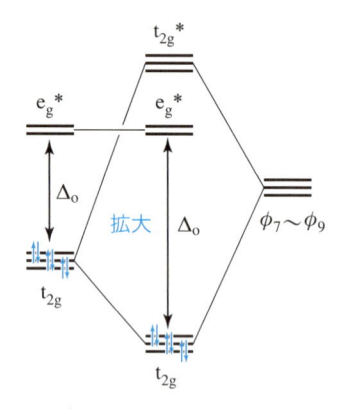

金属 t$_{2g}$ 軌道と π 対称性空軌道との
相互作用により Δ$_o$ が拡大する.

(c) π供与性配位子との相互作用

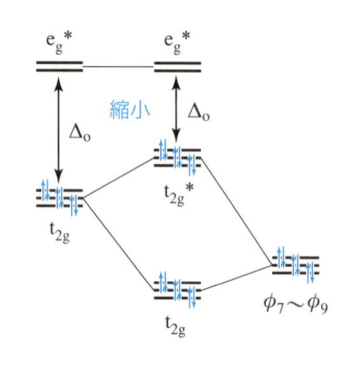

金属 t$_{2g}$ 軌道と π 対称性被占軌道との
相互作用により Δ$_o$ が縮小する.

図 7・9   配位子場分裂に対する π 受容性配位子と π 供与性配位子の影響.

分光化学系列：spectrochemical series

て以下の順に Δ$_o$ が大きくなる. この序列は, 錯体の吸収スペクトルから求められたもので, **分光化学系列**とよばれている.

$$I^- < Br^- < NCS^- < Cl^- < F^- < OH^- < ox^{2-} < H_2O < SCN^-$$
$$< CH_3CN < py < NH_3 < en < bpy < phen < P(C_6H_5)_3 < CN^- < CO$$

図 7・7 では L が σ 軌道だけをもつものとした. 一方, 結合軸に対して π 対称性の軌道をもつ π 受容性配位子と π 供与性配位子 (図 7・6 参照) は, 図 7・7 の組合わせに加えて, 図 7・9(a) に示す組合わせで軌道相互作用を起こす. その結果, 図 7・7 では非結合性であった t$_{2g}$ 軌道に (b) と (c) の変化が起こる. (b) では, π 受容性配位子との相互作用によって安定化した t$_{2g}$ 軌道にのみ電子が収容されるので, Δ$_o$ はもとの錯体に比べて大きくなる. 一方 (c) では, 金属と π 供与性配位子から t$_{2g}$ 軌道と t$_{2g}$* 軌道の両方に電子が供給されるので, Δ$_o$ はもとの錯体に比べて小さくなる.

M−L 間に π 軌道相互作用を考えることにより, 分光化学系列の序列に合理的な説明を与えることができる. すなわち, Cl$^-$ や Br$^-$ などのハロゲン化物イオンが, アニオンであるにも関わらず分光化学系列の下位となるのは, π 供与によって Δ$_o$ が小さくなるためである. 一方, CO 配位子は π 逆供与によって Δ$_o$ を拡大するため, 分光化学系列の最上位を占める. 一般に Δ$_o$ の大きな強い配位子場を有する錯体は低スピン型の電子配置を, 逆に Δ$_o$ の小さな弱い配位子場を有する錯体は高スピン型の電子配置をとりやすい.

章 末 問 題

問題 7・1   化合物 (a)〜(d) の化学式を書け.
(a) メチルアミンの共役酸, (b) 安息香酸の共役塩基, (c) 亜硝酸の共役塩基, (d) リン酸イオンの共役酸

問題 7・2 表 7・1 (d) 群の pK_a をもとに対応する 4 種類の窒素塩基の K_b を計算せよ.

問題 7・3 次の水溶液 (25 ℃) の pH を求めよ. 強酸の解離度は 1 とし, 弱酸の pK_a は表 7・1 の値とする.

(a) 1.71×10^{-4} mol dm^{-3} の塩酸, (b) 2.40×10^{-3} mol dm^{-3} の硝酸水溶液,

(c) 2.00×10^{-2} mol dm^{-3} の酢酸水溶液, (d) 1.23×10^{-2} mol dm^{-3} のフッ化水素酸

問題 7・4 次の水溶液 (25 ℃) の pH を求めよ. 共役酸の pK_a は表 7・1 の値とする.

(a) 0.100 mol dm^{-3} のアンモニア水溶液, (b) 0.200 mol dm^{-3} のメチルアミン水溶液

問題 7・5 酢酸と酢酸ナトリウムをそれぞれ 0.100 mol dm^{-3} の濃度で水に溶かし, 125 cm^3 の緩衝液を調製した. この溶液に 5.0 cm^3 の塩酸 (1.0 mol dm^{-3}) を加えたときの pH を求めよ.

問題 7・6 H$_3$PO$_2$ の pK_a は 2.0 である. ポーリングの規則をもとに構造を提案せよ. また化合物名を書け.

問題 7・7 一般式が BX$_3$ で表されるハロゲン化ホウ素のルイス酸性が, X の電気陰性度の序列とは逆に, X = F < Cl < Br の順に強くなる理由を述べよ.

問題 7・8 表 7・4 に示した錯体の価電子数を答えよ.

問題 7・9 CO は, 遷移金属に炭素原子で配位するが, Li$^+$ とは酸素原子で結合する. ルイス酸である金属による結合位置の違いについて考察せよ.

酸 化 と 還 元

酸化還元反応の基礎を学ぶ

8

§2・4で述べたように，物質が電子を失うことを酸化，電子を受取ることを還元という．無機物質の反応の多くでは，原子やイオンあるいは化合物間で電子の授受が起こっている．このような反応を，**酸化還元反応またはレドックス反応**という．また，電子を奪う物質を**酸化剤**，電子を与える物質を**還元剤**という．本章では，水溶液中の反応を題材として酸化還元反応を概観するとともに，電気化学的データを用いて反応を定量的に評価する方法について学習する．

8・1 酸化還元反応
8・2 標準還元電位
8・3 ネルンスト式
8・4 電位図

酸化還元反応（レドックス反応）：redox reaction

酸化剤：oxidizing agent または oxidant

還元剤：reducing agent または reductant

8・1 酸化還元反応

酸化と還元の状況は，各原子の酸化数（§2・4参照）の変化から判断することができる．金属マグネシウムを空気中で放置すると酸化マグネシウムの被膜が生じ，表面が少し黒ずんでくる．この場合，酸化数の増加する Mg が酸化され，酸化数の減少する O が還元されている．

$$2Mg(s) + O_2(g) \longrightarrow 2MgO(s)$$

酸化数　　　0　　　　0　　　　　　+2 −2

水溶液中の Cu^+ は不安定で，Cu^{2+} と Cu（金属銅）に**不均化**する．同一物質が酸化剤としても還元剤としても働くこのような反応を，**自己酸化還元反応**という．

不均化：disproportionation

自己酸化還元反応：self-redox reaction

$$2Cu^+(aq) \longrightarrow Cu^{2+}(aq) + Cu(s)$$

酸化数　　　+1　　　　　　　+2　　　　　0

これとは逆に，Ag^{2+} と Ag は**均等化**し，Ag^+ に変化する．

均等化：comproportionation

$$Ag^{2+}(aq) + Ag(s) \longrightarrow 2Ag^+(aq)$$

酸化数　　　+2　　　　0　　　　　　+1

酸化と還元は必ず対になって起こり，還元剤が失う電子数と，酸化剤が獲得する電子数は一致する．たとえば，硫酸銅（II）の水溶液に亜鉛板を浸すと，亜鉛は2電子を失って Zn^{2+} イオンとなり，一方 Cu^{2+} イオンは2電子を受取り金属銅として析出する．

全イオン反応　　$Zn(s) + Cu^{2+}(aq) \longrightarrow Zn^{2+}(aq) + Cu(s)$　　　　　(8・1)

酸化数　　0　　　+2　　　　　　+2　　　　0

この酸化還元反応を二つの仮想的な**半反応**に分けて書くと，電子の授受がより明

半反応：half-reaction

確になる．半反応式は，酸化剤と還元剤の変化を，反応時に受容または供与される電子を含めて，別々のイオン反応式に表したものである．(8・1)式の半反応式は次の二つである．(8・2)式と(8・3)式の右辺と左辺をそれぞれ足し合わせると，$2e^-$ が両辺から相殺されて(8・1)式が得られる．

$$\text{半反応（酸化）}\quad Zn(s) \longrightarrow Zn^{2+}(aq) + 2e^- \tag{8・2}$$

$$\text{半反応（還元）}\quad Cu^{2+}(aq) + 2e^- \longrightarrow Cu(s) \tag{8・3}$$

電子の移動に原子の移動が付随する場合も，半反応式を用いると反応の解析が容易になる．たとえば，Fe^{2+} イオンを含む酸性水溶液に過マンガン酸イオン（MnO_4^-）を加えると Fe^{3+} イオンと Mn^{2+} イオンが生じる．鉄の酸化数が $+2$ から $+3$ に変化しているので Fe^{2+} が還元剤，逆に MnO_4^- が酸化剤である．還元剤の変化（酸化反応）は単純で，次の半反応式で表される．

$$\text{半反応（酸化）}\quad \underset{+2}{Fe^{2+}(aq)} \longrightarrow \underset{+3}{Fe^{3+}(aq)} + e^- \tag{8・4}$$

酸化数　　　　　　　+2　　　　　　　　+3

一方，酸化剤の変化（還元反応）を表す半反応式は(8・5)式のようになる．マンガンが $Mn(VII)$ から $Mn(II)$ に還元されている．その際，MnO_4^- から失われる O は酸性水溶液中に多量に存在する H^+ と結合して H_2O に変換される[1]．

1) 酸化還元反応の記述には，オキソニウムイオンではなく水素イオンを用いることが多い．

$$\text{半反応（還元）}\quad \underset{+7}{MnO_4^-(aq)} + 8H^+(aq) + 5e^-$$
$$\longrightarrow \underset{+2}{Mn^{2+}(aq)} + 4H_2O(l) \tag{8・5}$$

酸化数　　+7

酸化過程と還元過程の電子数を一致させるため，(8・4)式の両辺に 5 を掛け，(8・5)式と足し合わせると，Fe^{2+} と MnO_4^- の酸化還元反応（酸性水溶液中）を表す全イオン反応式が得られる[2]．

2) 反応に用いられる化合物が $FeSO_4$ と $KMnO_4$ であるとき，傍観イオン（K^+, SO_4^{2-}）を含めた反応式は次のようになる．

$10FeSO_4 + 2KMnO_4 + 8H_2SO_4$
$\rightarrow 5Fe_2(SO_4)_3 + 2MnSO_4 +$
$\qquad\qquad K_2SO_4 + 8H_2O$

$$\text{全イオン反応}\quad 5Fe^{2+}(aq) + MnO_4^-(aq) + 8H^+(aq)$$
$$\longrightarrow 5Fe^{3+}(aq) + Mn^{2+}(aq) + 4H_2O(l) \tag{8・6}$$

酸化数　　+2　　　+7
　　　　　　　　　　　　　　　+3　　　+2

塩基性水溶液中の反応についても同様の手続きで全イオン反応式を構成し，最後に反応式の両辺に OH^- を追加して H^+ を消去する．ヨウ化物イオン（I^-）と過マンガン酸イオン（MnO_4^-）からヨウ素（I_2）と二酸化マンガン（MnO_2）が生成する反応を用いて具体的に説明する．ヨウ素の酸化数が -1 から 0，マンガンの酸化数が $+7$ から $+4$ に変化しているので，前者が酸化され，後者が還元されている．ヨウ化物イオンの変化は，次の半反応式で表される．

$$\text{半反応（酸化）}\quad \underset{-1}{2I^-(aq)} \longrightarrow \underset{0}{I_2(aq)} + 2e^- \tag{8・7}$$

酸化数　　-1　　　　　　　0

一方，仮に MnO_4^- から失われる O が H^+ と結合して水に変換されるとすると，過マンガン酸イオンの変化は次の半反応式で表される．

半反応（還元）　　$MnO_4^-(aq) + 4H^+(aq) + 3e^-$
酸化数　　+7

$$\longrightarrow MnO_2(aq) + 2H_2O(l) \qquad (8・8)$$
　　　　　　　　　　　+4

酸化過程と還元過程の電子数を一致させるため，(8・7)式の両辺に 3 を，(8・8)式の両辺に 2 を掛けて足し合わせると次の反応式が得られるが，

$$6I^-(aq) + 2MnO_4^-(aq) + 8H^+(aq) \longrightarrow 3I_2(aq) + 2MnO_2(aq) + 4H_2O(l)$$

実際の反応系は塩基性で，OH^- イオンが過剰に存在するので，両辺にそれぞれ 8 個の OH^- を追加して左辺の H^+ を H_2O に変換する．

$$6I^-(aq) + 2MnO_4^-(aq) + 8H_2O(l)$$

$$\longrightarrow 3I_2(aq) + 2MnO_2(aq) + 4H_2O(l) + 8OH^-(aq)$$

最後に両辺から H_2O を差し引いて反応式を整理すると，ヨウ化物イオンと過マンガン酸イオンとの酸化還元反応（塩基性水溶液中）を表す全イオン反応式 [(8・9)式] が得られる．

全イオン反応　　$6I^-(aq) + 2MnO_4^-(aq) + 4H_2O(l)$
酸化数　　−1　　　　+7

$$\longrightarrow 3I_2(aq) + 2MnO_2(aq) + 8OH^-(aq) \qquad (8・9)$$
　　　　　　　　0　　　　　+4

8・2　標準還元電位

　反応が始原系（反応物）から生成系（生成物）に向かって自発的に進むかどうかの基準の一つは，標準反応ギブズエネルギー $\Delta_rG^\ominus$ が負であるか，正であるかである（解説 7・1 参照）[3]．標準反応ギブズエネルギーは平衡定数 K と，

$$\Delta_rG^\ominus = -RT \ln K \qquad (R = 8.3145 \text{ J mol}^{-1} \text{ K}^{-1}) \qquad (8・10)$$

の関係にあるので，$\Delta_rG^\ominus$ が負であれば $K > 1$，正であれば $K < 1$ となる．酸化還元反応では，二つの半反応（還元過程と酸化過程）の**標準還元電位**の差である $\Delta E^\ominus$ がその指標となり，次の (8・11)式を用いて全反応の $\Delta_rG^\ominus$ を見積もることができる．ここで n は反応に関与する電子数 [たとえば (8・1)式では $n = 2$]，F は**ファラデー定数**である[4]．

$$\Delta_rG^\ominus = -nF\Delta E^\ominus \qquad (F = 96.485 \text{ kC mol}^{-1}) \qquad (8・11)$$

8・2・1　標準還元電位の定義

　標準還元電位は，標準水素電極とよばれる基準電極を用いてガルバニ電池を構成し，電極電位の差を測定して求める．ここではまずガルバニ電池について復習し，続いて標準還元電位について説明する．

　(8・2)式と (8・3)式の半反応を物理的に分離して二つの**半電池**を構成し，亜

3) $\Delta_rG^\ominus$ が負であっても，活性化ギブズエネルギー $\Delta^\ddagger G^\ominus$ が大きくなると反応は進行しにくくなる [解説 7・1(a)参照]．

標準還元電位：standard reduction potential

ファラデー定数：Faraday constant

4) F の単位は kC mol^{-1}，$\Delta E^\ominus$ の単位は $V = J \, C^{-1}$ なので，$\Delta_rG^\ominus$ の単位は kJ mol^{-1} となる．

半電池：half-cell

鉛板と銅板を導線で結ぶと, 導線を伝わってアノード (負極：Zn) からカソード (正極：Cu) に電子が流れる (図 8・1, 基礎 2・1 参照). ダニエル電池とよばれるガルバニ電池の一種で, 塩橋をもつ電池の構成を,

$$Zn\,|\,ZnSO_4(aq)\,\vdots\,CuSO_4(aq)\,|\,Cu$$

と表記する. 縦線 (|) は異相間 (固相と液相) の境界を, 縦二重破線 (⋮) は塩橋を表し, 塩橋を挟んで左手にアノード側 (酸化側), 右手にカソード側 (還元側) の半電池を書く.

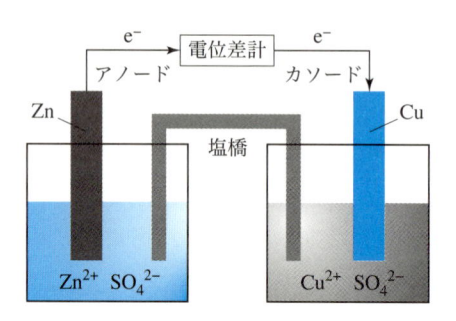

図 8・1　ダニエル電池.

標準起電力：standard electromotive force (emf)

5) 電気化学では, 25 ℃, 1 bar (10^5 Pa) において, 電極反応に関わるすべての化学種の活量が 1 かつ平衡状態にあるときに, これを標準状態という.

6) 酸化還元系の構成は, $E^{\ominus}(Zn^{2+}/Zn)$ や $E^{\ominus}(Cu^{2+}/Zn)$ のように, 酸化体/還元体の順に斜線で区切って記載する.

7) 標準還元電位は, 標準電極電位や標準電位などともよばれるが, すべて還元過程に対する値である.

標準水素電極：standard hydrogen electrode (SHE)

8) 対象となる物質が水と反応する場合 (Li^+/Li, $F_2/2F$ など) や, 電極反応が不可逆的な場合 (O_2, $4H^+/2H_2O$ など) には, 熱力学的データや非水溶媒系での測定データから標準還元電位を見積もる.

9) 活量については解説 7・1(b) を参照のこと.

10) 気体 (H_2) を用いる SHC は取扱いが煩雑なので, 日常的な測定には銀/塩化銀電極などの参照電極が利用される.

二つの電極間に電流が生じるのは, 両者に電位差があるためで, この電位差を電池の起電力, 標準状態における起電力を**標準起電力** $\Delta E^{\ominus}$ という[5]. 標準起電力は, 右側の半反応の標準還元電位 $E^{\ominus}_R$ から, 左側の半反応の標準還元電位 $E^{\ominus}_L$ を引いて求める.

$$\Delta E^{\ominus} = E^{\ominus}_R - E^{\ominus}_L$$

図 8・1 で　は, $\Delta E^{\ominus} = E^{\ominus}(Cu^{2+}/Cu) - E^{\ominus}(Zn^{2+}/Zn) = (+0.34\ V) - (-0.76\ V) = +1.10\ V$ となる[6]. (8・11) 式から, $\Delta E^{\ominus}$ が正であれば $\Delta_r G^{\ominus}$ は負 ($K > 1$) となるので, 左辺から右辺に向かって自発的に進行しうる反応であることがわかる [(解説 7・1(a) 参照)].

表 8・1 に, 種々の半反応の標準還元電位 $E^{\ominus}$ を示す. 符号による混乱を避けるため, $E^{\ominus}$ は常に還元過程に対する値として表される[7]. 表の値の多くは, 右側に測定する電極を, 左側に**標準水素電極** SHC を置いたハーンド電池を作製し, 電極電位の差から求めたものである[8]. SHC は白金電極を浸した HCl 水溶液 [活量 $a(H^+) = 1$, $pH = -\log a(H^+) = 0$] に, 1 bar (10^5 Pa) の H_2 [定義により $a(H_2) = 1$] を吹き込んで作製する[9]. SHC の電位はすべての温度において $E^{\ominus} = 0\ V$ と規定されている[10].

ハーンド電池では SHC を常に左側に置き, 標準起電力を,

$$\Delta E^{\ominus} = E^{\ominus}_{sample} - E^{\ominus}_{SHC} \qquad (E^{\ominus}_{SHC} = 0\ V)$$

と定義するので, 測定試料の標準還元電位である $E^{\ominus}_{sample}$ は正にも負にもなる. 試料側で還元反応が起これば標準還元電位は正となり, 酸化反応が起これば標準還元電位は負となる. また, 標準還元電位が正に大きければ還元反応が起こりやすく, 負に大きければ酸化反応が起こりやすいことになる. 表 8・1 では, 最下段の F_2 が最も還元されやすく, 最も強い酸化剤である. 逆に, 最上段の Li が最

表 8・1　水溶液中の標準還元電位（25℃, 1 bar）[†1]

半反応（還元）	$E^{\ominus}$(V)	半反応（還元）	$E^{\ominus}$(V)
$Li^+(aq) + e^- \rightleftharpoons Li(s)$	–3.045	$[Fe(CN)_6]^{3-}(aq) + e^- \rightleftharpoons [Fe(CN)_6]^{4-}(aq)$	+0.361
$K^+(aq) + e^- \rightleftharpoons K(s)$	–2.925	$Cu^+(aq) + e^- \rightleftharpoons Cu(s)$	+0.520
$Ca^{2+}(aq) + 2e^- \rightleftharpoons Ca(s)$	–2.84	$I_2(s) + 2e^- \rightleftharpoons 2I^-(aq)$	+0.5355
$Na^+(aq) + e^- \rightleftharpoons Na(s)$	–2.714	$O_2(g) + 2H^+(aq) + 2e^- \rightleftharpoons H_2O_2(aq)$	+0.695
$Mg^{2+}(aq) + 2e^- \rightleftharpoons Mg(s)$	–2.356	$Fe^{3+}(aq) + e^- \rightleftharpoons Fe^{2+}(aq)$	+0.771
$Sc^{3+}(aq) + 3e^- \rightleftharpoons Sc(s)$	–2.03	$Hg_2^{2+}(aq) + 2e^- \rightleftharpoons 2Hg(l)$	+0.7960
$Al^{3+}(aq) + 3e^- \rightleftharpoons Al(s)$	–1.676	$Ag^+(aq) + e^- \rightleftharpoons Ag(s)$	+0.7991
$Mn^{2+}(aq) + 2e^- \rightleftharpoons Mn(s)$	–1.18	$Br_2(l) + 2e^- \rightleftharpoons 2Br^-(aq)$	+1.0652
$Cr^{2+}(aq) + 2e^- \rightleftharpoons Cr(s)$	–0.90	$Pt^{2+}(aq) + 2e^- \rightleftharpoons Pt(s)$	+1.188
$Zn^{2+}(aq) + 2e^- \rightleftharpoons Zn(s)$	–0.7626	$O_2(g) + 4H^+(aq) + 4e^- \rightleftharpoons 2H_2O(l)$	+1.229
$Fe^{2+}(aq) + 2e^- \rightleftharpoons Fe(s)$	–0.44	$Cl_2(g) + 2e^- \rightleftharpoons 2Cl^-(aq)$	+1.3583
$Ni^{2+}(aq) + 2e^- \rightleftharpoons Ni(s)$	–0.257	$Cr_2O_7^{2-}(aq) + 14H^+(aq) + 6e^- \rightleftharpoons 2Cr^{3+}(aq) + 7H_2O(l)$	+1.36
$CuI(aq) + e^- \rightleftharpoons Cu(s) + I^-(aq)$	–0.182		
$Sn^{2+}(aq) + 2e^- \rightleftharpoons Sn(s)$	–0.1375	$MnO_4^-(aq) + 8H^+(aq) + 5e^- \rightleftharpoons Mn^{2+}(aq) + 4H_2O(l)$	+1.51
$Pb^{2+}(aq) + 2e^- \rightleftharpoons Pb(s)$	–0.1263		
$2H^+(aq) + 2e^- \rightleftharpoons H_2(g)$	0	$Au^{3+}(aq) + 3e^- \rightleftharpoons Au(s)$	+1.52
$Cu^{2+}(aq) + e^- \rightleftharpoons Cu^+(aq)$	+0.159	$H_2O_2(aq) + 2H^+(aq) + 2e^- \rightleftharpoons 2H_2O(l)$	+1.763
$AgCl(s) + e^- \rightleftharpoons Ag(s) + Cl^-(aq)$	+0.2223	$Co^{3+}(aq) + e^- \rightleftharpoons Co^{2+}(aq)$	+1.92
$Cu^{2+}(aq) + 2e^- \rightleftharpoons Cu(s)$	+0.340	$F_2(g) + 2e^- \rightleftharpoons 2F^-(aq)$	+2.87

出典：日本化学会 編，“化学便覧基礎編（改訂 6 版）”，丸善（2021）.

も酸化されやすく，最も強い還元剤である．酸化されやすい金属は金属イオンになりやすいので，標準還元電位が負に大きいほどイオン化傾向は大きくなる[11,12].

8・2・2　標準還元電位と平衡定数

標準還元電位から標準反応ギブスエネルギー$\Delta_r G^{\ominus}$と平衡定数 K を求めるためには，対象となる酸化還元反応を二つの半反応により構成する必要がある．また各半反応の標準還元電位$E_1^{\ominus}$と$E_2^{\ominus}$が必要となる．

まず，次の（8・14）式に示す過酸化水素の分解反応（pH = 0 の酸性水溶液中）について$\Delta_r G^{\ominus}$と K を求めてみる．この反応の二つの半反応［（8・12）式と（8・13）式］は表 8・1 に載っている．なお，H_2O_2 1 mol あたりの$\Delta_r G^{\ominus}$を求めるため，反応式の化学量論係数を 1/2 倍している[13].

$$1/2H_2O_2(aq) + H^+(aq) + e^- \rightleftharpoons H_2O(l) \quad (E_1^{\ominus} = +1.76\,V) \quad (8・12)$$

$$1/2O_2(g) + H^+(aq) + e^- \rightleftharpoons 1/2H_2O_2(aq) \quad (E_2^{\ominus} = +0.70\,V) \quad (8・13)$$

$$H_2O_2(aq) \rightleftharpoons H_2O(aq) + 1/2O_2(g) \quad (\Delta E^{\ominus} = +1.06\,V) \quad (8・14)$$

11) 金属のイオン化列：リッチ（Li）に貸そう（K）か（Ca）な（Na），ま（Mg）ぁ（Al）あ（Zn）て（Fe）に（Ni）すん（Sn）な（Pb），ひ（H）ど（Cu）す（Hg）ぎる（Ag）借（Pt）金（Au）.

12) 標準還元電位は，イオン化エネルギー（2 章）と序列が異なる．これは前者が水溶液中，後者が気相中で測定されるためである．

13) 標準還元電位$E^{\ominus}$は示強性の状態関数なので，化学量論係数を 1/2 にしても電位は変わらない（ただし$E_1^{\ominus}$や$E_2^{\ominus}$の値を 1/2 倍してはいけない）．一方，$\Delta_r G^{\ominus}$（エネルギー）は示量性の状態関数なので，化学量論係数に比例して変化する．

14) 全反応式では反応に関与する電子数を把握しにくいが，二つの半反応式の電子数が一致していればその数が n である．

15) 平衡定数を求めるだけであれば，$\ln K = nF \Delta E^{\ominus}/RT$ を用いることもできる．この場合，$F = 96.485$ kC mol^{-1} であれば $R = 0.0083145$ kJ mol^{-1} K^{-1} を，$F = 96485$ C mol^{-1} であれば $R = 8.3145$ J mol^{-1} K^{-1} を使用する．

16) 触媒は活性化エネルギーを低下させるが，平衡定数には影響しない．

17) (8・15)式，(8・16)式，(8・17)式の標準反応ギブズエネルギーをそれぞれ $\Delta_r G_1^{\ominus}$, $\Delta_r G_2^{\ominus}$, $\Delta_r G_3^{\ominus}$ とすると，$\Delta_r G_3^{\ominus} = \Delta_r G_1^{\ominus} + \Delta_r G_2^{\ominus}$ の関係（すなわち加成性）が成立つ．

18) アノードとカソードはそれぞれ上り口と下り口を意味するギリシャ語が語源で，酸化反応で放出される電子の入口となる電極がアノード，還元反応で使用される電子の出口となる電極がカソードである（基礎2・1）．これらの関係は電池でも電気分解でも変わらない．ところが日本語では，電池のアノード（酸化側）を負極，カソード側（還元側）を正極とよぶのに対して，電気分解のアノード（酸化側）を陽極，カソード側（還元側）を陰極とよんでいる．すなわち電池と電池分解で電極を表す用語の意味が逆転していて混乱する．そのため本書では，アノードとカソードを使用している．

19) より厳密には，活性化エネルギーから生じる活性化過電圧，電極表面での濃度勾配から生じる濃度過電圧，電極表面での抵抗から生じる抵抗過電圧の合計が過電圧となる．

(8・12)式から (8・13)式を引くと (8・14)式が得られるので，$\Delta E^{\ominus} = E_1^{\ominus} - E_2^{\ominus} = +1.06$ V である．この値を (8・11)式 ($n = 1$)[14] に代入し，$\Delta_r G^{\ominus} = -102$ kJ mol^{-1} が得られる．さらに (8・10)式を用いて平衡定数に換算すると，25 ℃ で $K = 7.4 \times 10^{17}$ となる[15]．すなわち (8・14)式の反応は右に大きく傾いている．実際には活性化エネルギーが大きいため，反応は容易には起こらないが，触媒として MnO_2 を添加すると過酸化水素がほぼ完全に水と酸素に分解する．傷口にオキシドール（2.5〜3.5％の H_2O_2 水溶液）をかけると泡がでるのは，カタラーゼとよばれる酵素の触媒作用によって過酸化水素の分解が促進され，酸素が発生するためである[16]．

次に，Cu^{2+} の定量に使用される (8・17)式の酸化還元反応について検討する．銅が還元され (+2 → +1)，ヨウ素が酸化されている (−2 → 0)．(8・17)式から比較的容易に想定される半反応（還元）は (8・15)式である．(8・17)式から (8・15)式を引いて得られる半反応（酸化）は $[I^-(aq) \rightleftharpoons 1/2 I_2(aq) + e^-]$ で，これを左辺と右辺を逆にして還元過程に変えると (8・16)式になる．

$$Cu^{2+}(aq) + I^-(aq) + e^- \rightleftharpoons CuI(aq) \qquad (E_1^{\ominus} = +0.86 \text{ V}) \qquad (8 \cdot 15)$$

$$1/2 I_2(aq) + e^- \rightleftharpoons I^-(aq) \qquad (E_2^{\ominus} = +0.54 \text{ V}) \qquad (8 \cdot 16)$$

$$Cu^{2+}(aq) + 2I^-(aq) \rightleftharpoons CuI(aq) + 1/2 I_2(aq) \quad (\Delta E^{\ominus} = +0.32 \text{ V}) \qquad (8 \cdot 17)$$

(8・16)式の標準還元電位 $E_2^{\ominus}$ は表8・1に記載されている．一方，(8・15)式の標準還元電位 $E_1^{\ominus}$ (+0.86 V) は，$\Delta_r G^{\ominus}$ に加成性が成立つことを利用して[17]，表8・1の $[Cu^{2+}(aq) + 2e^- \rightleftharpoons Cu(s)]$ ($E^{\ominus} = +0.34$ V) と $[CuI(aq) + e^- \rightleftharpoons Cu(s) + I^-(aq)]$ ($E^{\ominus} = -0.18$ V) から算出される（解説8・1参照）．(8・15)式から (8・16)式を引くと (8・17)式が得られるので，$\Delta E^{\ominus} = E_1^{\ominus} - E_2^{\ominus} = +0.32$ V である．これを (8・11)式 ($n = 1$) に代入して，$\Delta_r G^{\ominus} = -31$ kJ mol^{-1} が得られる．また (8・10)式を用いて平衡定数に換算すると $K = 2.7 \times 10^5$ (25 ℃) となる．したがって，(8・17)式の反応はほぼ完結すると考えられ，実際に室温で定量的に進行する．

以上のように，酸化還元反応では二つの半反応（還元過程と酸化過程）の標準還元電位の差 $\Delta E^{\ominus}$ が，反応が自発的に進行するか否かの指標となる．一方で，過酸化水素の分解反応 [(8・14)式] について述べたように，活性化エネルギーが大きすぎると反応は起こらない．

たとえば，酸性水溶液 (pH=0) 中の酸素の標準還元電位 $[O_2 + 4H^+ + 4e^- \rightleftharpoons 2H_2O]$ は +1.23 V なので，この電圧を印加すると水の電気分解が起こり，アノード側で水の酸化が起こって酸素が発生するはずであるが，実際にはまったく発生しない[18]．白金電極を用いた際に必要な最小の電圧（分解電圧）は +1.67 V で，通常は +1.8 V 以上の電圧をかけないと水の電気分解は起こらない．この実際に必要な電圧と理論値との差を過電圧という[19]．過電圧を軽減する有効な手段は触媒であり，電極に触媒機能を付与した電極触媒が開発されている．

一方，カソード側では水素イオンの還元により二水素が発生する $[2H^+(aq) + 2e^- \rightleftharpoons H_2(g)]$．この反応では，白金電極を用いるとほとんど過電圧を生じないが，グラファイト電極では理論値 (0 V) よりも 0.34 V 以上電位を還元側にシフトしないと二水素は発生しない．すなわち白金は水のよい還元触媒となる．

8・3　ネルンスト式

標準還元電位 $E^{\ominus}$ は電気化学的な標準状態，すなわち 25 ℃ において溶液中のすべての化学種の活量が 1 かつ平衡状態にあるときの値である．しかし実際の酸化還元系がこの条件を満たすことはほとんどない．そこで使用されるのが**ネルンスト式**で，(8・18) 式により表される．ここで x と y は化学量論係数，a(還元体) と a(酸化体) はそれぞれ還元体と酸化体の活量である．ネルンスト式は，溶液中の化学種の濃度によって還元電位がどのように変化するかを示している．

ネルンスト式：Nernst equation

$$x(\text{酸化体}) + ne^- \rightleftharpoons y(\text{還元体})$$

$$E = E^{\ominus} - \frac{RT}{nF} \ln \frac{a(\text{還元体})^y}{a(\text{酸化体})^x} \qquad (8・18)$$

(8・18) 式を用いて，H^+/H_2 系 [25 ℃, $p(H_2) = 1$ bar] の還元電位である $E(H^+/H_2)$ の pH 依存性を調べてみよう．半反応は [$2H^+(aq) + 2e^- \rightleftharpoons H_2(g)$] ($n = 2$) であり，ネルンスト式は次のように与えられる．

$$E(H^+/H_2) = E^{\ominus}(H^+/H_2) - \frac{RT}{2F} \ln \frac{a(H_2)}{\{a(H^+)\}^2} \qquad (8・19)$$

表 8・1 より $E^{\ominus}(H^+/H_2) = 0$ V，定義により 1 bar の H_2 の活量は $a(H_2) = 1$ である．さらに，$\ln a(H^+) = \ln 10 \times \log a(H^+) = 2.3026 \times (-pH)$ なので，

$$E(H^+/H_2) = \frac{RT}{F} \ln a(H^+) = \frac{RT}{F} \times (-2.3026\,pH)$$

📖　解説 8・1　標準還元電位の算出方法　📖

標準反応ギブズエネルギー $\Delta_r G^{\ominus}$ に加成性が成り立つことを利用して，ある半反応に寄与する各段階の標準還元電位から，その半反応の標準還元電位を算出することができる．以下に具体的に説明する．

[Fe^{3+}/Fe]　次の (1) 式と (2) 式の左辺と右辺をそれぞれ足し合わせると (3) 式が得られるが，反応に関与する電子数が異なるので，$E_1^{\ominus}$ と $E_2^{\ominus}$ との単純な加算によって $E_3^{\ominus}$ を求めることはできない．

$$Fe^{3+}(aq) + e^- \rightleftharpoons Fe^{2+}(aq) \quad (E_1^{\ominus} = +0.77\ \text{V}) \quad (1)$$

$$Fe^{2+}(aq) + 2e^- \rightleftharpoons Fe(s) \quad (E_2^{\ominus} = -0.44\ \text{V}) \quad (2)$$

$$Fe^{3+}(aq) + 3e^- \rightleftharpoons Fe(s) \quad (E_3^{\ominus} = ?\ \text{V}) \qquad (3)$$

一方，$\Delta_r G^{\ominus}$ に加成性が成り立つのでこれを利用して $E_3^{\ominus}$ を求める．すなわち $\Delta_r G_3^{\ominus} = \Delta_r G_1^{\ominus} + \Delta_r G_2^{\ominus}$ の関係が成立する．これに (8・11) 式を組合わせると[注]，

$$-n_3 FE_3^{\ominus} = \Delta_r G_3^{\ominus} = \Delta_r G_1^{\ominus} + \Delta_r G_2^{\ominus} = -n_1 FE_1^{\ominus} + (-n_2 FE_2^{\ominus})$$

となり，両辺を $-F$ で割ると次式が得られる．

$$n_3 E_3^{\ominus} = n_1 E_1^{\ominus} + n_2 E_2^{\ominus} \qquad (4)$$

ここに (1)〜(3) 式の $n_1 = 1$, $n_2 = 2$, $n_3 = 3$ と，$E_1^{\ominus}$ および $E_2^{\ominus}$ の各値を代入し，$E_3^{\ominus} = -0.04$ V が得られる．

[$Cu^{2+}, I^-/CuI$]　(8・15) 式の標準還元電位を求める．次の (5) 式から (6) 式を引くと (7) 式が得られる．

$$Cu^{2+}(aq) + 2e^- \rightleftharpoons Cu(s) \quad (E_1^{\ominus} = +0.34\ \text{V}) \quad (5)$$

$$CuI(aq) + e^- \rightleftharpoons Cu(s) + I^-(aq) \quad (E_2^{\ominus} = -0.18\ \text{V})\ (6)$$

$$Cu^{2+}(aq) + I^-(aq) + e^- \rightleftharpoons CuI(aq) \quad (E_3^{\ominus} = ?\ \text{V})\ (7)$$

左の鉄系とは逆に半反応の引き算なので，

$$n_3 E_3^{\ominus} = n_1 E_1^{\ominus} - n_2 E_2^{\ominus} \qquad (8)$$

となる．ここに (5)〜(7) 式の $n_1 = 2$, $n_2 = 1$, $n_3 = 1$ と，$E_1^{\ominus}$ および $E_2^{\ominus}$ の各値を代入し，$E_3^{\ominus} = +0.86$ V が得られる．

注）標準還元電位 $E^{\ominus}$ は，標準水素電極との電位差 ($\Delta E^{\ominus}$) なので，(8・11) 式にそのまま適用することができる．

となる. ここに $R = 8.3145 \text{ J mol}^{-1} \text{ K}^{-1}$, $T = 298.15 \text{ K}$, $F = 96485 \text{ C mol}^{-1}$ の各値を代入すると, 次の $(8 \cdot 20)$ 式が得られる (ただし $\text{J C}^{-1} = \text{V}$).

$$E(\text{H}^+/\text{H}_2) = -0.05916 \times \text{pH} \qquad (\text{単位 V}) \qquad (8 \cdot 20)$$

すなわち, pH = 0 で $E(\text{H}^+/\text{H}_2) = 0.00 \text{ V} = E^{\ominus}(\text{H}^+/\text{H}_2)$, pH = 7 で $E(\text{H}^+/\text{H}_2) = -0.414 \text{ V}$, pH = 14 で $E(\text{H}^+/\text{H}_2) = -0.828 \text{ V}$ と電位が変化する[20]. 還元電位が負に大きくなると $\Delta_r G^{\ominus}$ が正に大きくなるので, 還元過程は熱力学的に不利になる. この現象を "水素イオン濃度が低くなるとルシャトリエの原理によって平衡が反応物側に移動する" と表現することもできる.

同様の手順により酸素の還元電位 $[\text{O}_2(\text{g}) + 4\text{H}^+(\text{aq}) + 4\text{e}^- \rightleftharpoons 2\text{H}_2\text{O}(\text{l})]$ $(n = 4)$ $[25\,^\circ\text{C}, p(\text{O}_2) = 1 \text{ bar}]$ の pH 依存性を調べると $(8 \cdot 21)$ 式が得られる[21].

$$E(\text{O}_2/\text{H}_2\text{O}) = E^{\ominus}(\text{O}_2/\text{H}_2\text{O}) - \frac{RT}{4F} \ln \frac{\{a(\text{H}_2\text{O})\}^2}{a(\text{O}_2)\{a(\text{H}^+)\}^4}$$

$$E(\text{O}_2/\text{H}_2\text{O}) = 1.23 - 0.05916 \times \text{pH} \qquad (\text{単位 V}) \qquad (8 \cdot 21)$$

$(8 \cdot 20)$ 式と $(8 \cdot 21)$ 式の関係を同じグラフに表すと図 8・2 のようになる. 青色部分は水の安定領域とよばれ, 還元電位がこの領域内にある物質は水と反応せず, 水中で安定に存在できることを示している. 一方, 還元電位がこの領域よりも低い物質は水を還元し, 自身は酸化される可能性がある. 表 8・1 (pH = 0) では, $E^{\ominus}(\text{M}^{m+}/\text{M}) < E^{\ominus}(\text{H}^+/\text{H}_2) = 0 \text{ V}$ である金属がこの条件を満たし, 次の反応を起こす可能性がある.

$$\text{M}(\text{s}) + m\text{H}_2\text{O}(\text{g}) \longrightarrow \text{M}^{m+}(\text{aq}) + (m/2)\text{H}_2(\text{g}) + m\text{OH}^-(\text{aq})$$

ところが, 水と容易に反応するのは, 1 族金属と, 2 族, 3 族金属の一部 (Ca, Sc など) だけである. 還元電位の低い Mg や Al が反応しないのは, 金属表面に酸化皮膜を生じて不動態化するためである. **電解酸化** (アノード酸化や陽極酸化ともいう) によりアルミニウムの表面に分厚い酸化被膜をつくる防食法 (一般にはアルマイト処理とよばれる) はこの現象を利用したものである.

20) 塩基性条件下では, 半反応式が $[2\text{H}^+(\text{aq}) + 2\text{e}^- \rightleftharpoons \text{H}_2(\text{g})]$ から $[2\text{H}_2\text{O}(\text{aq}) + 2\text{e}^- \rightleftharpoons \text{H}_2(\text{g}) + 2\text{OH}^-(\text{aq})]$ に変わる (両辺に OH^- を足す).

21) 定義により O_2 (1 bar) と H_2O (溶媒) の活量は 1 である.

電解酸化: electrolytic oxidation

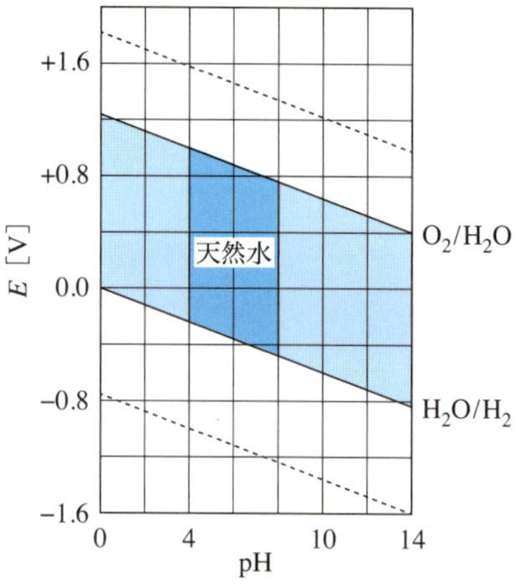

図 8・2 水の還元電位と pH との関係. 青色は水の安定領域で, 過電圧などを考慮に入れると, 上下の点線まで領域が広がる.

（8・21）式からわかるように，酸性の水は大きな正の $E(O_2/H_2O)$ をもつので，逆に水から酸素を生成するためには極めて強い酸化剤（Co^{3+} や F_2 など）が必要となる．一方，植物が行う光合成では酵素の触媒作用により［$2H_2O(l) \longrightarrow O_2(g) + 4H^+(aq) + 4e^-$］で表される酸化反応が常温常圧で進行し，酸素がつくられている．

8・4 電 位 図

酸化状態の異なる同種の化学種どうしの関係を表すために電位図が利用される．フロスト図やプールベ図など数種類の電位図が考案されているが，ここでは比較的簡単な**ラチマー図**について説明する．この図は，ある元素の化学種を酸化状態の高いものから順にならべ，各過程の電位差を数字で表したものである．たとえば，酸性水溶液中の塩素のラチマー図は次のように書く．矢印の上の数値は標準還元電位 $E^{\ominus}$ (V)，化学種の下は塩素の酸化数である．なお酸化数を記入しないこともある．

ラチマー図：Latimer diagram

酸性水溶液 (pH = 0)

$$ClO_4^- \xrightarrow{+1.20} ClO_3^- \xrightarrow{+1.18} HClO_2 \xrightarrow{+1.67} HClO \xrightarrow{+1.63} Cl_2 \xrightarrow{+1.36} Cl^-$$
$$+7 +5 +3 +1 0 -1$$

同様に，塩基性水溶液中の塩素のラチマー図は次のようになる．最後の Cl_2/Cl^- 系には H^+ の移動が含まれていないので，電位は酸性水溶液中と変わらない．

塩基性水溶液 (pH = 14)

$$ClO_4^- \xrightarrow{+0.37} ClO_3^- \xrightarrow{+0.30} ClO_2^- \xrightarrow{+0.68} ClO^- \xrightarrow{+0.42} Cl_2 \xrightarrow{+1.36} Cl^-$$
$$+7 +5 +3 +1 0 -1$$

各段階の半反応は，酸性水溶液中では H^+ と H_2O を，塩基性水溶液中では OH^- と H_2O をそれぞれ追加して構成する．たとえば，$HClO/Cl_2$ 系 (pH = 0) と ClO^-/Cl_2 系 (pH = 14) の半反応はそれぞれ（8・22）式と（8・23）式のようになる．

$$HClO(aq) + H^+(aq) + e^- \rightleftharpoons 1/2Cl_2(g) + H_2O(l) \quad (E^{\ominus} = +1.63 \text{ V}) \quad (8・22)$$

$$ClO^-(aq) + H_2O(l) + e^- \rightleftharpoons 1/2Cl_2(g) + 2OH^-(aq) \, (E^{\ominus} = +0.42 \text{ V}) \quad (8・23)$$

$HClO$ と ClO^- はいずれも正の標準還元電位をもち，特に $HClO$ は強い酸化剤である．殺菌剤として使用される次亜塩素酸水や，漂白や除菌に使用される次亜塩素酸ナトリウム水溶液は，この強い酸化力を利用したものである．

（8・22）式と（8・23）式につづく Cl_2/Cl^- 系の標準還元電位も正の値なので［（8・24）式］，実際の殺菌漂白過程では Cl_2 も酸化剤として働き，$HClO$ と ClO^- は Cl^- まで還元される．

$$1/2Cl_2(g) + e^- \rightleftharpoons Cl^-(aq) \quad (E^{\ominus} = +1.36 \text{ V}) \quad (8・24)$$

（8・24）式を（8・22）式と（8・23）式にそれぞれ足すと（8・25）式と（8・26）式が得られる．（8・25）式の還元電位の値から，$HClO$ が MnO_4^- に匹敵する強い酸化剤であることがわかる（標準還元電位の算出方法については解説 8・1 を参照）．

$$\text{HClO(aq)} + \text{H}^+(\text{aq}) + 2\text{e}^- \rightleftharpoons \text{Cl}^-(\text{aq}) + \text{H}_2\text{O(l)} \quad (E^\ominus = +1.50 \text{ V}) \quad (8 \cdot 25)$$

$$\text{ClO}^-(\text{aq}) + \text{H}_2\text{O(l)} + 2\text{e}^- \rightleftharpoons \text{Cl}^-(\text{aq}) + 2\text{OH}^-(\text{aq}) \quad (E^\ominus = +0.89 \text{ V}) \quad (8 \cdot 26)$$

市販の塩素系漂白剤には "まぜるな危険" と書かれている. これは塩素による事故を防止するための注意書きである. 塩素系漂白剤は NaClO に NaOH を加えた強い塩基性の水溶液であるが, これに酸を加えると次の酸化還元反応が起こってきわめて毒性の強い塩素ガスが発生する可能性がある.

$$\text{HClO(aq)} + \text{H}^+(\text{aq}) + \text{Cl}^- \longrightarrow \text{Cl}_2(\text{g}) + \text{H}_2\text{O(l)}$$

さて, §8・2・2で示した (8・12)式と (8・13)式を次のラチマー図 (pH = 0) にまとめることができる. この図のように, 右側の電位が左側の電位よりも高いときは, 中央の化学種が (8・14)式に示した不均化反応を起こす可能性がある. (8・14)式の下の説明の通り, 不均化に伴う電位の変化は $\Delta E^\ominus = E_R^\ominus - E_L^\ominus$ により与えられるので, $E_R^\ominus > E_L^\ominus$ であれば $\Delta E^\ominus > 0$ ($\Delta_r G^\ominus < 0$) となり, 中央の化学種から左右の化学種への不均化が自発的に起こりうることになる.

$$\text{O}_2 \xrightarrow{+0.70} \text{H}_2\text{O}_2 \xrightarrow{+1.76} \text{H}_2\text{O}$$
$$\;0 \qquad\qquad -1 \qquad\qquad -2$$

次に鉄のラチマー図 (pH = 0) の一部を示す. Fe^{3+} から Fe^{2+} への還元電位が正なので, 逆過程である Fe^{2+} から Fe^{3+} への酸化電位の符号は負である. また Fe^{2+} から Fe への還元電位も符号が負である. すなわち, Fe^{2+} の酸化と還元はともに吸熱反応 ($\Delta_r G^\ominus > 0$) であり, Fe^{2+} が水溶液中で安定に存在することを示している. 実際 pH = 7 付近であれば, Fe^{2+} 水溶液を使用することができる.

$$\text{Fe}^{3+} \xrightarrow{+0.77} \text{Fe}^{2+} \xrightarrow{-0.44} \text{Fe}$$
$$+3 \qquad\qquad +2 \qquad\qquad 0$$

これに対して, 天然から産出される鉄の大部分は, 赤鉄鉱 (Fe_2O_3) や磁鉄鉱 (Fe_3O_4) などの Fe(III) を主体とする鉱石である. これは空気中の酸素によって鉄が酸化されるためである. 酸性水溶液中の反応は次式のように表される.

$$\text{Fe}^{2+}(\text{aq}) + 1/4\text{O}_2(\text{g}) + \text{H}^+(\text{aq}) \longrightarrow \text{Fe}^{3+}(\text{aq}) + 1/2\text{H}_2\text{O(l)} \quad (8 \cdot 27)$$

この反応式は, 次の二つの半反応式の差 [(8・28) − (8・29)] に等しい.

$$1/4\text{O}_2(\text{g}) + \text{H}^+(\text{aq}) + \text{e}^- \rightleftharpoons 1/2\text{H}_2\text{O(l)} \quad (8 \cdot 28)$$

$$\text{Fe}^{3+}(\text{aq}) + \text{e}^- \rightleftharpoons \text{Fe}^{2+}(\text{aq}) \quad (8 \cdot 29)$$

(8・28)式の還元電位は (8・21)式により与えられ, (8・29)式の還元電位は pH と無関係に +0.77 V である (表8・1). したがって, (8・27)式の ΔE は,

$$\Delta E = [1.23 - 0.05916 \times \text{pH}] - 0.77 = 0.46 - 0.05916 \times \text{pH} \quad \text{(単位 V)}$$

により与えられ, pH = 0 において $\Delta E = +0.46$ V, 酸性雨の目安である pH = 5.6 において $\Delta E = +0.13$ V となる. いずれの pH においても $\Delta E^\ominus > 0$ ($\Delta_r G^\ominus < 0$) なので, Fe^{2+} の酸素酸化が自発的な変化であることがわかる.

章末問題

問題 8・1　酸性水溶液中で Fe^{2+} イオンと二クロム酸イオン（$Cr_2O_7^{2-}$）を混合すると Fe^{3+} イオンと Cr^{3+} イオンが生成する．(a) 酸化過程と還元過程を表す半反応式と，(b) 全イオン反応式を書け．

問題 8・2　Zn^{2+}/Zn 系と Ag^+/Ag 系を組合わせてガルバニ電池を作製した際，(a) アノード側とカソード側で起こる半反応を書け．(b) 表 8・1 の値を用いて標準起電力を求めよ．

問題 8・3　自動車用の鉛蓄電池は 6 個の単電池を直列でつないだ二次電池で，各電池では鉛（Pb）を塗った電極板と，酸化鉛（PbO_2）を塗った電極板が希硫酸に浸されている．各電極で起こる半反応の標準還元電位は次の通りである．(a) 放電時に起こる全イオン反応式を書き，(b) 鉛蓄電池（全体）の標準起電力を求めよ．

$$PbSO_4 + 2e^- \rightleftharpoons Pb + SO_4^{2-} \qquad (E^{\ominus} = -0.35 \text{ V})$$
$$PbO_2 + 4H^+ + SO_4^{2-} + 2e^- \rightleftharpoons PbSO_4 + 2H_2O \qquad (E^{\ominus} = +1.70 \text{ V})$$

問題 8・4　燃料電池は，水素，メタン，メタノールなどの化石燃料を電極反応によって燃焼させて電力をつくる発電装置である．最も単純なアルカリ形燃料電池は，KOH 水溶液などの電解質と触媒を加えた 2 本の電極から構成されている．(a) 常圧（1 bar）で，一方の電極（アノード）に H_2 の気泡を，他方の電極（カソード）に O_2 の気泡をそれぞれ吹き込んだときに起こる半反応式と，全反応式を書け．また，(b) 25 ℃，pH = 14 における起電力を求めよ．

問題 8・5　表 8・1 の値を用いて，次の $Cu^+(aq)$ の不均化反応の，(a) 標準反応ギブスエネルギー（小数点二桁）と，(b) 平衡定数を求めよ．

$$2Cu^+(aq) \rightleftharpoons Cu^{2+}(aq) + Cu(s)$$

問題 8・6　pH = 0 の水中における Cr^{3+}/Cr^{2+} 系の標準還元電位は –0.42 V，Cr^{2+}/Cr 系の標準還元電位は –0.90 V である．(a) Cr^{3+} から Cr に至るラチマー図を書け．(b) Cr^{3+}/Cr 系の標準還元電位を求めよ．

章末問題の解答

1 章

問題 1・1　(a) Ga, ガリウム, gallium　(b) 34, セレン, selenium　(c) 55, Cs, セシウム　(d) 51, Sb, antimony　(e) Ar, アルゴン, argon

問題 1・2　陽子数と電子数はいずれも 24. 中性子数は順に 26, 28, 29, 30.

問題 1・3　$62.930 \times 0.6915 + 64.928 \times 0.3085 = 63.55$（有効数字 4 桁）

問題 1・4　(a) $-2, -1, 0, +1, +2$　(b) 4

問題 1・5　(a) 0, (b) 2, (c) 1, (d) 2, (e) 2

問題 1・6　(1・3)式より, 1s：-54.4 eV, 2s：-13.6 eV.

問題 1・7　貫入により 2s 電子は 2p 電子よりも強く原子核に引きつけられるため, 有効核電荷の大きさに差が生じるから.

問題 1・8　(a) $[He]2s^22p^6 = [Ne]$, (b) $[Ne]3s^23p^6 = [Ar]$, (c) $[Ar]$, (d) $[Ar]4s^23d^{10}4p^6 = [Kr]$, (e) $[Kr]5s^24d^{10}$

問題 1・9　(a) 2, (b) 3, (c) 5, (d) 6, (e) 7, (f) 0

問題 1・10　ホウ素 (B), ケイ素 (Si), ゲルマニウム (Ge), ヒ素 (As), アンチモン (Sb), テルル (Te)

2 章

問題 2・1　N は比較的安定な半閉殻の電子配置 ($[He]2s^22p^3$) をもち, 電子を放出しにくい. これに対して, O は電子を放出して半閉殻の電子配置をもつ O^+ に変化しやすいため序列が逆転する.

問題 2・2　$|\chi^P_F - \chi^P_H| = (D_{H-F} - D_{avg})^{1/2} \times 0.102 = 1.68$ となり, 表から算出した $\chi^P_F - \chi^P_H$ ($3.98 - 2.20 = 1.78$) と近い値が得られる.

問題 2・3　$\chi^{AL}_H = 2.30$, $\chi^{AL}_F = 4.19$

問題 2・4　HF：54.7%, HCl：20.6%, HBr：13.4%, HI：5.2%

問題 2・5　(a) イオン結合, (b) 金属結合, (c) 共有結合, (d) 金属結合, (e) 共有結合

問題 2・6　(a) Na +1, H −1　(b) Al +3, Cl −1　(c) Cl +3, O −2　(d) Cl +5, O −2

問題 2・7　孤立電子対をもつ 17 族元素では, 結合距離の短い第 2 周期のフッ素どうしの結合において原子間の電子反発が顕著となるため, 他のハロゲン原子との結合に比べて弱くなる.

3 章

問題 3・1　$^{37}_{17}Cl$ と $^{35}_{17}Cl$ のように, 原子番号が同一で同じ元素に属するが, 中性子の数の違いによって質量数の異なる原子を互いに同位体という. 一方, O_2 と O_3 のように, 同一の元素からなるが, 組成や原子配列の違いによって性質の異なる単体を互いに同素体という.

問題 3・2　極性分子に恒常的に存在する永久双極子ではなく, 電子のゆらぎにより無極性分子に生じる瞬間双極子を契機として誘発される分子間力を分散力という. 分散力は分子が大きくなると強くなり, 分子の表面積が大きくなると強くなる傾向がある.

問題 3・3　狭義には第 6 周期, 広義には第 4 周期以降の p ブロック元素において, 原子価軌道である ns 軌道中の電子が結合の形成や反応に関与せず, 化学的に不活性にみえる現象を不活性電子対効果という.

問題 3・4　O−O と O=O の結合エネルギーはそれぞれ 146 kJ mol^{-1} と 497 kJ mol^{-1} であり, 二重結合の形成により 351 kJ mol^{-1} の利得がある. 一方, S−S と S=S の結合エネルギーはそれぞれ 265 kJ mol^{-1} と 425 kJ mol^{-1} で, 単結合から二重結合に変化しても 160 kJ mol^{-1} の利得しかない. この値は S−S の結合エネルギーに比べて明らかに小さく, 硫黄は複数の単結合を形成して安定化する.

問題 3・5　(a) Cl_2O, +1　(b) ClO_2, +4　(c) Cl_2O_7, +7　(d) ClO^-, +1　(e) ClO_4^-, +7

4 章

問題 4・1

(a) :Cl−S−Cl: (屈曲形)

(b) $\left[H−\overset{..}{\underset{H}{O}}−H \right]^+$ (三角錐形)

(c) :C≡O:

(d) ·N̈=Ö（電気陰性度の高い原子を優先して電子を割り振る）

(e) H−C(−Cl)(−H)−H （四面体形）

(f) :Se(−Br)(−Br)(−Br):−Br: （シーソー形）

問題 4・2

(a) $\left[\overset{..}{O}=N=\overset{..}{O} \right]^+$

(b) $\left[:\overset{..}{N}=\overset{..}{O}: \right]^- \longleftrightarrow \left[:\overset{..}{O}=\overset{..}{N}: \right]^-$

(c) $\left[:\overset{..}{O}−\overset{..}{N}=\overset{..}{O}: \right]^- \longleftrightarrow \left[:\overset{..}{O}=\overset{..}{N}−\overset{..}{O}: \right]^- \longleftrightarrow \left[:\overset{..}{O}−\overset{..}{N}−\overset{..}{O}: \right]^-$

(d)

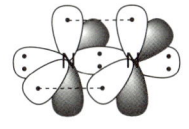

問題 4・3　(c), (d) ともに P(V), O(−II), Cl(−I)〔酸化数は共鳴構造によって変化しない〕.

問題 4・4　(4・2)式〜(4・5)式: $N = 1/2$, (4・6)式〜(4・8)式: $N = 1/\sqrt{3}$, (4・9)式と(4・10)式: $N = 1/\sqrt{2}$

問題 4・5　(a) sp^2, (b) sp^3, (c) sp, (d) sp^3, (e) sp^2

問題 4・6

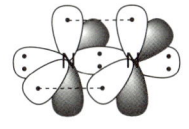

sp 混成軌道どうしの重なりにより σ 結合が, p 軌道どうしの重なりにより 2 本の π 結合が形成され, 窒素原子間は三重結合となる. また各窒素原子には sp 混成軌道に収容された孤立電子対が存在する.

5 章

問題 5・1　価電子数 4 の He_2 分子では, 二つの 1s 軌道から生じる結合性軌道と反結合性軌道がともに被占軌道となるが, その際に反結合性軌道の不安定化の度合いが結合性軌道の安定化の度合いに勝るため, 分子は成立しない.

問題 5・2　(a) 3, (b) 2.5, (c) 2.5, (d) 1.5, (e) 1, (f) 2.5

問題 5・3　(a) C_{3v}, (b) D_{3h}, (c) O_h, (d) C_{2v}, (e) C_{3v}

問題 5・4　(a) 直線形　(b) $\phi_1 = (1/\sqrt{2})(s_A + s_B)$, $\phi_2 = (1/\sqrt{2})(s_A - s_B)$

(c)

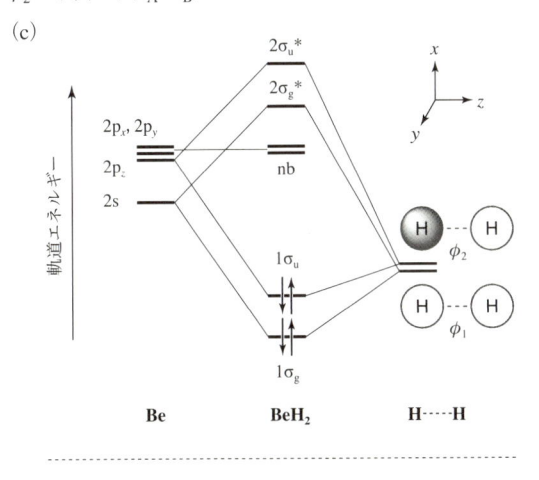

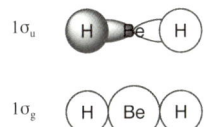

問題 5・5　(a) 平面三角形 (D_{3h})
(b) $\phi_1 = (1/\sqrt{3})(s_A + s_B + s_C)$, $\phi_2 = (1/\sqrt{6})(2s_A - s_B - s_C)$, $\phi_3 = (1/\sqrt{2})(s_B - s_C)$

(c)

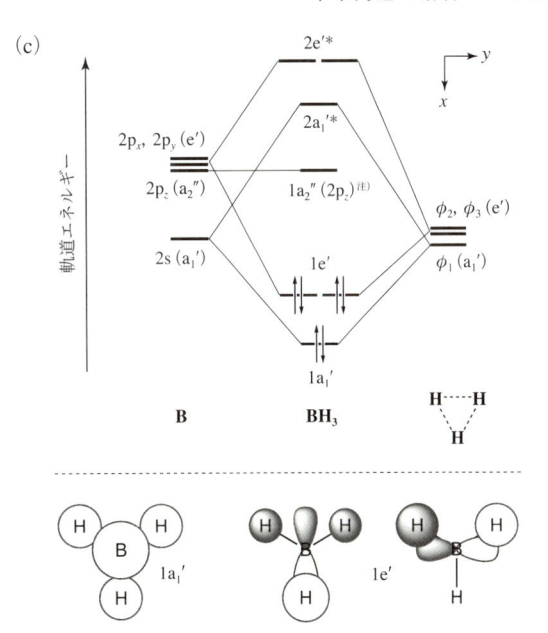

注) $1a_2''(2p_z)$ は紙面に垂直な空軌道.

6 章

問題 6・1　(a) 金属結晶 (金属結合), (b) イオン結晶 (イオン結合), (c) 分子結晶 (分散力), (d) 分子結晶 (水素結合), (e) 共有結合結晶 (共有結合).

問題 6・2　(a) 球の半径を r とすると, 単位格子の体積 $= a^3 = [(4/\sqrt{2})r]^3$ (基礎 6・1 参照). 単位格子あたりの球の個数 $= 4$, 球の体積 $= (4/3)\pi r^3$ なので, 充填率 $= 74\%$.
(b) 球の半径を r とすると, 単位格子の体積 $= a^3 = [(4/\sqrt{3})r]^3$ (基礎 6・1 参照). 単位格子あたりの球の個数 $= 2$, 球の体積 $= (4/3)\pi r^3$ なので, 充填率 $= 68\%$.
(c) 球の半径を r とすると, 単位格子の体積 $= a^3 = (2r)^3$. 単位格子あたりの球の個数 $= 1$, 球の体積 $= (4/3)\pi r^3$ なので, 充填率 $= 52\%$.

問題 6・3　図 6・5 の (i) および (ii) の二等辺三角形の頂角を θ とすると, $r/(r + r_h) = \sin(\theta/2)$ と表される. よって, 八面体間隙の $r_h = 0.414r$, 四面体間隙の $r_h = 0.225r$.

問題 6・4

結晶	結晶構造の型	カチオン (個数)	アニオン (個数)
MgO	塩化ナトリウム型	4	4
CsCl	塩化セシウム型	1	1
CuCl	閃亜鉛鉱型	4	4
ZnO	ウルツ鉱型	2	2
FeS	ヒ化ニッケル型	2	2
BaCl₂	蛍石型	4	8
NiF₂	ルチル型	2	4

問題6・5　(a) Na と Cl のモル質量はそれぞれ 22.99 g mol^{-1} と 35.45 g mol^{-1}，単位格子中のイオン数はそれぞれ 4，アボガドロ定数は 6.022×10^{23} mol^{-1} なので，単位格子の質量は，

$$w = \frac{(22.99 \text{ g mol}^{-1} + 35.45 \text{ g mol}^{-1}) \times 4}{6.022 \times 10^{23} \text{ mol}^{-1}}$$
$$= 3.88 \times 10^{-22} \text{ g}$$

体積は，　$v = (5.640 \times 10^{-8} \text{ cm})^3 = 1.79 \times 10^{-22} \text{ cm}^3$
よって，　$\rho = w/v = 2.17$ g cm^{-3}

(b) $w = 2.80 \times 10^{-22}$ g, $v = 0.701 \times 10^{-22}$ cm^3, $\rho = w/v = 3.99$ g cm^{-3}

問題6・6　(a) 752 kJ mol^{-1}，(b) 2255 kJ mol^{-1}，(c) 3219 kJ mol^{-1}

7 章

問題7・1　(a) $CH_3NH_3^+$, (b) $C_6H_5CO_2^-$, (c) NO_2^-, (d) HPO_4^{2-}

問題7・2　NH_3 (1.7×10^{-5})，CH_3NH_2 (4.4×10^{-4})，$(CH_3)_2NH$ (5.4×10^{-4})，C_5H_5N (1.8×10^{-9})

問題7・3　(a) pH = 3.77, (b) pH = 2.62, (c) pH = 3.23, (d) pH = 2.54

問題7・4　(a) pH = 11.12, (b) pH = 11.97
(ヒント: $[OH^-] = \sqrt{K_b \cdot C_0}$)

問題7・5　pH = 4.39

問題7・6

（ホスフィン酸）

問題7・7　BX_3 においては，4 章の図 4・1(d) に示した共鳴構造の寄与によりホウ素の電子不足が緩和され，ルイス酸性が低下する．この共鳴効果は，B−X 結合が短く，$2p_z(B)$ 軌道と $np_z(X)$ 軌道の重なりが大きいほど強くなるので，X の原子半径が小さくなるとルイス酸性が低下する．

問題7・8　(a) 18e, (b) 18e, (c) 18e, (d) 18e, (e) 16e, (f) 18e, (g) 16e, (h) 18e, (i) 14e, (j) 16e, (k) 14e, (l) 14e

問題7・9　軟らかい酸である遷移金属に対する配位は軌道相互作用 (σ 供与と π 逆供与) によって起こるため，孤立電子対の軌道エネルギーが高く，π* 軌道の分布の大きな炭素原子側での結合が有利となる．一方，Li$^+$ は硬い酸なので，硬い塩基である酸素原子との静電相互作用による結合が有利となる．

8 章

問題8・1
(a) 半反応 (酸化)：$Fe^{2+}(aq) \rightarrow Fe^{3+}(aq) + e^-$
　　半反応 (還元)：$Cr_2O_7^{2-}(aq) + 14H^+(aq) + 6e^-$
　　　　　　　　　　　　$\rightarrow 2Cr^{3+}(aq) + 7H_2O(l)$
(b) $6Fe^{2+}(aq) + Cr_2O_7^{2-}(aq) + 14H^+(aq)$
　　　　　　$\rightarrow 6Fe^{3+}(aq) + 2Cr^{3+}(aq) + 7H_2O(l)$

問題8・2　(a) アノード：$Zn(s) \rightarrow Zn^{2+}(aq) + 2e^-$,
カソード：$Ag^+(aq) + e^- \rightarrow Ag(s)$
(b) $\Delta E^{\ominus} = 1.56$ V

問題8・3　(a) $Pb + PbO_2 + 4H^+ + 2SO_4^{2-} \rightarrow 2PbSO_4 + 2H_2O$
(b) 12.30 V

問題8・4　(a) アノード：$H_2(g) + 2OH^-(aq) \rightarrow 2H_2O(l) + 2e^-$，カソード：$O_2(g) + 2H_2O(l) + 4e^- \rightarrow 4OH^-(aq)$，全反応：$2H_2(g) + O_2(g) \rightarrow 2H_2O(l)$　(b) 1.23 V [本文の (8・21) 式から (8・20) 式を引くと -0.05916 pH の項が消えるので，pH に関わらず起電力は一定となる].

問題8・5　(a) $\Delta_r G^{\ominus} = -34.8$ kJ mol^{-1}, (b) $K = 1.25 \times 10^6$

問題8・6

(a) $Cr^{3+} \xrightarrow{-0.42} Cr^{2+} \xrightarrow{-0.90} Cr$
　　　+3　　　　　　+2　　　　　　0

(b) $E^{\ominus}(Cr^{3+}/Cr) = -0.74$ V

索　引

あ 行

アクチノイド　14
アナタース（鋭錐石）　104
アニオン　17, 19
アニオン性配位子　125
アノード（負極）　136
アボガドロ定数　3
アモルファス（非晶質）固体　93
アルカリ金属　14, 39
アルカリ土類金属　14, 40

イオン化エネルギー　17
イオン化合物　21
イオン結合　21, 94
イオン結晶　94
イオン-双極子相互作用　121
イオン電荷　29
イオン伝導体　94
イオン半径　24
異核二原子分子　24
位　相　6
板チタン石 → ブルッカイト
一塩基酸　114
インターカレーション　42

ウルツ鉱　103

永久双極子　34
鋭錐石 → アナタース
SHE → 標準水素電極
s 軌道　4
sc → 単純立方
sp 混成軌道　57
sp² 混成軌道　56
sp³ 混成軌道　55
s ブロック元素　14
HSAB 則　120
hcp → 六方最密充填
n 型半導体　102
エネルギー準位　8
エネルギー準位図　8, 64
f 軌道　4
fcc → 面心立方

f ブロック元素　14
LCAO 近似　63
塩基解離定数　111
塩基性酸化物　118
塩基性度定数　111
塩類似水素化物　36

オキソ酸　112, 115
オキソニウムイオン　109
オクテット則　22, 48
オゾン　43

か，き

回　映　73
回映軸　73
灰チタン石 → ペロブスカイト
回　転　73
回転軸　73
化学平衡　110
架橋配位子　127
核電荷　7
角度節　7
角度部分　3
確率密度　2
化合物　1
重なり積分　64
カソード（正極）　136
カチオン　17, 19
活　量　110
カテネーション　44
価電子　14
価電子帯（価電子バンド）　101
加　硫　44
カルコゲン　14
ガルバニ電池　135
間隙（空隙）　98
還　元　29, 133
還元剤　133
緩衝液　117
貫　入　10

規格化　53
貴ガス　14

基底状態　11
軌道エネルギー　7
軌道角運動量量子数　4
軌道相関図　64
軌道の混合　68
希土類金属　15
希土類元素　15
ギブズエネルギー　110
逆位相　65
既約表現　76
鏡　映　73
強塩基　116
強　酸　112
気溶体　99
共　鳴　49
共鳴構造　49
共鳴混成体　49
共鳴積分　65
鏡　面　73
共　役　87
共役塩基　110
共役酸　110
共有結合　22
共有結合結晶　94
共有結合半径　22
共有電子対　22, 47
供与結合　51, 121
極限構造　49
極座標　3
極性共有結合　25
キレート配位　127
金紅石 → ルチル
金　属　14
金属間化合物　99
金属結合　21, 93
金属結合半径　22
金属結晶　21, 93
金属類似水素化物　36
均等化　133

く～こ

空軌道　20, 65
空隙（間隙）　98

148　索　引

グラファイト（黒鉛）　41
グラフェン　41
クーロン積分　65
群　論　72

形式電荷　50
軽水素（プロチウム）　35
結合エネルギー　30
結合解離エンタルピー　30
結合距離　22
結合次数　65
結合性軌道　63, 65
結合長　22
結合のイオン性　28
結晶格子　95
結晶質固体　93
元　86
原　子　1
原子価殻電子対反発（VSEPR）モデル　51
原子価軌道　14
原子核　1
原子価結合法　53
原子価状態　55
原子軌道　3
原子構造　1
原子パラメーター　17
原子半径　22
原子番号　2
原子量　3
元　素　1
元素記号　2
元素周期表　1

合　金　99
格子エンタルピー　105
格子定数　98
高スピン　129
構成原理　11
恒　等　73
黒鉛（グラファイト）　41
互変異性体　116
固溶体　99
孤立電子対　47
混　成　55
混成軌道　55, 56

さ　行

最外殻電子　9
最高被占軌道（HOMO）　72
最低空軌道（LUMO）　72
最密充填　95
錯　体　121
三塩基酸　114
酸塩基付加体　37, 45, 51, 119
酸　化　29, 133

酸解離定数　111
酸化還元反応（レドックス反応）　133
酸化剤　133
酸化状態　29
酸化数　29
三原子分子　47
三座配位子　126
三重水素（トリチウム）　35
酸性酸化物　119
酸性度定数　111
三中心二電子結合　84
三中心四電子結合　85
酸度関数　116, 117

シェーンフリース記号　73
磁気量子数　4
σ軌道　65
σ供与　127
σ結合　54
自己イオン化　111
自己酸化還元反応　133
自己プロトリシス　111
自己プロトリシス定数　112
ccp → 立方最密充填
質量数　2
指標表　73, 76, 90
四面体間隙　98
弱塩基　116
弱　酸　113
遮　蔽　9
周　期　14
周期表　1
重水素（ジュウテリウム）　35
自由電子　21
縮重（縮退）　11
主族元素　15
主要族元素　15
主量子数　4
シュレディンガー　2
シュレディンガー方程式　2
瞬間双極子　35
瞬間双極子-誘起双極子相互作用　35
準閉殻構造　20
昇　位　55
真性半導体　101
侵入型合金　99

水酸化物イオン　110
水素イオン　36
水素イオン指数（pH）　116
水素化物　36, 38
水素化物イオン（ヒドリドイオン）　36
水素結合　33
水素結合結晶　94
水素酸　112
水平化効果　112
スピネル（尖晶石）　104
スピン　11
スピン磁気量子数　11

正極（カソード）　136
正　孔　100
節　7
絶縁体　100
節　面　7
閃亜鉛鉱　103
遷移金属　15
遷移金属錯体　124
遷移元素　15
尖晶石 → スピネル
占　有　65

双極子-双極子相互作用　34
双極子モーメント　34
双極子-誘起双極子相互作用　35
相対原子質量　3
族　14

た　行

対称心　73
対称操作　72, 86, 87, 88
対称適合軌道　79
対称適合線形結合　79, 90
対称面　73
対称要素　73
体心立方　96
ダイヤモンド　41
多塩基酸　114
多　形　97
多原子イオン　49
多原子分子　47
多座配位子　126
多重結合　59
ダニエル電池　136
単位格子（単位胞）　95
単原子分子　24, 47
単座配位子　125
単純立方　96
炭素鋼　99
単　体　1

置換型合金　99
中性子　1
中性配位子　125
超原子価化合物　51
超酸（超強酸）　123
直交座標　3
直交性　53

低スピン　129
d軌道　4
dブロック元素　14
電位図　141
電解酸化　140
電気陰性度　25
電気双極子　34

電気伝導　100
点　群　73, 75, 86
電　子　1
電子雲　2
電子殻　4
電子供与　121
電子親和力　20
電子対　11
電子配置　11
電子不足化合物　50
電子密度　2
伝導帯（伝導バンド）　101

同位相　64
統一原子質量単位　3
等核二原子分子　24
動径節　7
動径部分　3
動径分布関数　10
同素体　40
導　体　100
ドーパント　101
ドーピング　101
トランスベント構造　61
トリチウム（三重水素）　35

な　行

内殻電子　9

二塩基酸　114
ニクトゲン（プニクトゲン）　14
二原子分子　47
二座配位子　125
二酸素　43
二水素　35
二窒素　42

ネルンスト式　139

は

配位化合物　121
配位結合　51, 121
配位子　124
配位子場分裂パラメーター　129
配位子場理論　127
配位数　96, 103, 124, 125
　　イオンの──　24
　　金属原子の──　23
π 軌道　67
π 逆供与　127
π 共役系　41
π 供与　127
π 供与性配位子　127

π 結合　60
π 受容性配位子　127
パウリの排他原理　11
八面体間隙　98
波動関数　2, 3
波動と粒子の二重性　2
パリティ　67
ハロゲン　14, 44
ハロゲン間化合物　45
半金属　14
反結合性軌道　63, 65
半占軌道　20, 65
板チタン石 → ブルッカイト
反　転　73
半電池　135
反転中心　73
バンド　100
半導体　100
バンドギャップ　101
ハーンド電池　136
バンド理論　100
反応座標　110
半反応　133
半閉殻構造　19

ひ～ほ

pH → 水素イオン指数
p 型半導体　101
p 軌道　4
非共有電子対　47
非極性共有結合　25
非金属　14
非結合性軌道　63
bcc → 体心立方
非晶質（アモルファス）固体　93
被占軌道　20, 65
ヒドリドイオン（水素化物イオン）　36
p ブロック元素　14
非プロトン性溶媒　36
表現行列　76, 88
標準還元電位　135
標準起電力　136
標準水素電極（SHE）　136
標準生成エンタルピー　30

ファラデー定数　135
ファンデルワールス半径　24
ファンデルワールス力　33
VSEPR モデル →
　　　　　原子価殻電子対反発モデル
不確定性原理　2
不活性電子対効果　40
負極（アノード）　136
不均化　133
副　殻　4

複酸化物　104
不純物半導体　101
不対電子　22, 47
プニクトゲン（ニクトゲン）　14
フラーレン　41
ブルッカイト（板チタン石）　104
ブレンステッド塩基　109
ブレンステッド酸　109
プロチウム（軽水素）　35
プロトン　36
プロトン性溶媒　36
分光化学系列　130
分散力　35
分　子　33, 47
分子間力　33
分子軌道　3
分子軌道法　53, 63
分子結晶　94
分子状水素化物　36
分子の対称性　72
フントの規則　11

閉　殻　13
平衡定数　110
ペロブスカイト（灰チタン石）　104
方位量子数　4
蛍　石　104
HOMO → 最高被占軌道
ポリハロゲン化物イオン　45
ポーリング　26
ポーリングの規則　114
ボルン・ハーバーサイクル　105

ま　行

マジック酸　124
マリケン記号　76

水の安定領域　140

無機酸　112

メタロイド　14
面心立方　96

や　行

有機酸　112
誘起双極子　35
有効核電荷　9

溶　液　99
陽　子　1
溶　質　99

溶 体 99
溶 媒 99

ら 行

ラチマー図 141
ランタノイド 14
ランタノイド収縮 23

立方最密充塡 96
量子化 2
量子数 4
量子力学 2
両性酸化物 119
両性物質 110
両性溶媒 110

類 76, 87
ルイス 47

ルイス塩基 51, 109, 119
ルイス構造 47
ルイス酸 51, 109, 119
ルチル（金紅石） 104
LUMO → 最低空軌道

レドックス反応（酸化還元反応） 133

六方最密充塡 95
ロンドン力 35

小澤文幸

1954 年 新潟県に生まれる
1980 年 東京工業大学大学院博士課程 中退
　　　 工学博士（東京工業大学）
京都大学名誉教授
専門 有機金属化学，分子触媒化学

第 1 版 第 1 刷 2024 年 10 月 15 日 発行

基礎講義 無機化学

Ⓒ 2 0 2 4

著　者　　小　澤　文　幸
発行者　　石　田　勝　彦
発　行　　株式会社 東京化学同人
東京都文京区千石 3 丁目 36-7（〒112-0011）
電話 03-3946-5311 ・ FAX 03-3946-5317
URL: https://www.tkd-pbl.com/

印刷・製本　日本ハイコム株式会社

ISBN978-4-8079-2009-9
Printed in Japan

4 桁 の 原 子 量 表 (2024)

(元素の原子量は，質量数 12 の炭素 (^{12}C) を 12 とし，これに対する相対値とする.)

本表は実用上の便宜を考えて，国際純正・応用化学連合(IUPAC)で承認された最新の原子量に基づき，日本化学会原子量専門委員会が独自に作成したものである．本来，同位体存在度の不確定さは，自然に，あるいは人為的に起こりうる変動や実験誤差のために，元素ごとに異なる．したがって，個々の原子量の値は，正確度が保証された有効数字の桁数が大きく異なる．本表の原子量を引用する際には，このことに注意を喚起することが望ましい.

なお，本表の原子量の信頼性はリチウム，亜鉛の場合を除き有効数字の 4 桁目で±1 以内である（両元素については脚注参照）．また，安定同位体がなく，天然で特定の同位体組成を示さない元素については，その元素の放射性同位体の質量数の一例を（ ）内に示した．したがって，その値を原子量として扱うことはできない.

元 素 名		元素記号	原子番号	原子量	元 素 名		元素記号	原子番号	原子量
アインスタイニウム	einsteinium	Es	99	(252)	テルビウム	terbium	Tb	65	158.9
亜 鉛	zinc	Zn	30	65.38*	テルル	tellurium	Te	52	127.6
アクチニウム	actinium	Ac	89	(227)	銅	copper	Cu	29	63.55
アスタチン	astatine	At	85	(210)	ドブニウム	dubnium	Db	105	(268)
アメリシウム	americium	Am	95	(243)	トリウム	thorium	Th	90	232.0
アルゴン	argon	Ar	18	39.95	ナトリウム	sodium	Na	11	22.99
アルミニウム	alumin(i)um	Al	13	26.98	鉛	lead	Pb	82	207.2
アンチモン	antimony	Sb	51	121.8	ニオブ	niobium	Nb	41	92.91
硫 黄	sulfur	S	16	32.07	ニッケル	nickel	Ni	28	58.69
イッテルビウム	ytterbium	Yb	70	173.0	ニホニウム	nihonium	Nh	113	(278)
イットリウム	yttrium	Y	39	88.91	ネオジム	neodymium	Nd	60	144.2
イリジウム	iridium	Ir	77	192.2	ネオン	neon	Ne	10	20.18
インジウム	indium	In	49	114.8	ネプツニウム	neptunium	Np	93	(237)
ウラン	uranium	U	92	238.0	ノーベリウム	nobelium	No	102	(259)
エルビウム	erbium	Er	68	167.3	バークリウム	berkelium	Bk	97	(247)
塩 素	chlorine	Cl	17	35.45	白 金	platinum	Pt	78	195.1
オガネソン	oganesson	Og	118	(294)	ハッシウム	hassium	Hs	108	(277)
オスミウム	osmium	Os	76	190.2	バナジウム	vanadium	V	23	50.94
カドミウム	cadmium	Cd	48	112.4	ハフニウム	hafnium	Hf	72	178.5
ガドリニウム	gadolinium	Gd	64	157.3	パラジウム	palladium	Pd	46	106.4
カリウム	potassium	K	19	39.10	バリウム	barium	Ba	56	137.3
ガリウム	gallium	Ga	31	69.72	ビスマス	bismuth	Bi	83	209.0
カリホルニウム	californium	Cf	98	(252)	ヒ 素	arsenic	As	33	74.92
カルシウム	calcium	Ca	20	40.08	フェルミウム	fermium	Fm	100	(257)
キセノン	xenon	Xe	54	131.3	フッ 素	fluorine	F	9	19.00
キュリウム	curium	Cm	96	(247)	プラセオジム	praseodymium	Pr	59	140.9
金	gold	Au	79	197.0	フランシウム	francium	Fr	87	(223)
銀	silver	Ag	47	107.9	プルトニウム	plutonium	Pu	94	(239)
クリプトン	krypton	Kr	36	83.80	フレロビウム	flerovium	Fl	114	(289)
クロム	chromium	Cr	24	52.00	プロトアクチニウム	protactinium	Pa	91	231.0
ケイ素	silicon	Si	14	28.09	プロメチウム	promethium	Pm	61	(145)
ゲルマニウム	germanium	Ge	32	72.63	ヘリウム	helium	He	2	4.003
コバルト	cobalt	Co	27	58.93	ベリリウム	beryllium	Be	4	9.012
コペルニシウム	copernicium	Cn	112	(285)	ホウ 素	boron	B	5	10.81
サマリウム	samarium	Sm	62	150.4	ボーリウム	bohrium	Bh	107	(272)
酸 素	oxygen	O	8	16.00	ホルミウム	holmium	Ho	67	164.9
ジスプロシウム	dysprosium	Dy	66	162.5	ポロニウム	polonium	Po	84	(210)
シーボーギウム	seaborgium	Sg	106	(271)	マイトネリウム	meitnerium	Mt	109	(276)
臭 素	bromine	Br	35	79.90	マグネシウム	magnesium	Mg	12	24.31
ジルコニウム	zirconium	Zr	40	91.22	マンガン	manganese	Mn	25	54.94
水 銀	mercury	Hg	80	200.6	メンデレビウム	mendelevium	Md	101	(258)
水 素	hydrogen	H	1	1.008	モスコビウム	moscovium	Mc	115	(289)
スカンジウム	scandium	Sc	21	44.96	モリブデン	molybdenum	Mo	42	95.95
ス ズ	tin	Sn	50	118.7	ユウロピウム	europium	Eu	63	152.0
ストロンチウム	strontium	Sr	38	87.62	ヨウ 素	iodine	I	53	126.9
セシウム	cesium	Cs	55	132.9	ラザホージウム	rutherfordium	Rf	104	(267)
セリウム	cerium	Ce	58	140.1	ラジウム	radium	Ra	88	(226)
セレン	selenium	Se	34	78.97	ラドン	radon	Rn	86	(222)
ダームスタチウム	darmstadtium	Ds	110	(281)	ランタン	lanthanum	La	57	138.9
タリウム	thallium	Tl	81	204.4	リチウム	lithium	Li	3	6.94†
タングステン	tungsten	W	74	183.8	リバモリウム	livermorium	Lv	116	(293)
炭 素	carbon	C	6	12.01	リン	phosphorus	P	15	30.97
タンタル	tantalum	Ta	73	180.9	ルテチウム	lutetium	Lu	71	175.0
チタン	titanium	Ti	22	47.87	ルテニウム	ruthenium	Ru	44	101.1
窒 素	nitrogen	N	7	14.01	ルビジウム	rubidium	Rb	37	85.47
ツリウム	thulium	Tm	69	168.9	レニウム	rhenium	Re	75	186.2
テクネチウム	technetium	Tc	43	(99)	レントゲニウム	roentgenium	Rg	111	(280)
鉄	iron	Fe	26	55.85	ロジウム	rhodium	Rh	45	102.9
テネシン	tennessine	Ts	117	(293)	ローレンシウム	lawrencium	Lr	103	(262)

＊： 亜鉛に関しては原子量の信頼性は有効数字 4 桁目で±2 である.

†： 人為的に ^{6}Li が抽出され，リチウム同位体比が大きく変動した物質が存在するために，リチウムの原子量は大きな変動幅をもつ．したがって本表では例外的に 3 桁の値が与えられている．なお，天然の多くの物質中でのリチウムの原子量は 6.94 に近い.

元素の周期表

凡例

原子番号 →	6 ← 元素記号
	C
元素名 →	炭素 ← 原子量
	12.01

- □ s ブロック元素
- □ p ブロック元素
- ▨ d ブロック元素
- □ f ブロック元素

周期番号・族番号：1 □ — 族番号

族→周期↓	1	2	3	4	5	6	7	8	9	10	11	12	13	14	15	16	17	18
1	1 H 水素 1.008																	2 He ヘリウム 4.003
2	3 Li リチウム 6.94	4 Be ベリリウム 9.012											5 B ホウ素 10.81	6 C 炭素 12.01	7 N 窒素 14.01	8 O 酸素 16.00	9 F フッ素 19.00	10 Ne ネオン 20.18
3	11 Na ナトリウム 22.99	12 Mg マグネシウム 24.31											13 Al アルミニウム 26.98	14 Si ケイ素 28.09	15 P リン 30.97	16 S 硫黄 32.07	17 Cl 塩素 35.45	18 Ar アルゴン 39.95
4	19 K カリウム 39.10	20 Ca カルシウム 40.08	21 Sc スカンジウム 44.96	22 Ti チタン 47.87	23 V バナジウム 50.94	24 Cr クロム 52.00	25 Mn マンガン 54.94	26 Fe 鉄 55.85	27 Co コバルト 58.93	28 Ni ニッケル 58.69	29 Cu 銅 63.55	30 Zn 亜鉛 65.38	31 Ga ガリウム 69.72	32 Ge ゲルマニウム 72.63	33 As ヒ素 74.92	34 Se セレン 78.97	35 Br 臭素 79.90	36 Kr クリプトン 83.80
5	37 Rb ルビジウム 85.47	38 Sr ストロンチウム 87.62	39 Y イットリウム 88.91	40 Zr ジルコニウム 91.22	41 Nb ニオブ 92.91	42 Mo モリブデン 95.95	43 Tc テクネチウム (99)	44 Ru ルテニウム 101.1	45 Rh ロジウム 102.9	46 Pd パラジウム 106.4	47 Ag 銀 107.9	48 Cd カドミウム 112.4	49 In インジウム 114.8	50 Sn スズ 118.7	51 Sb アンチモン 121.8	52 Te テルル 127.6	53 I ヨウ素 126.9	54 Xe キセノン 131.3
6	55 Cs セシウム 132.9	56 Ba バリウム 137.3	ランタノイド 57-71	72 Hf ハフニウム 178.5	73 Ta タンタル 180.9	74 W タングステン 183.8	75 Re レニウム 186.2	76 Os オスミウム 190.2	77 Ir イリジウム 192.2	78 Pt 白金 195.1	79 Au 金 197.0	80 Hg 水銀 200.6	81 Tl タリウム 204.4	82 Pb 鉛 207.2	83 Bi ビスマス 209.0	84 Po ポロニウム (210)	85 At アスタチン (210)	86 Rn ラドン (222)
7	87 Fr フランシウム (223)	88 Ra ラジウム (226)	アクチノイド 89-103	104 Rf ラザホージウム (267)	105 Db ドブニウム (268)	106 Sg シーボーギウム (271)	107 Bh ボーリウム (272)	108 Hs ハッシウム (277)	109 Mt マイトネリウム (276)	110 Ds ダームスタチウム (281)	111 Rg レントゲニウム (280)	112 Cn コペルニシウム (285)	113 Nh ニホニウム (278)	114 Fl フレロビウム (289)	115 Mc モスコビウム (289)	116 Lv リバモリウム (293)	117 Ts テネシン (293)	118 Og オガネソン (294)

ランタノイド 6	57 La ランタン 138.9	58 Ce セリウム 140.1	59 Pr プラセオジム 140.9	60 Nd ネオジム 144.2	61 Pm プロメチウム (145)	62 Sm サマリウム 150.4	63 Eu ユウロビウム 152.0	64 Gd ガドリニウム 157.3	65 Tb テルビウム 158.9	66 Dy ジスプロシウム 162.5	67 Ho ホルミウム 164.9	68 Er エルビウム 167.3	69 Tm ツリウム 168.9	70 Yb イッテルビウム 173.0	71 Lu ルテチウム 175.0
アクチノイド 7	89 Ac アクチニウム (227)	90 Th トリウム 232.0	91 Pa プロトアクチニウム 231.0	92 U ウラン 238.0	93 Np ネプツニウム (237)	94 Pu プルトニウム (239)	95 Am アメリシウム (243)	96 Cm キュリウム (247)	97 Bk バークリウム (247)	98 Cf カリホルニウム (252)	99 Es アインスタイニウム (252)	100 Fm フェルミウム (257)	101 Md メンデレビウム (258)	102 No ノーベリウム (259)	103 Lr ローレンシウム (262)